# 建筑手绘 ABC

薛加勇 著

Architectural Hand Drawing
Freehand Fundamentals

图书在版编目（CIP）数据

建筑手绘ABC / 薛加勇著. -- 上海：同济大学出版社，2015.12

ISBN 978-7-5608-6019-0

Ⅰ. ①建… Ⅱ. ①薛… Ⅲ. ①建筑画—绘画技法 Ⅳ. ① TU204

中国版本图书馆CIP数据核字（2015）第220224号

建筑手绘ABC

薛加勇　著

责任编辑　常科实

责任校对　徐春莲

封面设计　陈益平

出版发行　同济大学出版社　www.tongjipress.com.cn

（地址：上海市四平路1239号　邮编：200092　电话：021-65985622）

经　　销　全国各地新华书店

印　　刷　上海安兴汇东纸业有限公司

开　　本　889mm×1194mm　1/20

印　　张　12

印　　数　1—3 100

字　　数　300 000

版　　次　2015年12月第1版　　2015年12月第1次印刷

书　　号　ISBN 978-7-5608-6019-0

定　　价　65.00元

# 序

建筑设计的手绘是建筑设计人员方案草图构思、积累素材、相互交流最为便利的一种技能，是建筑设计的初步和基础。许多优秀的建筑设计前辈，都有着十分熟练和出色的手绘能力，留下了优秀的手绘作品，为人们所传颂。在计算机绘图盛行之时，手绘依然具有其不可替代的功效，仍是建筑师的基本功。

薛加勇先生有志于建筑手绘教育，有志于这一科目的教育研究。把头绪多端的空间形象绘之于平面，再通过手绘来创造新的空间，薛先生在此花费了大量的精力，为学习者想，为教学者用，遵循认识的规律，用图、用文、用浅显易读的语言，编写了这本书，这是难能可贵的！

周君言

2015 年 11 月

# 前言

笔者美术水平有限，读书时也没在表现技法上多下功夫。都说画画要靠悟性，靠磨炼，无奈错过了练就童子功的时机，所以任教之初最怕当堂示范。在边教边学的困境中，一直暗自寻找着方便取巧的门道。

美术基础不好又想学习手绘表现的人一直都有，而能用于磨炼的时间现在却越来越少了。如今笔者将摸索到的经验奉献读者，不敢说找到了捷径，只算是一份心得。

《芥子园画谱》以程式入门，与西画写生迥异。旧时文人弄墨抒情，造型作为载体，可以提炼成“图例”，不拘泥于写真。手绘表达旨在设计创意，描绘造型的材质、色彩、纹理、光影，是为着识别、解义，因此也可以提炼成“图例”，汇编成“画谱”。

大凡入门教程多冠以 A、B、C 者，皆因“程式”、“图例”乃最适宜初学者之方便法门。将教程内容化整为零，各组件项目、如同字母表按 A、B、C、D 依次排列，更方便读者随意、切入、片断学习。

教学中有一项配色练习，在现成的素描稿上添加彩色，学生的作业效果比全部由自己制作素描、色彩要好出很多。这说明同时操作素描、色彩难度过高，也反映出素描关系对最终效果的巨大影响。为此笔者提倡在入门学习阶段，把素描、色彩分解开来，于整体上降低难度、简化技法，于单项中明确步骤、强化程式，以一系列简单操作的步步叠合，达成最终画面的丰富效果。

临摹是绘画教学的重要环节，但若方法不当，很容易催生只求结果、不问过程的“临摹病”—— 不顾全局，一点突进；不分先后，一步到位。脱离范本就无从下手，难以付诸实务。采用“程式”、“画谱”的方法就是将复杂的画面内容转化为若干个单一的组件，将多变的绘画方式分解成一系列规范的流程，以此杜绝“临摹病”。待顺利度过“学步期”后，再潜心临摹名家经典。

童谣曰：“手脑两个宝，个个要用好！”错过了“童子功”的成年人，要主动发挥用脑的优势，凭借丰富阅历触类旁通，归纳总结练习心得，以有限的时间投入，获取最大的效益回报。

# 目录

## 通用篇



## 建筑篇

# 目录



## 室内篇



## 练习篇

# 通用篇

# 1 手绘概述

## 1.1 手绘表现定位

### 1.1.1 外化设计思维

手绘表现是设计师外化形象思维的便捷手段。手与心的契合程度是任何工具都无法企及的。

设计是一种从无到有，从虚到实，乃至游离不定，聚散反复的建构过程。要即时记录构思的枝节片段，要表达模糊、含混的形态，要瞬间追随离散、跳跃的思绪，手绘应当是设计师的第一选择。

手绘伴随着设计的全过程，作为方案草图的组成部分，是分析比较、推敲完善等试错过程的真实写照，体现了设计师对工作项目的投入程度。

### 1.1.2 告别写真技法

手绘既可以快速粗放，也可以精致细腻，但就设计实务而言不应该全盘精细化。

前电脑时代，手绘是唯一的表现手段，许多专业美术家创作了大量精美画面。如今机绘效果图远远超越了手绘写真的能力极限，再耗费时间精力去追求全盘精细化，对于设计来说无疑本末倒置。

手绘应当从迷恋最终成果的华美外观，回归到关注实务进程的切实功效。

### 1.1.3 手绘提升机绘

手绘长于随意，机绘长于精准，适时取舍，不应偏废。

傻瓜相机使不懂光圈、快门的人也能拍出清晰照片，但不能自动获取理想的构图，机绘亦如此。软件使人省却了学习透视绘制和颜料上色，但不能区分理想构图与失真变形，不能裁定何处彰显、何处概约，不能赋予主观色调统一画面。

手绘操作中，对上述的画面处理非常直观，习惯机绘的读者能够借此训练“眼力”，提升水平。

## 1.2 手绘表现特点

### 1.2.1 绘制风格

即时、模糊、夸张，是手绘表现的基本风格。

即时追随思维，必然要求快速。手绘因此常常等同于快速表现。

模糊既源于创意造型本身的含混多义，又是形成画面主次虚实的手段。

夸张就是强化差异、突显个性。手绘所刻画的细部特征，在全景视野中实际难以看清。如此夸张表现虽然失实，却是传达设计意图的有效途径。

时而寥寥数笔，时而纤毫毕现，这正是机绘所缺乏的收放自如。诚然，机绘高手也能借助软件实现由实到虚，模拟手绘效果，但如此矫情之作毕竟背离了手绘即兴、随意的自然本真。

### 1.2.2 画面特征

大量留白、快速渐变、强烈对比，是手绘表现的三项画面特征。

留白是取舍的极致，摒弃琐碎、突显主题。也是追求快速的捷径。

渐变是调控表现强弱的有力手段。在画面中既要呈现对象的固有色，又要表达光源色和环境色。同一对象居于主体地位时需要夸张突显、精细刻画，而居于从属地位时需要虚化概略、融入整体。“渐变”能使对象置身于色彩、虚实的丰富变化之中，而始终保持完整一致的观感印象。由于色彩、虚实的变化非常剧烈，渐变的强度也相应增大，形成了“快速渐变”的画面特征。

对比强烈，反差响亮，夺人耳目，才能借有限的画面元素充分传达设计者的创作意图。对比强烈首先体现于明暗关系，有时甚至显得生硬；而后是色调关系，往往采用补色对比（参见 2.4.5）。

### 1.2.3 表现目标

识别形体、区分材质，是手绘表现的两项基本目标。

形体的正确识别对于任何造型设计都是必不可少的。某些简单形体仅凭轮廓线框就能说明，但更多复杂形体，尤其是富于创意的独特造型，只有借助光影明暗，才能充分表达立体感，保障正确识别。

材质，包括色彩、光泽、肌理，是一切造型自有的属性。但对材质的表现应当限制在关乎设计主旨的核心部分。创意之初对材质的考虑不可能全面展开，或着眼全局效果，或关注亮点特征。次要部分、常规处理、从属背景等常予忽略。

区分材质就是要突显出反映创作意图的材质特征。当几种材质同时呈现时，要扩大彼此间的差异，使之一目了然。对于常规、次要的部分则套用统一程式，快速、泛化地表达。

画面美感不是基本目标。能画与不能画是本质差别，画得好与不好则不是。尽管本教程对画面美感偶有谈及，但绝不是初学者应该追求的目标。入了门，走一程，自然水到渠成。

### 1.2.4 工具适配

工具有所长则必有所短，固守单一工具虽有助于画面美感，却不利于实务操作。

墨线擅长勾略轮廓，运用排线还能即时塑造明暗立体感。但运用过多、琐碎堆砌，就会湮没色彩倾向。

马克笔笔触规整、清晰，利于快速涂刷几何色块，笔色固定方便操控。缺点之一是无法细腻渐变；之二是笔色固定，配齐不易。若每次都要从大量笔色中精心挑选，就难以规范流程，不利初学。

彩铅长于浓淡渐变和叠加调色，笔触细腻，灵活自如，还能单线勾画细节纹理。缺点是难以加深阴影。当笔色过多时容易杂乱纷呈，画面色调不一。

工具适配就是将每种工具的优势运用于适宜的描绘对象和绘制步骤，避免用其弱势。具体如下：

墨线在前期仅作勾形，不做明暗。待全图完成、后期调整阶段，再补充排线阴影与轮廓加粗。

马克笔仅用浅、中、深三种灰色铺陈素描调子，发挥其涂刷快速、色阶稳定、守边清晰的优点。以规整的叠加笔触尽量减弱其渐变的不连续程度，同时将渐变的主体工作留待彩铅去完成。

彩铅在马克素描的基础上叠加色彩，阴影加深的困难不复存在。类似四色印刷中的红、黄、蓝，由于无须承担明暗变化，仅由少量高纯度笔色叠合马克灰色即可获得丰富的色彩。以此避免笔色纷呈、色调不一。

本教程绘制流程的制定即依据上述工具的适配性能，及其绘制的先后次序。

## 1.3 教程专项特色

### 1.3.1 分解叠加技法

素描、色彩分解，色彩因素分解，是本教程的技法特色。

素描、色彩分解出于三点考虑。其一是降低难度，毕竟大多数人素描基础要比色彩略好一些，入手方便。其二是素描更重要，塑造光影明暗以识别形体，是表现第一要务。若不单独绘制素描，往往在一堆色彩中找不到形体。其三是工具适配要求素描、色彩分别以两种工具绘制，作为制作流程的两个环节。

色彩因素分解是指固有色与光源色、环境色的分解。这一分解将美术教学中对色彩的专业要求转化为规范的操作步骤，方便初学者延用日常的固有色观念，随类赋色，再后续叠加光源色、环境色。

经过素描、色彩分解，色彩因素分解之后，原本错综交织的绘画过程被拆解为一系列清晰、简明的操作环节。从墨线或铅笔勾形完成之后开始，首先用灰色马克笔绘制光影明暗，然后是彩铅铺陈固有色，接着彩铅叠加光源色、环境色，最后以墨线（或马克笔细线）调整修饰。

### 1.3.2 组件程式画谱

化整为零，流程步骤，是本教程的教学特色。

化整为零就是将复杂的画面内容转化为若干个单一组件，所谓“画谱”。本教程的组件划分相当具体（参见目录），掌握若干所需组件的绘制方法，就能组合成一幅完整画面。当然可能只是“乌合之众”，要使画面具有美感，尚需完善构图、调整虚实、统一色调。对于入门不必苛求。

流程步骤就是将多变的绘画方式分解成一系列规范的步骤环节，所谓“程式”。每种组件的绘制流程依据分解叠加技法的要求，均按照起稿、素描、固有色、环境色、修整等环节的先后次序进行。根据组件的具体特征，各环节的内容繁简有所侧重，但基本次序保持一致。

希望读者借助“画谱”、“程式”，自备素材，摆脱“临摹病”，实现无中生有，自主创作。

## 1.4 建筑与室内的异同

建筑、室内的题材由于造型特征不同，在明暗关系、材质色彩、画面虚实等各方面，其基本模式均有差异。这些差异体现在任务的目标要求上，而不是操作技法上。有关形体的光影、色彩分析，工具的笔触、叠加技法，以及环节、流程的步骤次序，建筑与室内是完全相通的。

通用篇所述即是建筑、室内表现的共通部分，其中第二章的内容是后续建筑篇、室内篇所必备的笔法基础。基础训练尽量充分、扎实，花费再多时间也不过分！如若初始未能耐心做足基础练习，千万记得在后续学习途中时常返回、追加弥补。好比体能训练上去了，同样的球技也能超常得分。读者可根据自身业务的侧重，先学完建筑篇再浏览室内篇，或者相反。先学部分的技法恰能在后学阶段得以复习、巩固，从而触类旁通，驾轻就熟。

建筑、室内表现的差异首先是造型自身明暗、材质的特征差异，而后是基于造型特征所作的画面处理，在主体与背景的图底衬托、主次虚实等方面均有不同策略。分别介绍如下。

### 1.4.1 造型明暗表现差异

建筑造型是开敞背景中的独立实体，各界面通常完整呈现，组成三维立体。统一的外光照射之下，相互间明暗关系分明、条理清晰，其表现应立足全局整体，准确把握、分析推演。

建筑界面尺度大，对于同一角度的受光面，应选取最趋前或最重要的部分设置高光，留白强化。

室内造型是围合空间的内部，多数界面仅局部呈现，加之光源多变，故相互明暗关系难求写实，而多凭主观经验。其表现应灵活运用对比互衬、突显局部造型，不拘泥于真实的光影关系。

室内家具、陈设则为独立实体，宜按光影线索“真实地”塑造三维立体。

其中低于视平线的家具顶面，常以留白强化其高光反射的显著特征。

### 1.4.2 造型材质表现差异

建筑饰面在有限的画幅中经过了高度“微缩”，其材质表现只能抓大放小，反映整体特征。对于必须刻画的细部构造，往往单用勾线留白，不上色彩，如此方能适应手绘的有限精度。

相比机绘，手绘的材质特征其光影、色彩变化剧烈、夸张，而格线纹理等细部构造多虚化、从略。

室内饰面的近景局部，尤其设计重点造型，应当充分刻画细节，运用工具叠加，强化质感、纹理。其余场景则弱化为整体特征。

手绘的细节刻画深度往往超出画幅所对应的“真实”分辨率，而整体表现却十分简化概约，如此虚实处理令画面充满张力、突显主题，形成与机绘画面迥然不同的观感效果。

### 1.4.3 画面处理手法差异

建筑画面中，建筑黑白对比，高光与暗影反差扩大；环境调和趋灰不抢主体，形成响亮、饱满的图底关系。天空、绿化对建筑天际线的衬托；檐篷、入口各处的阴影深化和冷暖对比；配景、色彩与主体的协同或对比，这些都是达成良好图底关系的关键所在。

虚实方面，建筑为实，环境为虚；中景为实，近景、远景为虚；受光为实，背光为虚。对于大体量建筑，檐顶、入口、“华彩”局部为实，中段、重复造型部分为虚。

室内画面中，中景造型的明暗反差加强，落影深重；远景和空间基本结构弱化表达，大量勾线留白，或略作浅淡阴影。中景饰材色彩饱和，远、近景渐灰。如此形成主题凸显于高调背景的图底衬托关系。

与建筑相比，室内场景造型分散，不利于明确图底关系。为此应当设置一个中灰基调的连续色块，将杂陈的诸多造型联成整体。这个中灰色块通常是地面；有时是色彩较重的连续墙面；当表现光束、灯带时也可以是整片暗色顶棚。针对场景特征设定适配的连续基调对于提升室内画面观感意义重大。参见第八章室内形体中“8.4 连续基调”的图 8–20，图 8–21，图 8–22。

虚实方面，近景为实，远景为虚；饰材为实，结构为虚；装修为实，“道具”为虚。家具五金、织物图案，以及用于调整构图的前景绿化等，常作勾线留白。

## 1.5 学习建议

“靡不有始，鲜克有终”，初学者应当警惕！紧张节奏下养成的习惯，往往只求立竿见影，不愿按部就班。教程是循序渐进的，唯有耐心走完一遍流程，才能体会到方法本身而非作为载体的图片。知道了方法，再根据自身情况选择所需，有侧重地训练。

### 1.5.1 不要重结果而轻过程

“临摹病”就是只重结果、轻视过程的典型。有时违背流程的确容易快速见效，但只限于一时、一事，不能成就普遍规则。若贪图方便养成了错误定势，终将贻误大局。

耐心夯实基础，或许当下不能立竿见影，却为技法的积累奠定了一个持续稳定的加速度。遵循了规范流程，也未必即刻得到预期效果。任何技能的掌握都需要时间积累，要有耐心，更要有信心。持之以恒必然能看到结果，持之以恒就是过程。

### 1.5.2 不要重图像而轻文字

重图轻文，出于本能。读图时代，此风尤甚。操作本身不看文字或能猜测，但技法缘由和正误分析之类，单凭图片是无法获悉的。教学实践中许多错误一犯再犯，就是不看（不听）这些解说造成的。

概述篇的大量文字叙述，各章节前置的整段文字，经过实际演练之后重温，会有切实的感受。

### 1.5.3 不要追求完美而纠结

胶着困难止步不前，容易丧失信心，甚至中断学习。

技法的内容很多，遇到困难时大可回避转移，练习后续其他内容。由于技法之间存在连续互通，往往经过后续练习的积累，先前的“结”在不经意间就解开了。即便困难始终没能克服，也不要耿耿于怀，当知任何单项技法对整体画面的作用都十分有限，何况实务中未必都会用到。

容忍错误，与困难同行，接纳不完美，是一种智慧，一种能使学习陪伴终身的乐观态度。

# 2 基础技法

## 2.1 工具要求

### 2.1.1 工具一览

绘画工具为墨线笔、马克笔、彩色铅笔，这是手绘业界著名的“三剑客”。

纸张为白卡纸。辅具有铅笔、橡皮、直尺、卷笔刀，以及胶带、图板等。

纸张宜用白卡纸。素描纸、水彩纸之类表面粗糙，使彩铅难以排线，吸水性强导致马克笔干涩失控。普通复印纸使马克笔过分深浓。铜版纸、光面卡纸则不吸水，导致马克笔笔触过重、突显水渍，彩铅渐变不易柔晕。

起稿用素描铅笔，软硬适中，勿用活动铅笔。

大块软橡皮。铅笔稿不宜多擦，而彩铅却常用橡皮“平躺”轻抹，弱化、柔晕。

起稿与勾缝常需倚靠直尺，建议配备滚轴直尺，便于绘制平行、垂直线条，较之三角板更易携带。

彩铅必须用卷笔刀，最好是封闭式笔刨，不能用刀片削。水溶性彩铅笔芯柔软，若用刀片稍切即断。

图纸宜平整粘贴在小图板上，纸张务必平服，勿使铅笔颤动；衬底软硬适中，避免布垫、玻璃。使用图板便于自由旋转画面，使任何角度的排线都可以旋转到顺应手势习惯的方向。

### 2.1.2 关于墨线笔

建议使用一次性绘图笔，或墨水钢笔，不用带通针的针管笔。因为表现绘画中有大量回旋、往复的线条，针管笔极易刮破纸面，或堵塞笔头。

在色彩完成后添加墨线时，若彩铅黏滞，绘图笔的笔头打滑或堵塞，可使用黑色油性马克笔的细头绘线，它具有很强的覆盖力。

### 2.1.3 关于马克笔

马克笔有水性、油性之分。水性者笔触边缘清晰，利于把握形廓；同色叠加时深浅明显，色阶控制准确。油性者笔触边缘柔晕，容易隐藏笔触；但同色叠加效果不明显，需要更多笔色实现连续渐变。

图 2-1 是水性、油性马克笔的笔触对照。左列油性，右列水性。

教程范图采用浅灰、中灰、深灰三种中性灰色的水性马克笔。浅、中、深三者的级差应尽量均等。

若读者仅有油性笔，需配备至少五种级差的灰色油性马克笔，方能实现示例中由浅到深的连续渐变。

图2-2所示，分别为水性、油性马克笔，采用浅、中、深三色叠加时的效果对照。下行水性，三种笔色均作两度同色叠加，可形成六个灰度色阶的均匀变化。上行油性，叠加后的灰度

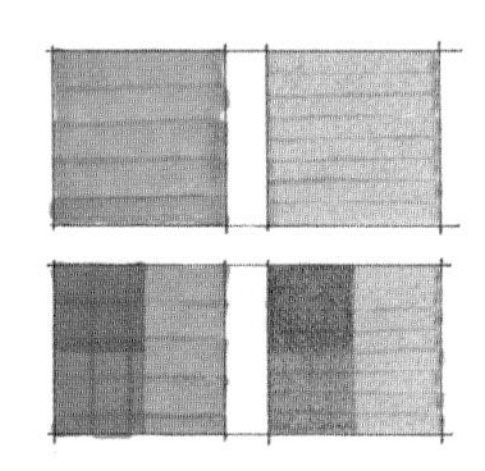

图 2-1

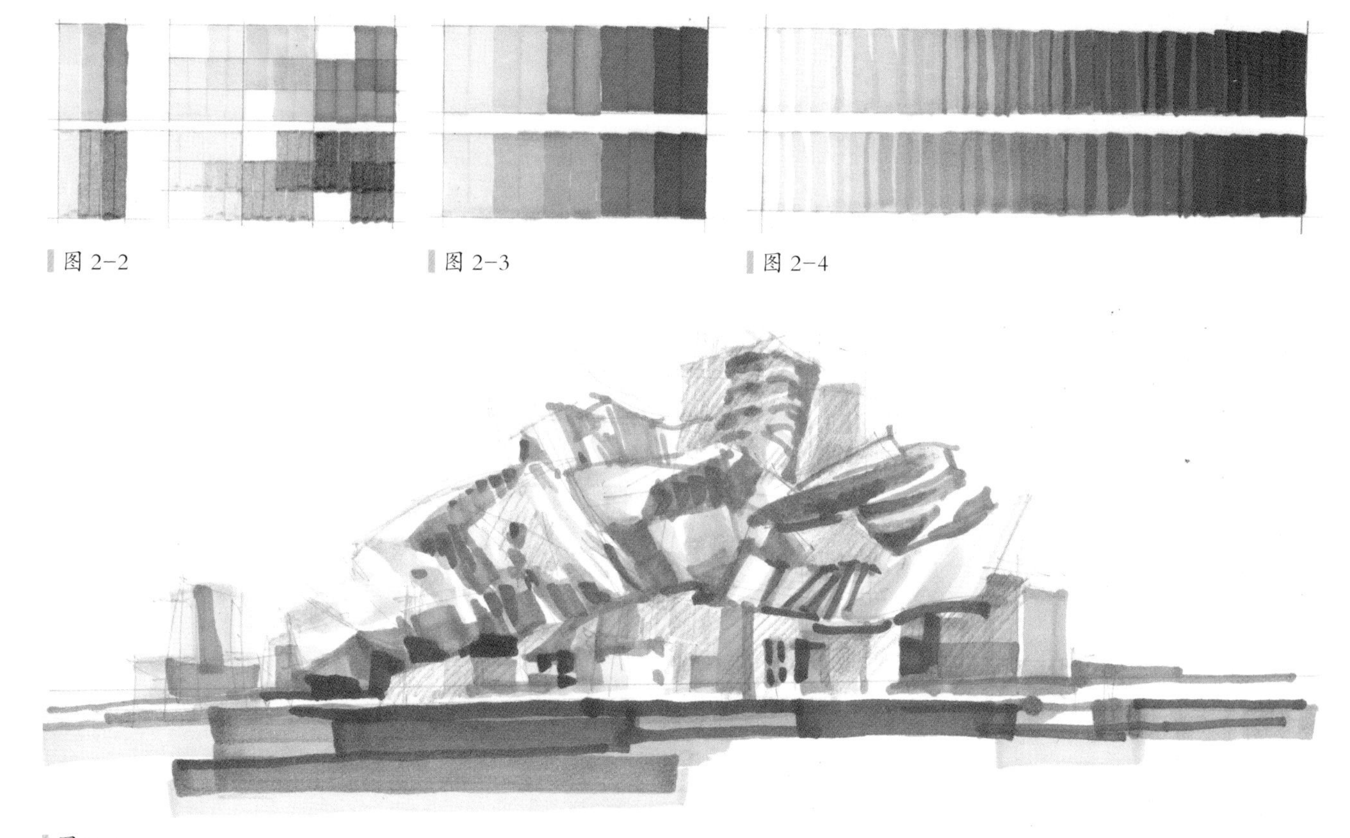

图 2-2　图 2-3　图 2-4

图 2-5

色阶不均匀。

图 2-3 采用五种油性笔色实现由浅到深的均匀变化，上行为冷灰色，下行为暖灰色。由于油性笔触柔晕，在作变频渐变时，效果略胜于水性，如图 2-4 所示。

某些品牌没有中性灰色，而代之以冷灰色和暖灰色。在进行马克排线专项练习时，或全部使用冷灰，或全部使用暖灰，不要冷暖混搭，以免色彩倾向干扰了明暗渐变的效果。在后续练习以及实务运用中，既然要叠加彩铅颜色，冷灰、暖灰混搭基本没有影响。反倒可以利用冷、暖倾向，在远景、阴影部位使用冷灰，而在阳光、木饰部位使用暖灰，以期仅用灰马即能区分光影冷暖和远近虚实，达到事半功倍的效果，参见图 2-5。

### 2.1.4　关于彩铅

彩色铅笔有水溶性、蜡质之分。水溶者笔芯柔软附着力强，质地细腻利于排线叠加。蜡质者粗硬，奋力涂擦不易折断，但正常力度时不够浓艳，混色渐变也不均匀。

本教程采用水溶性彩铅。要求配备红、橙、黄、绿、青、蓝、紫等七种高纯度笔色，加上深红、深蓝，共九支彩铅。本教程采用马克素描衬底、彩铅艳色叠加的技法，形同四色印刷，故七彩选色应尽量浓艳。

红需大红，勿取朱红；橙居红黄中间，勿偏橘黄、橘红；黄取淡黄，勿用柠檬黄、中黄；绿取中绿，既非草绿亦非翠绿；青为湖蓝，不是天蓝；蓝宜钴蓝，群青则偏紫；紫可用青莲，或紫罗兰。参见图 2-21。

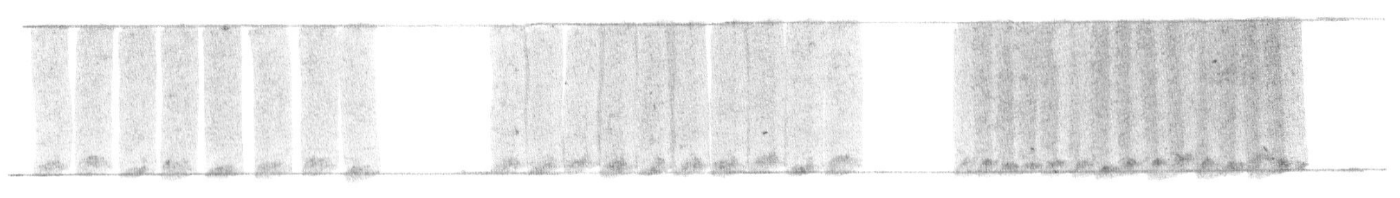

图 2-6

虽然水溶性彩铅掺水晕化后效果绚烂，但需要特别的绘画技法，本教程不作尝试。若操作中不慎沾水，请立即用纸巾平压吸收水分，待彻底干透再补加排线。

## 2.2 基本笔法

### 2.2.1 铅笔起稿

类似素描起稿，但有三处注意。其一执笔如书写之横执法，非绘画常用之悬腕竖执法。其二对象形小线密，更需细致。其三慎用橡皮，以免损伤纸面，导致马克笔变深、渗化。为此希望尽量减少反复擦描。

### 2.2.2 马克排线

马克笔排线旨在形成块面，避免突显线条！初学者必须进行专项笔触练习。

**平涂笔触**

最大笔宽；笔笔紧靠；横平竖直。

采用最大笔宽一则填涂快速，二能保证每笔等宽。笔端斜面齐贴纸面时得到最大的满笔宽度，转变角度将逐渐减小宽度。尝试调整执笔角度，找到最佳的满笔宽度位置，反复操作形成手势习惯。

笔笔紧靠，排线成面。既不相互重叠，也不留空间隙。徒手绘制难免失误，不叠、不空重在意向，实际偶尔重叠、留空无碍大局。若留空间隙较大，可用较小笔宽补加一笔（转变执笔角度）。重叠则无法弥补，不必在意，见图 2-6。

横平竖直是马克排线的基本方向。不论形体外廓线如何走向，整体填涂笔触始终保持横平竖直。仅在外廓守边或当形体细小到仅够一两笔宽度时，才改为沿形体走向用笔。

**平涂叠加**

平涂叠加能使一种笔色形成多级变化，也是实现渐变的基础。叠加可以在同种笔色或多种笔色之间任意搭配。由于本教程只采用浅、中、深三种灰色马克笔，同种笔色叠加即可获得充足的素描灰度色阶。

干后叠加，否则先后笔色互渗浑浊，水分过多有损纸面。晾干仅需数秒，阴天长晴天短。一般较大色块涂完一遍后，起始部位已经晾干。只是不要急于加深，连续叠笔。

图 2–7 上，分别用浅灰、中灰、深灰马克笔绘制平涂色块。

图 2–7 中，上述色块纵向划分一半范围，绘制第二度平涂色块。采用同种笔色叠加，即浅灰上叠加浅灰，深灰上叠加深灰。第二度排线宜改变方向，以期“抹平”重叠与留空，使观感均匀。

图 2–7 下，再横向划分一半范围，采用相同笔色平涂色块。在交错的四分之一范围内形成了三度叠加。从浅灰一度到深灰三度，有充足的素描色阶。

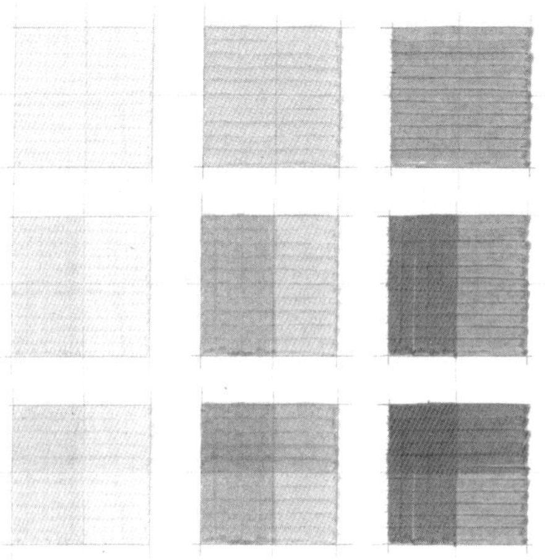

图 2–7

**分格渐变**

分格渐变是一种特殊的近似渐变方式。马克笔相同笔色几度叠加，形成一系列渐进色阶，具有近似的渐变效果。将上节的平涂叠加练习，按由浅到深的次序排列，即是从浅灰一度到深灰三度的分格渐变。

排线方向必须垂直于渐变方向！纵向渐变须横向排线，横向渐变则纵向排线。

图 2–8

图 2–8 上，横条分三段，浅灰、中灰、深灰马克笔依次平涂。设定横向渐变，竖向用笔。

图 2–8 中，每段再三分，留出前 1/3，后 2/3 叠加成两度。

图 2–8 下，后 1/3 叠加成三度。从浅灰一度到深灰三度共计九格。

图中可见，浅灰三度与中灰一度，中灰三度与深灰一度，几乎没有差别。有效的渐进色阶应取七级，亦即浅灰、中灰各作两度，深灰作三度，形成七格渐变，见图 2–9。

图 2–9

**变频渐变**

变频渐变是指通过改变排线间距（变频），并结合改变笔宽所形成的渐变方式。

变频渐变的观感接近连续，效果远胜于分格渐变。以间距、笔宽的疏密缓疾控制渐变强度，收放自如。手绘高手在实务运用中首选此法，但就初学而言其难度极大，是学习甫始的第一道关卡！

要点之一，变化要体现“加速度”。由浅入深时，排线间距从宽变窄直至紧靠，笔宽从最细渐至满宽，其变化呈现由缓骤急、猛然加速的态势，切忌笔笔均等、形同格栅！见图 2–10 上。

要点之二，深色笔触要在浅色衬底上叠加，以期减弱反差、求取连续，切忌深色之间露白，突显笔触！见图 2-10 下。

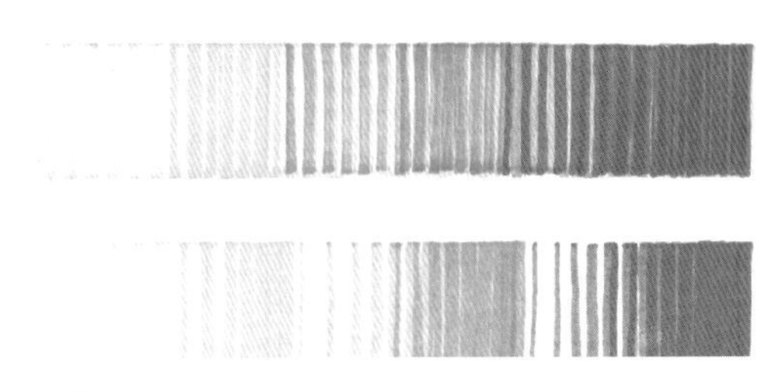

图 2-10

图 2-11，为浅、中、深连续变频渐变的叠加步骤。对照图 2-8，观察三种笔色在横条中的位置。

图 2-11 首行，第一分段从左到右，浅灰由白渐入，加宽至分段中部成满宽，然后延续平涂至第二分段中部。注意排线间距由大变小，相当于白色从宽变窄。

图 2-11 第二行，第一分段中部开始，重复浅灰由细变宽，至第一分段三分之二位置达到满宽，再延续平涂至第二分段中部。

图 2-11 第三行，第一分段三分之二位置开始，重复浅灰由细变宽，至第二分段三分之一位置，至此浅灰完成三度渐变，并为中灰渐变铺设了衬底。

图 2-11 第四行，第二分段三分之一位置开始，中灰由细变宽，至第二分段三分之二左右满宽，平涂至第三分段后部，为深灰渐变铺设衬底。

图 2-11 末行，第二分段三分之二位置开始，深灰由细变宽，至第三分段中部满宽，平涂至末尾，再于第三分段三分之一位置开始，重复深灰渐变至末尾。

图 2-11

对照分格渐变例图，变频渐变的素描色阶，呈现出由缓骤疾、猛然加速的态势。可见加速度并不限于每次的排线渐变，也体现在三种笔色之间，颜色越深，间隔越短。

手绘画面的“快速渐变”以此作为技法支撑。（记得知难而退，先学别样，不要胶着硬拼！）

如图 2-4 所示，当采用油性笔来做变频渐变时，由于笔触柔晕，观感略胜于水性笔。

### 2.2.3 彩铅排线

执笔如书写之横执法。排线类同素描，忌连笔浑然擦抹！

平行排线在纸面上形成微小而稳定的间隙，为后续排线留出“落脚、扎根”的空间。连笔擦抹则一遍涂满，再度上色时笔触无法“锚固”纸面，导致颜料黏滞、堆积，观感浓淡不匀。

排线分长短。长线观感平滑柔和，适宜绝大多数场合；短线优于浓重，专用于局部加深。

长排线时，握笔距笔尖约 4cm，线长约 4cm，平行等间，间隙 1~2mm，方向宜近 45°。排线可横向任意延伸。绘线运笔应中间重两端轻，行与行略作重叠，使较轻的端部先后叠加，连成整体均匀色块。

绘线时手指屈伸往复、挥笔上下，略呈弧状切擦纸面，使线条中间重两端轻。如图 2-12 上幅手势，停笔时笔尖位于排线中心处（左侧点划线），屈伸手指、上下运笔，得到中间重两端轻的排线，行与行叠加后，整体均匀；下幅手势，停笔于排线顶部（左侧点划线），手指仅作下屈而无上伸，排线上重下轻，造成行与行之间的明显接痕。

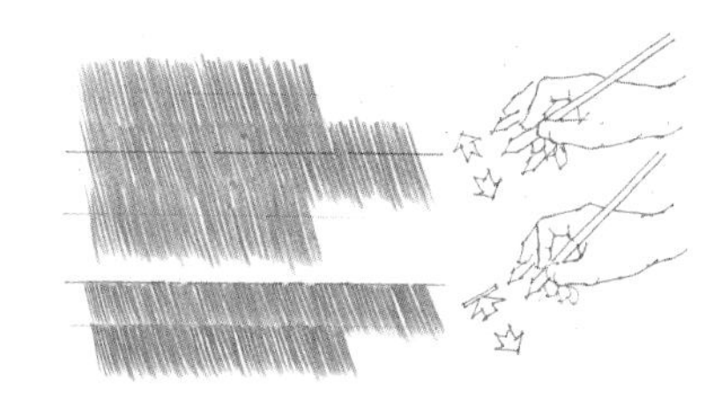

图 2-12

短排线时，握笔距笔尖约 2cm，线长约 1cm，排线 1cm 左右为一组。组与组之间常改变排线方向，交错角度宜在 30° 以内。绘线时笔头接近垂直，用力压向纸面。

**排线平涂**

长排线均匀用力，绘完 3~4cm 宽一行后，接绘下一行。行行相接重叠于线条两端较轻处，使整体观感均匀。图 2-13 左右上幅分别为一度、二度排线的中间过程，示例每行错开以便读者观察相接重叠的位置。

图 2-13

此项练习的要点之一是用力均匀。先尝试找到最适合自己手势的力度，保持稳定。然后再练习轻一级、重一级的力度，反复感受，使趋稳定。

要点之二是行与行的叠加均匀“无痕”。要确保线条的两端轻、中间重，并观察重叠部分的多寡对均匀程度的影响。绘线手势是关键，养成了错误手势是很难更改的。

若始终练不到位，请设想一下笔触细节对整体画面其实无伤大雅。何况许多造型一行排线即可填满！

**轻重渐变**

以用力轻重控制色彩浓淡，间隙则保持一致。如图 2-13 右上幅所示为此法绘制的上深下浅渐变。在平涂色块基础上叠加轻重渐变，可扩大浓淡反差，增加渐变强度，见图 2-13 右下幅。

图 2-14

后续叠加的排线方向可与先前错开一定角度，使排线笔触隐蔽，观感更加柔和。图 2-13 左下幅中方向比较竖直者是后续叠加的排线。

图 2-14 中的红、蓝横条均由两度轻重渐变、交错叠加而成。应控制排线方向的交错角度在 30° 以内，切忌垂直交错。

**复色叠加**

彩铅叠加与渐变可以在同种笔色或多种笔色之间任意搭配。

两种笔色的轻重渐变相向叠加最能体现彩铅混色的“透明”效果，其中互补色的相向叠加在调整画面色调时运用广泛，练习功效也特别明显。图 2–15 所示为红—绿、蓝—橙补色对的相向叠加。

某种笔色为主，局部叠加其他笔色，常用于“固有色—光源色—环境色”的绘制流程。

图 2–16 是绿化的“固有色—光源色—环境色”。左侧色块以绿色上浅下深为主体，顶部叠黄作为光源色，下部叠蓝、底部叠红作为环境色。右侧为柏树示例。

图 2–17 是木饰面的“固有色—光源色—环境色”。下方色块以橙色左浅右深为主体，左端叠黄作为光源色，右部叠红、尽端叠蓝作为环境色。上方为木饰墙面示例。

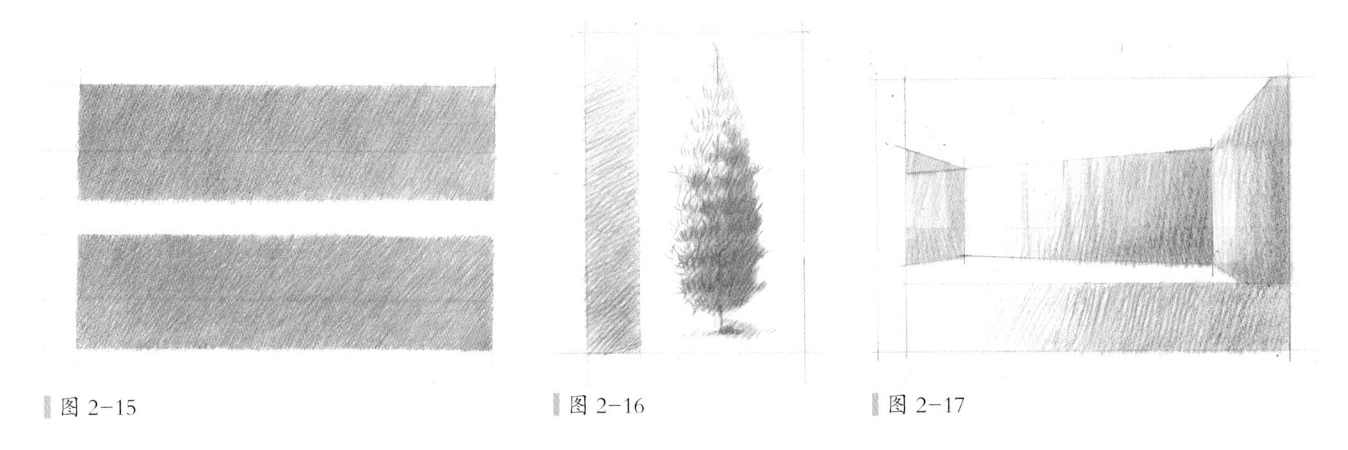

图 2–15　图 2–16　图 2–17

### 彩铅短排线

短线意在深浓。需要用力，握笔近尖才能加大用力而不至折断笔头。如此挥笔幅度减小而成短线。深浓排线无法隐藏笔触、难以平滑柔和。因此主要用于在长排线衬底之上局部加深。单独使用，则是以其编织状笔触，表现特殊肌理的织物、毛石之类。

图 2–18 左上为短线平涂；右上为短线两度叠加并作轻重渐变；左下为短线灵活延伸的中间过程；右下为短线制作的红、蓝两色轻重渐变相向叠加。

图 2–18

## 2.2.4　各种勾线

### 墨线勾线

墨线有三种用法。其一是形体外廓勾线。可以在所有上色之前，也可以在全部上色之后。先勾线便于清晰界定上色区域；后勾线则可根据色彩效果，于各处分配不同粗细的廓线。

另外，当涂色范围不慎偏离初稿时，后勾线尚能作“将错就错”的补救。

其二是表现特殊纹理，诸如砌筑、镶拼、编织等局部粗糙材质。其三是排线表达光影明暗。通常将局部的纹理表达与其光影处理相结合，一步操作达成两项目标，以提高效率。

如图 2–19 所示，上图为灰马明暗处理，中图改作墨线排线，兼顾明暗与结构、材质，下图彩铅上色。

由于本教程采用马克素描方式，故不推荐全面的墨线排线。但在画面最后修整阶段，由于已施彩铅不能再叠马克，此时墨线排线成为追加暗部的唯一选择。

若彩铅黏滞，使绘图笔笔头打滑，建议局部改用细头的黑色油性马克笔，代作排线和勾略外廓。

### 关于墨线

徒手绘制墨线是表达、表现的基本技能。相关专业的学生必然在入学之初就经历了“设计初步”的徒手训练。本教程的表现技法倚重素描、色彩，对墨线并无特殊要求，只需清晰、准确，不求流畅、华美，故不作专门训练。读者若对徒手绘线尚存疑虑，可参阅练习篇的“14.1 墨线排线练习”。

图 2–19

### 彩铅勾线

彩铅勾线表现局部细节，可以同时承担色彩铺陈与纹理刻画。多用于描绘木纹、石纹，织物图案，树木、草坪，块材拼缝等等，参见图 2–20。常选取与形体色彩相近而略深的笔色，以求柔和统一。

对于某些边界硬朗，阴影深暗的格缝，彩铅勾线略显乏力时，可在近景局部改用墨线。

图 2-20　　图 2-21　　图 2-22

### 2.2.5　分解叠加

马克笔素描叠加浓艳彩铅，以及彩铅的不同笔色叠加，类似四色印刷，仅由“三灰七彩”即可获得丰富细腻的色彩变化。初学者应做专项“铅马叠加”练习，熟悉各种颜色的彩度变化，掌握其调配方法。参见“2.4 色彩知识”。

图 2-21 示例之“铅马十六叠”，分别展示了红、橙、黄、绿、青、蓝、紫、紫红等八色彩铅与浅灰、中灰马克叠加的效果。图中各方格，上部彩铅两度色浓；下部彩铅一度色淡；底部未叠彩铅，露出纯灰；左列未垫灰马，露出纯彩铅；左下角“灰马”两度，叠色最显黯淡。

“铅马叠加”的难点在于，较深的灰马衬底之上需叠浓重彩铅，或加大力度，或叠加几度。尤其在阴影部分的深灰马克之上，必须短线重笔才见效果。图 2-22 中竖列两条中灰、深灰马克衬底，横条为各色彩铅轻、重排线。轻排线在深灰衬底上仅有微弱的冷暖倾向，而重排线虽则黯淡，却能显现各色。

## 2.3　形体光影

光影明暗是识别形体的依据，是建筑表现的首要任务。分别用留白、浅灰、中灰、深灰来绘制形体的高光、受光、背光和阴影，以固定的笔色深浅保障光影关系的正确表达。

仅以平涂笔触，4 个色阶的素描调子，就能表达造型立体感。这种极简画法适用于描绘周围环境等次要造型，或由大量简单体块集聚而成的组群。而要刻画主体对象时，尚需运用渐变笔触，在原有三层次的基础上稍作叠加，扩展形成连续、细腻的层次变化。

建筑形体是由大量长方体、少量圆柱体，以及四棱台（坡屋顶）、球体等几何形体组合而成的。掌握了这些几何形体的光影明暗，就能够塑造出任意建筑形体的光影立体感，参见图 2-23。

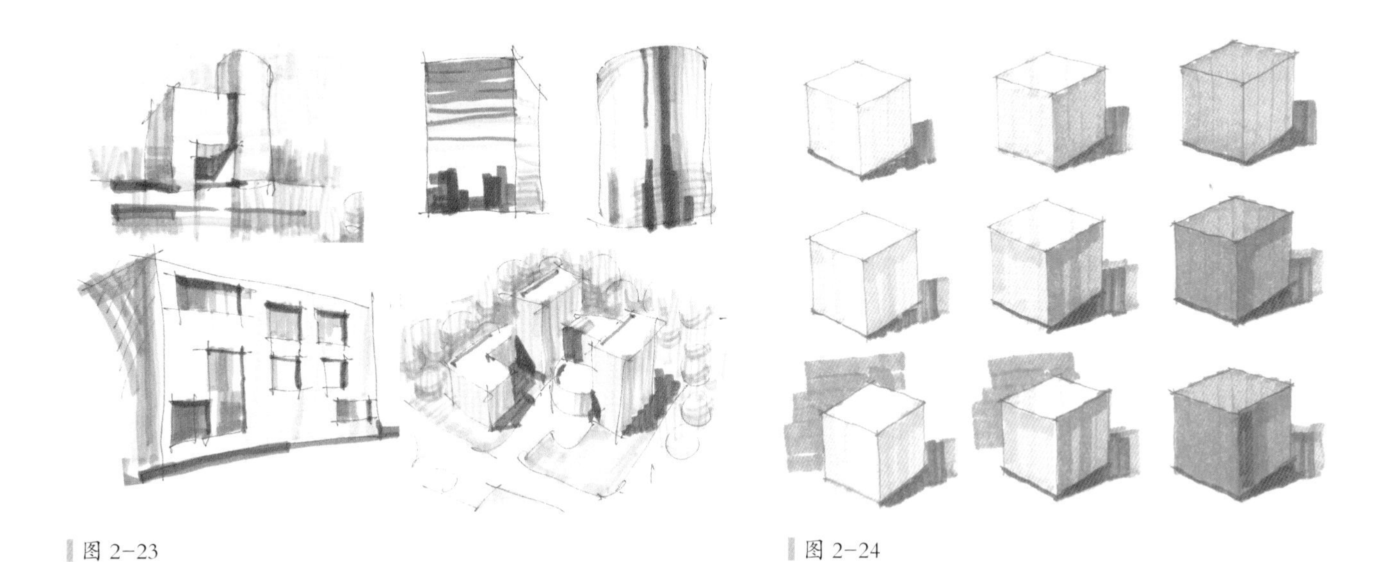

图 2-23

图 2-24

### 2.3.1 长方体

长方体是建筑最基本的形体，其高光、受光、背光、阴影之间反差清晰、规则简明，易于把握。

图 2-24 示例，固有色深度不同的三个立方体在左上 45° 光线下，俯视时的光影表达笔法。先看中列中等深度者：

上幅为基本笔法，顶面高光留白为主，略加几笔浅灰；受光的亮部侧面平涂浅灰色，背光的暗部侧面平涂中灰色，落影平涂深灰色。层次分明，概约简洁。基本笔法的核心在于深浅笔色锁定各受背光面。

中幅为叠加深化，受光侧面于顶部和左侧边缘叠加浅灰，顶边叠加扩大与顶面反差，左侧叠加使右侧显亮，利于转角反差；背光侧面于顶部和左侧转角边缘叠加中灰，顶边扩大与顶面反差，左侧叠加则增强转角的明暗交界线，离开转角再加一两笔，以变频渐变形成过渡，避免反差生硬；阴影部位沿形体落影边缘叠加深灰，使形廓分明，向远处变频渐变，并在阴影外边缘衔接中灰加以柔化。深化笔法的核心是同笔色叠加，扩大反差，增加层次。

下幅并未改进形体，只在高光与受光面衬托了中灰背景，效果显而易见。这说明背景、环境铺色的作用不仅仅是烘托氛围，更在于突显主体。

图 2-24 左右两列为浅色、深色形体。浅色者顶面完全留白，受光、背光均用浅灰。深色者各面均用中灰。同样上一幅为概约笔法，中间一幅深化转角反差，下一幅衬托背景。三列对照可见，浅色、深色形体的素描层次不如中等深度者丰富细腻。一般情况下，主体造型宜视作中等深度，以利充分表现。

长方体上基本采用竖向排线，如此能避免笔触与透视方向混淆。背景则可横向排线，以区别于形体。

### 2.3.2 圆柱体

建筑中的圆柱体多呈竖向设置，常饰以光泽材料。圆柱面明暗变化的共性是高光居中、两侧深浅、竖条交替。随光泽度的不同，竖条的宽窄、强弱特征各异。

图 2–25 右侧六幅图是亚光、光泽、镜面三种质地圆柱面的明暗程式。在左上 45° 光线下，俯视时，圆柱整体左亮右暗，呈竖条状渐变。随着光泽度增加，渐变由柔和转为剧烈，形成明暗竖条交替。

六幅之左上是亚光圆柱的概约笔法。左 2/3 留白，右 1/3 浅灰；近右边缘（不靠边）叠加浅灰二度；左边缘加一笔较窄的浅灰。此式体现圆柱左 1/3 为受光最多处，向两侧渐暗。当形体较大时，应以变频渐变笔法扩展渐暗的范围，使之柔晕而显弧状。

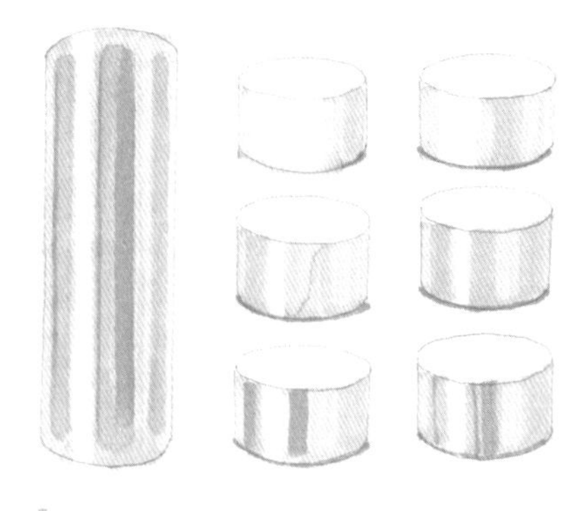

图 2–25

六幅之右上是亚光圆柱的深化笔法。在左幅基础上缩小留白范围，右 1/3 处叠加浅灰二至三度，形成明暗交界线。

六幅之左中是光泽圆柱的概约笔法。左 1/3 处小范围留白，其余满铺浅灰，唯显高光。

六幅之右中是光泽圆柱的深化笔法。在左幅基础上，于留白左右两侧（略留间隙，勿紧靠留白）叠加浅灰二至三度，进一步突出高光；近右边缘（不靠边）叠加浅灰二度，使渐变柔晕。

六幅之左下是镜面圆柱的概约笔法。在右中幅基础上，留白两侧之叠加改用中灰，形成剧烈反差。

六幅之右下是镜面圆柱的深化笔法。留白两侧之叠加更为细致，左侧先叠一笔浅灰，再叠一笔较窄的中灰，右侧分别作宽、窄两笔中灰，还可在较宽的中灰条带上局部叠加二度，形成上下深浅变化。

以上六幅俯视的圆柱体顶面留白，多见于低于视平线的室内家具造型。图 2–25 左侧示例则为高于视平线的镜面圆柱，符合建筑形体和室内立柱的一般情形。该柱条带交替反差剧烈，上下深浅也更丰富。

左侧示例表现镜面圆柱映射的场景——中段呈现墙面明暗条带交替；两端反映浅色的顶棚、地面映象。故中灰条带在顶、地两端以圆弧结束，不抵边廓。若表达建筑形体，则竖条应上下到底，同右侧六幅情形。

圆柱体的形体上必须采用竖向排线，追求精细时尽量倚尺绘线，尤其是中灰暗条带。

### 2.3.3 球体

球体的光影规律是顶中部高光，底侧少量暗影。建筑中的球体造型通常仅有上半球，为便于讲述、理解其光影规律，此处将全球与半球上下对照。示例左侧设定 60° 光线，模拟平视，适用于建筑形体；右侧设定 45° 光线，模拟俯视，适用于室内家具。

图 2–26 示例是球体的概约笔法。左列 60° 光线者，贴近顶廓偏左以铅笔轻稿作扁圆高光，横宽约为球径之半；

右列 45° 光线者，略离顶廓轻稿作圆形高光，约为球径之半。其外满铺浅灰，唯显高光。

图 2-27 示例是球体的深化笔法。自高光范围向下，以铅笔轻稿作弧线划分球面，尽量使弧线在。球面上呈同心圆（极有难度，勉为之）。上部全球体两幅，左侧大致三等分，以此向下叠加两、三度浅灰；右侧大致两等分，向下叠加两度浅灰，再沿底边外廓叠三度浅灰。如此形成球面顶底、前后的明暗变化。注意上色范围的两侧尖端处，笔尖竖起，精细准确。下部半球体两幅，仅有少量两度浅灰的范围，明暗变化并不显著，可在两侧尖端处补叠三度浅灰。

图 2-28 示例是针对光泽球体的强化笔法。上两幅中三度叠加的浅灰改用中灰，并于中间局部再叠一笔弧形中灰，形成光泽表面的剧烈反差。中灰笔触务必与底边外廓留出一些间隙，表达底部反光。下部半球体两幅，没有中灰叠加的范围，仅在两侧尖端和沿底边右部叠加三度浅灰。

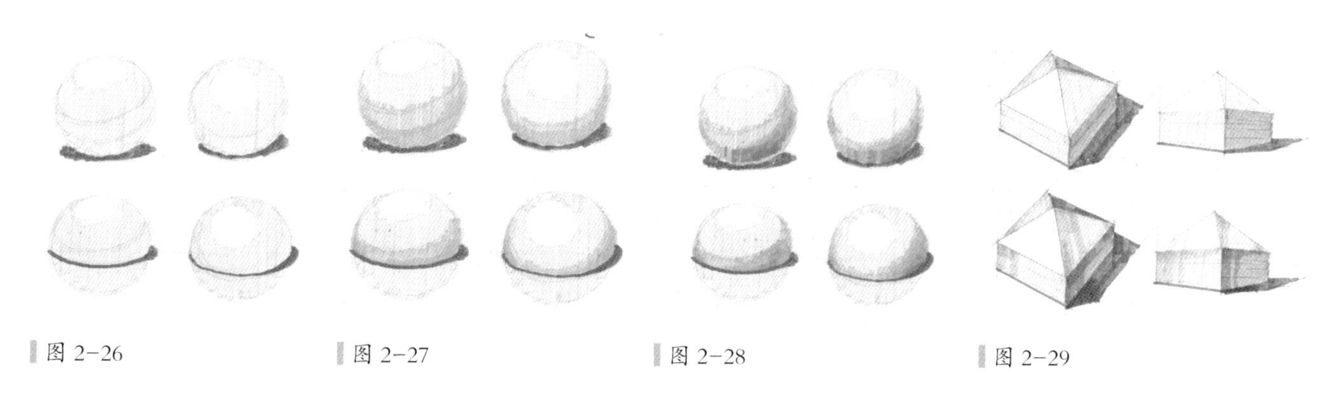

图 2-26　　图 2-27　　图 2-28　　图 2-29

### 2.3.4 棱台

棱台多用作建筑坡屋顶。俯视时可见到全部四个坡面，应相互明确区分；平视时仅见两坡，容易区分。图 2-29 示例左列是俯视的四坡顶；右列平视时仅见两坡。

左列上幅是俯视的概约笔法。左上 45° 光线下，左前正面留白，右前、左后两侧面同为浅灰，右后背面中灰。留白坡面对应受光浅灰墙面，浅灰坡面对应背光中灰墙面。顶面之间、顶墙之间均有明暗区分。

右列上幅是平视的概约笔法。左面留白，右面浅灰。分别对应墙面的浅灰、中灰。

左列下幅是俯视的深化笔法。留白坡面左角远端可略加两笔浅灰；右前坡面自边棱向远处叠加浅灰二度，变频渐变，于远侧尖端再叠一笔浅灰；左后坡面两侧尖端略叠浅灰二度；右后背面两侧尖端略叠中灰二度。如此在坡面转折边棱处强化反差，并作坡面远近虚实。墙面长方体相应增加边缘对比和远近虚实。

右列下幅是平视的深化笔法。左侧留白坡面自左角向前作浅灰变频渐变；右侧浅灰坡面自边棱向远处叠加浅灰变频渐变，远侧尖端再叠一笔浅灰。如此强化边棱对比和坡面远近虚实。墙面相应深化。

### 2.3.5 倒角

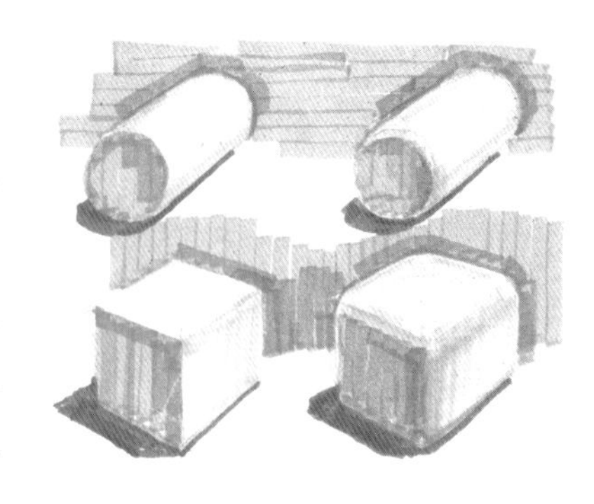

图 2-30

长方体各面、圆柱体侧面的交接处，边棱圆弧的倒角造型，常见于室内家具、软包，偶见于建筑形体。边棱处的光影柔化是表现倒角的关键。图 2-30 将普通的长方体、圆柱体与带圆弧倒角的造型对照示例。观察图中右列造型的所有边棱部位，沿棱线都作一笔浅灰条带。留白部分前缘的浅灰条带形成与暗部的柔和过渡，后缘的浅灰条带形成外廓弧状。当造型较大、倒角圆弧较宽时，前缘浅灰可在一笔条带基础上，靠近暗部一侧，二度叠加较窄的浅灰条带，使过渡更为柔晕。注意立方体顶面的各顶角处均有留白高光。

### 2.3.6 关于排线方向

示例中的所有形体均采用了竖向排线。因为唯有竖向才能完全避免笔触与透视方向混淆。但在实务中，当形体缩小到仅够一两笔宽度时，任何排线方向都不至于混淆透视，故不必拘泥于竖向。而球面、坡面局部则更适宜采用顺沿形体弧形走向的排线。

## 2.4 色彩知识

彩铅复色叠加，灰马彩铅叠加，都涉及基本的色彩知识。本教程的相关介绍尽量浅显、实用，读者欲究其详，烦请另行查阅。

### 2.4.1 色相、彩度、明度

可以从三个方面来描述色彩：或红或绿，或浓或淡，或深或浅。现实中这三方面是浑然一体的，专业上为便于分析、再现，将它们划归为三项独立的属性（色彩三要素），称作色相、彩度、明度。

色相只谈论红绿蓝黄，以最鲜艳的光谱色为代表，红、橙、黄、绿、青、蓝、紫，加上紫红（补光谱之所缺），连成圆环，称作色相环。见图 2-33 外圈的圆环。

彩度，亦称纯度或饱和度，是某个颜色从最鲜艳到最黯淡（完全褪色）的变化程度。现实中的任何颜色，提升其彩度至最高时就是色相环上的颜色，降低其彩度至最低时就是纯灰色。图 2-31 是奥氏色立体的纵剖面，其色块阵列左右两端是最艳色，向中间逐渐褪色变灰，直至中心竖轴上成为纯灰色。

明度就是素描调子。将任何彩色图片转换成灰度模式，就能理解现实色彩的明度属性。纯灰色亦称无彩色，由白至黑即是明度由高到低。观察图 2-31 右侧的色块阵列，处在同一水平位置上的颜色，尽管彩度各异，但明度深浅相同。

图 2-31

色立体是人为构建的一个三维模型，用以表达色彩三要素之间的相互关系。图 2-32 所示为奥氏色立体的组织结构。以色相环为赤道，明度为纵轴，形成一个类球体，将现实中的所有颜色，均定位其中。逆操作这一组织过程，把现实中具体的颜色分解成特定的色相、彩度、明度，就能精确再现该颜色。本教程的色彩描绘大体遵循了这种方法，只是多凭目测感觉，不必精准。

初学色彩绘画，难于把握彩度。“色彩三属性”最实际的用途在于，从认识和实践两方面，提供了一条把握彩度变化的明确途径。色立体中，赤道之外，即非艳色。实际操作中，艳铅轻涂，或叠灰马，即降彩度，渐趋黯淡。2.2.5 中的“铅马十六叠”应反复练习，常备案头，对照参考。

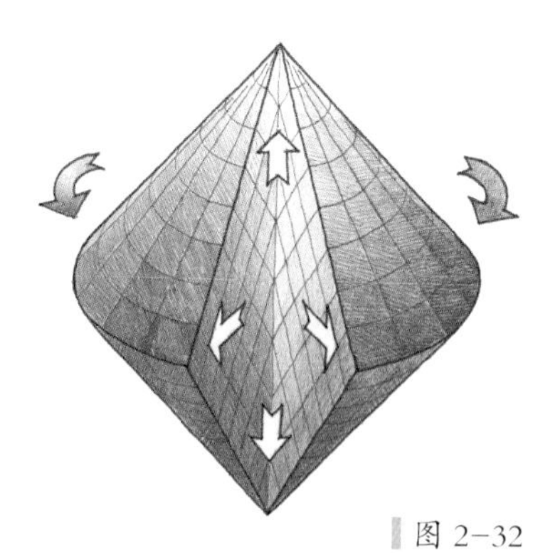

图 2-32

## 2.4.2 原色、间色、复色

### 原色、间色

从色相方面观察。红、黄、蓝三色能叠合出其他颜色，而自身却无法由其他颜色合成，故称为三原色。原色两两相叠合成的橙、绿、紫色，称为间色。两原色之间，依据两者的占比不同，可连续产生无数个中间色。由于颜料制作技术的限制，实际上不可能以三原色获得鲜艳的间色。本教程使用的七彩色包含了原色和间色，两两相叠就能获得色相环上所有的颜色。图 2-33 中央三个等边三角形是原色，三个钝角三角形是间色，外圈是原色、间色组成的色相环。

图 2-33

互补色　色相环中，两色位置临近者呈现协调关系，位置远离者呈现对比关系。两色相距 180° 时位置最远，对比最强，称作互补。每个原色与另外两个原色合成的间色相距 180°，称为一对互补色（或一组补色对）。大体上有红—绿、蓝—橙、黄—紫三组补色对。在图 2-33 中，每一组背对的等边三角形与钝角三角形是一对互补色。

### 复色

三原色等量相叠得到纯灰。补色对相叠，等同于三原色相叠，也得到纯灰。原色与间色、间色与间色相叠，只要其中涉及三个原色，就有一部分纯灰，而使得颜色彩度降低、趋于黯淡。上述叠加复合了三种原色，所得颜色称为复色。凡复色均混有灰色，不再鲜艳。色立体中，色环之外，均属复色。

## 2.4.3 两种途径

现实中多数颜色并不纯艳，需要调配。尤其当画面颜色快速渐变，难以用一种笔色连续描绘时，必须掌握调配的方法。用颜料进行混合调配有两种基本途径：

其一是原色—间色—复色的叠加，美术绘画精于此法。其二是色相—彩度—明度的叠加，工业设计普遍采用。前者凭借感觉经验，即兴灵活；后者依据量化程序，简捷稳定。

图 2–34 中，左部菱形阵列属于前一种调配方法——绘画的方法。其中最长的首列是纯艳七彩，包括三原色、三间色，各菱形的色彩向左侧两两相叠；第二列形成更多的间色；至第三列已有橙与绿、黄与紫叠成的复色；第四列之后全都是复色。各色互混时，彩度降低，色相也随之改变。对色相的把握全凭丰富的经验积累。

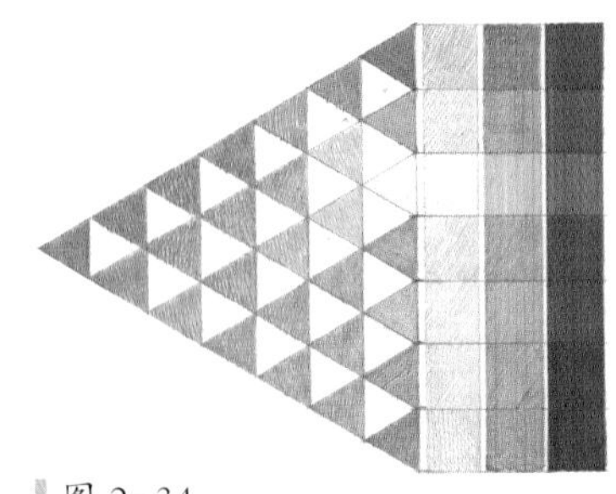

图 2–34

此图右部的矩形阵列，则属于后一种调配方法——“工业”的方法。三列分别加白、加灰、加黑。彩度降低的同时，色相保持不变，易于把控。

本教程将两种途径运用于不同环节：在大面积铺陈物体固有色的环节，采用色相—彩度—明度的途径，配合马克素描衬底、彩铅艳色叠加的技法，以规范的流程调配出准确的固有色，尽量忠实于设计意图。而后续叠加光源色、环境色时则采用原色—间色—复色的方法，仅把控变化的原则方向，不苛求色彩的最终效果。

### 2.4.4 固有色、光源色、环境色

物体的所有颜色源自对光线的反射，是随光源颜色而变化的。物体表面不同位置、不同角度上的光线均有差异，物体越大这种差异造成的颜色变化也就越明显。视觉能够依据场景线索自动地对这种变化进行“纠偏”，以维持同一物体在颜色认知上的连续性，称作色彩恒常性。概念中物体恒常的固有色，隐含着一个不变的天然光色作为假定参照。

色彩恒常性是我们认识对象、表现对象的基础。用固有色描绘造型，能最直接地传达设计意图。但若要表现出场景的真实观感，就不能无视光源颜色所造成的改变。

借助颜料，将光源色、环境色叠加于固有色之上，并不完全符合光色叠加原理，但就手绘精度而言，足以表现空间场景的光影氛围，更重要的是此法简单易行，便于初学者掌握。

建筑画面中的阳光，室内画面中的灯光，通常为橙黄色。因此物体高光面应略加橙黄光源色。

阴影中的环境色一般为阳光、灯光的补色——蓝紫色，有时是地面植被的绿色。当大面积地坪或临近墙面的颜色十分浓艳时，也会局部映射进入阴影，成为环境色。物体阴影区域，尤其沿明暗交界线的局部，应叠加蓝紫环境色（或上述其他环境色）。由于阴影区马克衬底较深，叠加务必短线用力。

场景的远近虚实也体现在环境色中。由于空气散射光线，使得环境远退、虚幻皆呈蓝、紫。日常经验中远山、群楼都笼罩于一片蓝灰。因此形体向远处延伸时需加蓝、紫，形体虚化成背景时也加蓝、紫。场景的远近虚实还影响到素描关系，参见“建筑篇之建筑光影”。

### 2.4.5 画面色调关系

如实表达建筑、室内场景中面积较大，占据主导地位的造型，将主导造型的固有色作为画面主色调。其余造型及周边环境的色彩则灵活调整，居于从属地位，或协同于主色调，或互补于主色调。形成画面色调的主从关系。

图 2-35

蓝橙对比色调适用最广。建筑场景中，天空湛蓝，阳光橙黄。砖石、木饰和大量涂料属于橙色系，暗部、落影偏蓝。室内场景中，木饰、皮革橙黄，金属、玻璃略显冷色，阴影与背景空间偏蓝。参见图 2-35，图 2-36。

图 2-36

红绿对比色调运用次之。绿树掩映砖瓦，园林碧波亭台，红木陶艺盆栽，均宜采用。参见图 2-37，图 2-38。

主体造型接近黑、白、灰时，应以光源色、环境色作为主色调。建筑的高光处融入阳光暖色、天光冷色，室内界面则融入灯光。阴影处映射环境色或光源色的补色，切忌纯白、纯灰。参见图 2-39。

有时为了渲染特定氛围，赋予画面某种主观色调。此时若对象的真实色彩有悖于主观色调，应予弱化，或降低彩度，或掺入主观色，或完全代之以主观色，参见图 2-40。

图 2-37

图 2-38

图 2-39

图 2-40

# 3 透视线框

轮廓线框是形体识别的前提，是表现操作的首项环节。透视扭曲畸变，不仅造成误读、误判，更损害画面观感，所以透视学习是必需的，但掌握程度可以因人而异。

从表现绘画的步骤来看，线框是第一个环节，必须先讲；从教程技法的内容来看，线框是独立的环节，可以缓学。有别于灰马明暗和彩铅上色，透视线框注重理性，更像制图而非绘画。鉴于教程的主体内容侧重形象思维，热衷于表现技法的读者往往厌倦本章烦琐的分析推演，故作如下三项说明：

一、追求表观正确，放弃细节准确。初学透视，只要做到竖线垂直视平线、左右对准消失点，就能保证表观正确。这是最初讲解的底线要求，务必反复训练到位。其后所有内容都能大致将就。

二、借助照片、软件，剪辑修正合成。绝大多数设计造型都能找到相似的现存案例，在打印照片上进行增补、删减，事半功倍。参见“练习篇”中“13.4 改画创作例选”，利用各种绘图软件，快速搭建一个极简模型，作为透视走向的基本线索，再手绘调整、增补细节，可兼得机绘的精准和手绘的灵便。

三、带着问题前进，结合实务再学。在光影、色彩、组件等各项学习中都需要先作线框，此时完全可以直接拓印。即使所绘线框存在错误，也不影响后续的学习效果。希望读者初读本章时，意在理解原则，不求掌握细节。等到有实务需要时，或有兴、有闲时，再对照教程，进行配套作业练习，加深印象。

## 3.1 透视概念

### 3.1.1 近大远小

“近大远小”是人们的视觉常识，透视就是精确表达近大远小的一种绘图方法。

### 3.1.2 消失点

相同的物体排列成一直线，其外廓连线实际上是相互平行的（图 3–1（a）），由于物体近大远小，这些连线逐渐收缩靠近，最终交汇于远处一点，物体在此无限缩小以至消失，这个点就称作消失点，也叫作灭点(图 3–1(b))。

实际上相互平行的线条交汇于同一个消失点。

### 3.1.3 视平线

物体排列位置不同，外廓连线沿着不同的方向交汇于消失点。所有消失点高度相同，位于同一条水平线，称作视平线，表示观看时的视点高度。视点上下移动，视平线同步升降，透视画面随之改变为俯视和仰视（图 3–2）。

物体的所有消失点都位于视平线。

### 3.1.4 长方体

透视绘图以长方体为基础。长方体的横向线条实际是相互平行的水平走向（图 3–3（a）），而在透视图中改变为指向消失点的倾斜走向，这些变斜了的线条称为透视线。长方体竖向线条的走向不变，仅在尺寸方面体现近

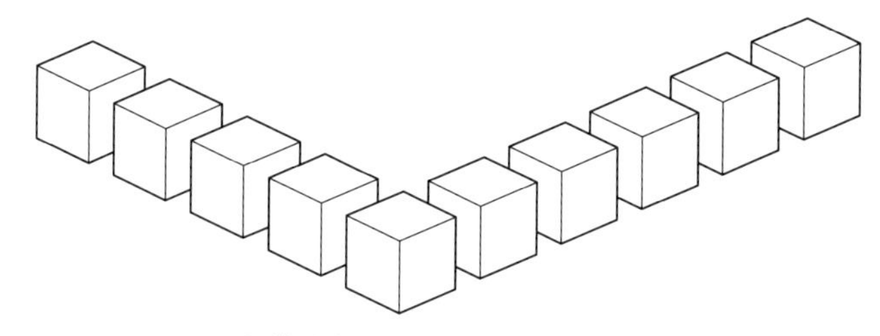

(a) 物体外廓的连线实际上相互平行

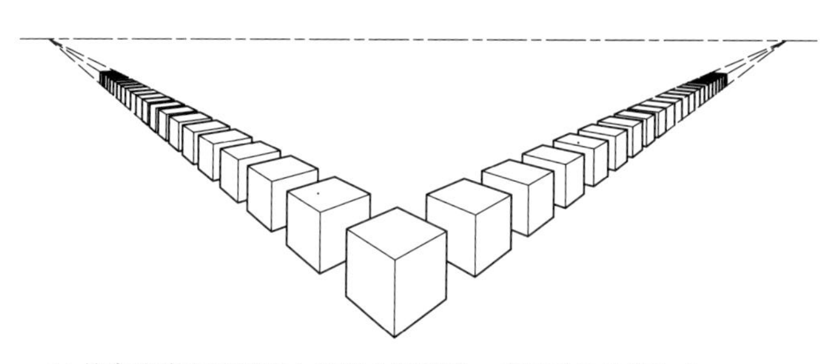

(b) 外廓连线在透视图中逐渐收缩靠拢，交汇于远处消失点

图 3-1

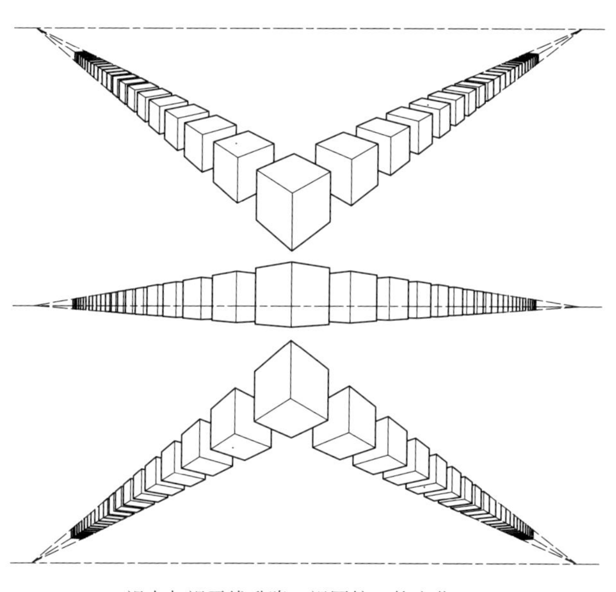

视点与视平线升降，视图俯、仰变化

图 3-2

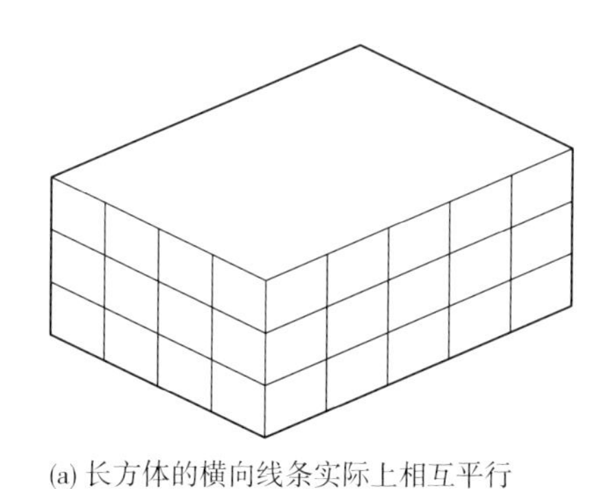

(a) 长方体的横向线条实际上相互平行

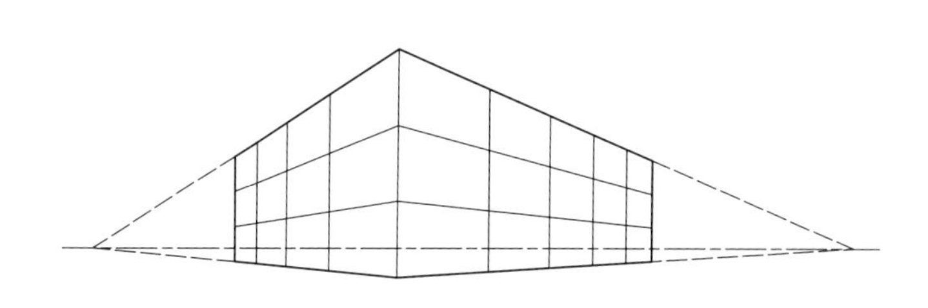

(b) 横向线条在透视图中改变为斜向透视线，指向消失点

图 3-3

大远小（图 3-3（b））。

实际的水平线条变为倾斜的透视线，指向消失点。

### 3.1.5 长方体组合

建筑形体可以是单个长方体，也可以是一系列长方体的组合。建筑具有 x，y，z 三个轴向，系列长方体共享这组 x，y，z 轴（图 3-4（a））。每个长方体的横向线条要么属于 x 轴向，要么属于 y 轴向，因此透视图中横向线条的透视线不是指向 x 消失点，就是指向 y 消失点。不论系列长方体的组合多么复杂，所有 x 轴向的透视线必须对准同一个 x 消失点，所有 y 轴向的透视线必须对准同一个 y 消失点（图 3-4（b））。

x 轴向的透视线对准 x 消失点；y 轴向的透视线对准 y 消失点。

### 3.1.6 一点透视与两点透视

存在一种特殊的情况——完全正对地观看建筑物的某个立面。此时 x 轴向的横向线条保持平行走向，没有消失点。透视图仅剩下一个 y 消失点。这样的透视图就称作一点透视，也叫做平行透视（图 3-5（b））。

更普遍的情况则是侧向地观看建筑物（图 3-5（a）），透视图具有 x，y 两个消失点，相应地称作两点透视，也叫做成角透视。

正向观看形成一点透视图；侧向观看形成两点透视图。

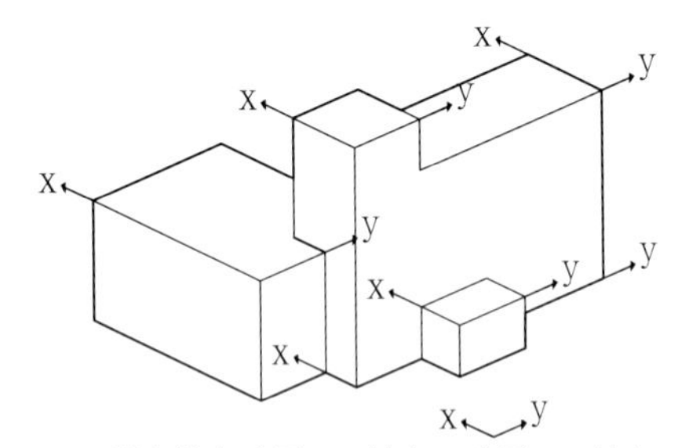


（a）横向线条或属于 x 轴向，或属于 y 轴向

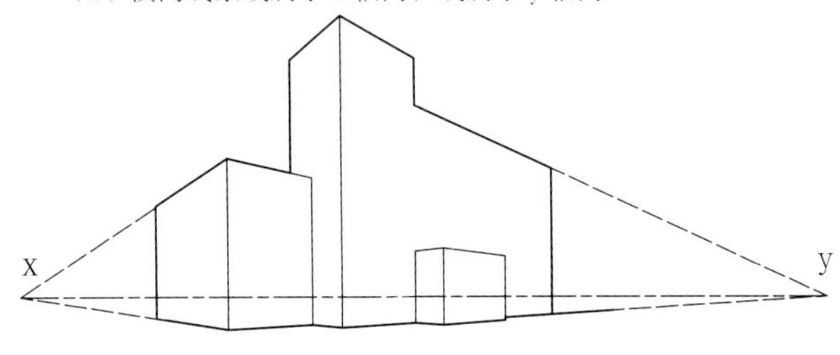


（b）透视图中 x 轴向线条对准 x 消失点，y 轴向线条对准 y 消失点

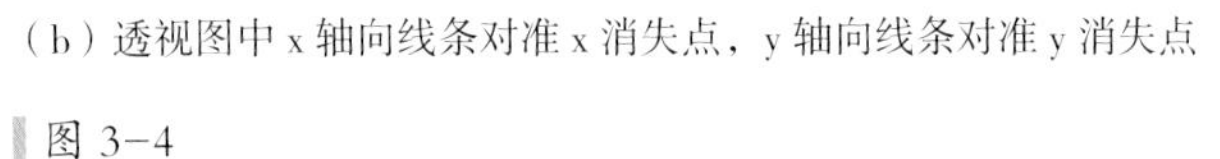

图 3-4

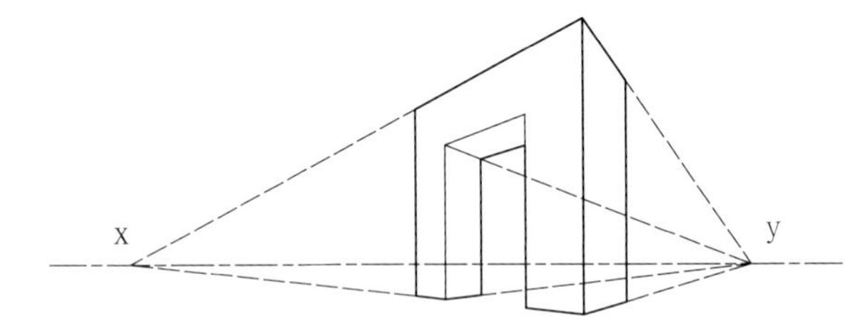


（a）侧向观看具有 xy 两个消失点，称作两点透视

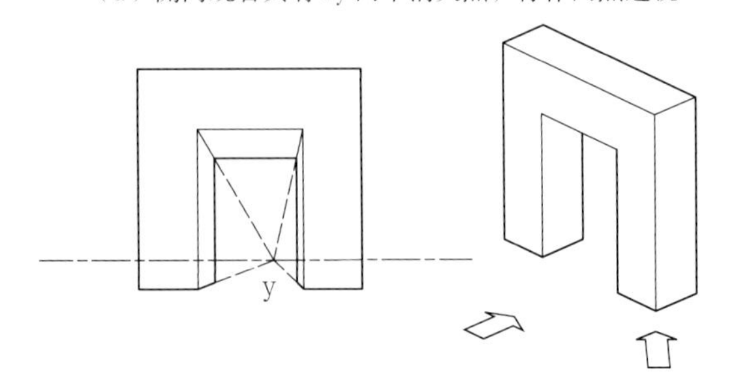


（b）正向观看仅有 y 消失点，称作一点透视

图 3-5

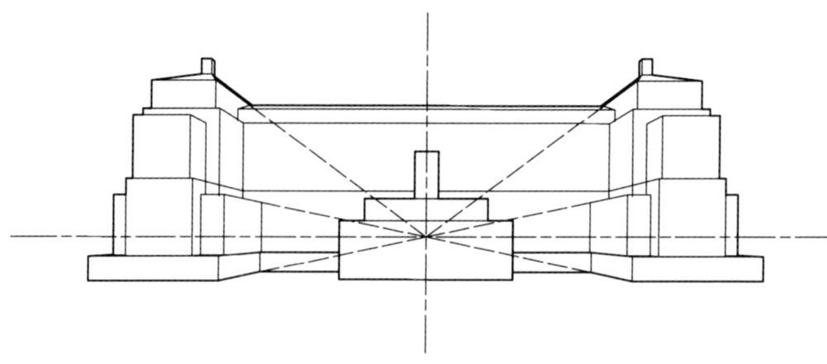

正向观看适宜表现庄重对称

图 3-6

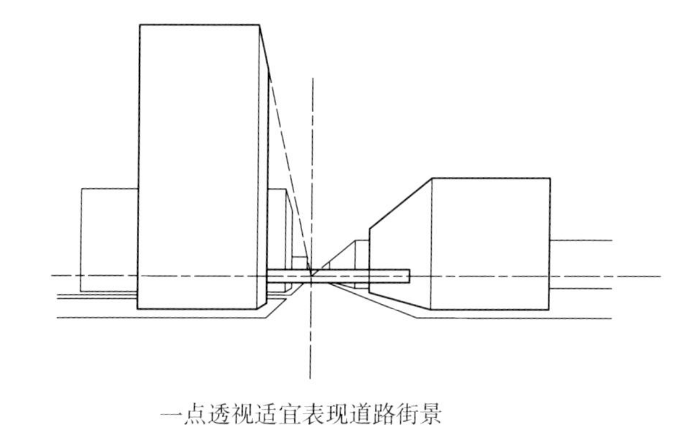

一点透视适宜表现道路街景

图 3-7

通常表现建筑时宜取两点透视，一则便于展现立面的转折关系，二则立面的近大远小利于形成动势美感。而一点透视表现建筑时形同立面，唯显庄重对称（图 3-6）。

位于道路之中，表现两侧街景时，也常取一点透视（图 3-7）。

表现建筑宜取两点透视。

表现室内时常见的情况是正对某个墙面，形成一点透视（图 3-8（a））。一点透视能够展现连续的三个墙面，空间平稳、变形不大。室内两点透视适宜表现两墙转角的局部空间（图 3-8（b））。当描绘较大

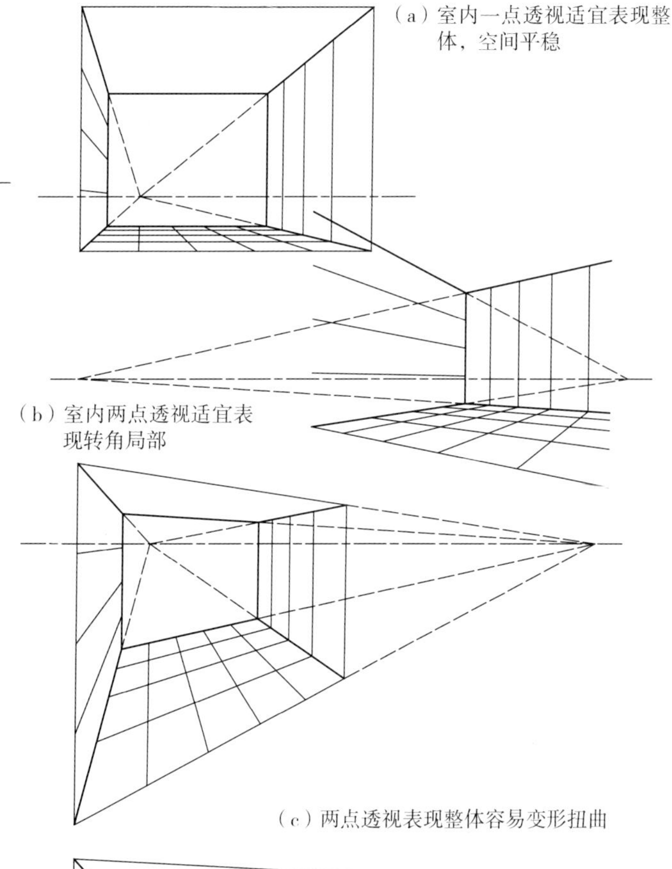

（a）室内一点透视适宜表现整体，空间平稳

（b）室内两点透视适宜表现转角局部

（c）两点透视表现整体容易变形扭曲

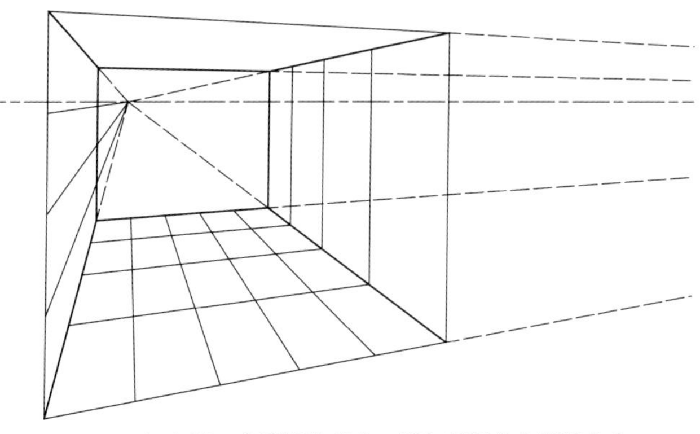

（d）以一点透视为基础，附加很远的右侧消失点

图 3-8

场景时，两点透视容易导致画面前方变形扭曲（图 3–8（c）），通常采用折中的办法——以一点透视为基础，附加一个“很远的”第二消失点，以控制失真（图 3–8（d））。

表现室内宜取一点透视。

### 3.1.7 第三消失点

一点透视和两点透视，z 轴都没有消失点。引入竖向消失点仅见于表现高耸形体的特殊情况（图 3–9），本教程不作专门介绍。

采用相机拍摄，包括绘图软件中的相机，镜头通常都略微上仰或下俯（图 3–10（a）），因此缺省状态下都是三点透视（图 3–10（b））。要得到两点透视，必须保证镜头的指向与地面平行（图 3–10（c）），亦即机身与地面垂直。如此拍摄的照片视平线位于正中，将有大量地坪“浪费”画面，需要裁剪构图（图 3–10（d））。若要得到一点透视，尚须使镜头正对某一墙面，而机身与之完全平行。

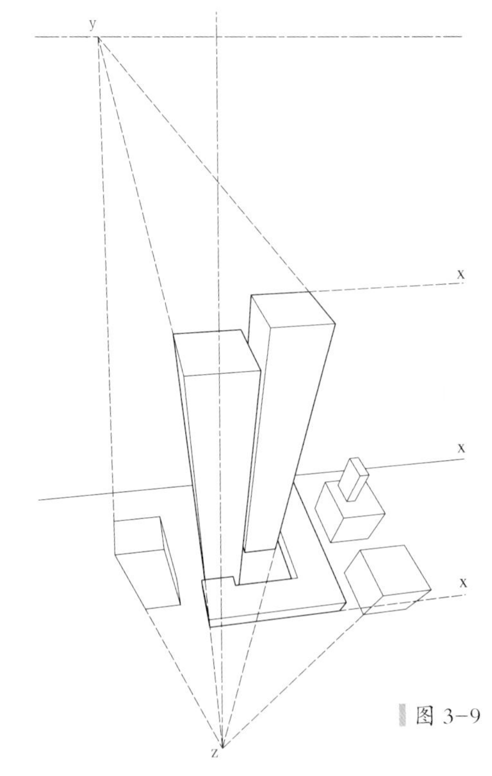


图 3–9

增加 z 轴消失点表现高耸形体

## 3.2 尺寸比例

### 3.2.1 视看比例

透视图中尺寸近大远小，不存在二维制图中固定的缩尺比例。透视图中的“比例”是指各线段之间视看尺寸的相互关系。经常需要以既有线段的视看尺寸为基准，按比例缩放得到其他线段。

### 3.2.2 表观精度

透视图注重表观效果。制作精度第一在于透视线对准消失点，第二在于各竖线与视平线相互垂直。这就是透视绘线的底线要求。

手绘必然存在制作误差。尤其从几个局部分别拉出透视线时，经常导致本该交汇的点不能交汇，本该平行、垂直的线不能平行、垂直。此时应以视平线为基准，逐一检查各线

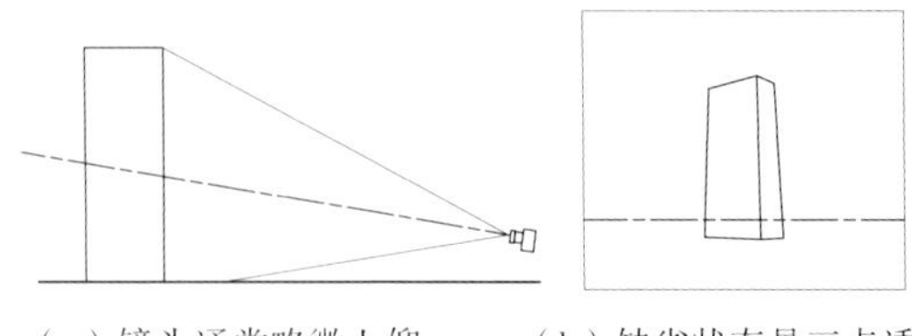

（a）镜头通常略微上仰　（b）缺省状态是三点透视

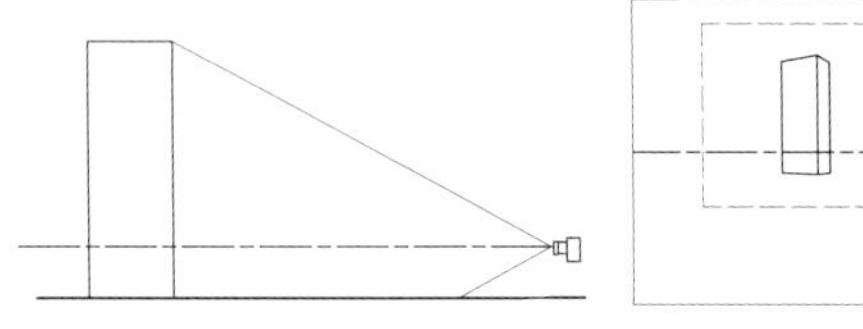

（c）镜头指向平行地面才能得到两点透视　（d）视平线位于画面正中，大量地坪需要裁剪

图 3–10

条的水平、垂直精度；以消失点为基准，逐一检查各线条对准消失点的精度。务必调整到使误差分散隐匿而避免集中显现！

### 3.2.3 目测比例

“比例”划分的精度以视看效果为准，类似绘画。通常不用尺量，仅凭目测。教程图示中精确的圆弧段划分只是便于说明概念，实践中仅以目测概略划分。

### 3.2.4 估算幅面

绘图之初就要运用“比例”估算全图幅面。

对于建筑透视，假设顶足纸边设置左右消失点，通常造型的高度略大于纸宽的 1/5，造型的宽度略小于纸宽的 1/2。因此纸幅要比图形略大两倍。（参见 3.4 和 3.6 有关内容）

对于室内透视，假设图面外围顶足纸边，正对视线的远端后墙面，其宽度约为纸宽的 2/5。较为精确的比例是 2b/（2b+3d），其中 b 为后墙面宽度实际尺寸，d 为纵深实际尺寸。设若纵深等同墙宽，则该值为 2/5。（参见 3.7 有关内容）

## 3.3 绘制流程

### 3.3.1 基本框架

第一步，搭建一个基本框架。包括视平线，与视平线垂直的形体转角竖线，两个或一个消失点。消失点的位置决定着画面观感，本教程推荐以“理想角度”选取消失点。（详见 3. 4 有关内容）

### 3.3.2 外围边界

第二步，框定外围边界。对于复杂的建筑形体，“外围边界”相当于先做一个大长方体，把建筑的主体部分框围起来，但不包含局部小体量（图 3–11）。

对于室内环境，“外围边界”就是画面的视看尺寸。由正对视线的远端后墙面“放大”到画面最前端形成，此边界框线形同于两侧纵墙、顶面、地面在画幅上的“断面线”。“外围边界”取决于画面的纵深，即纵向墙面在画面中看到的长度。当纵深加大时外围边界也相应增大（图 3–12）。

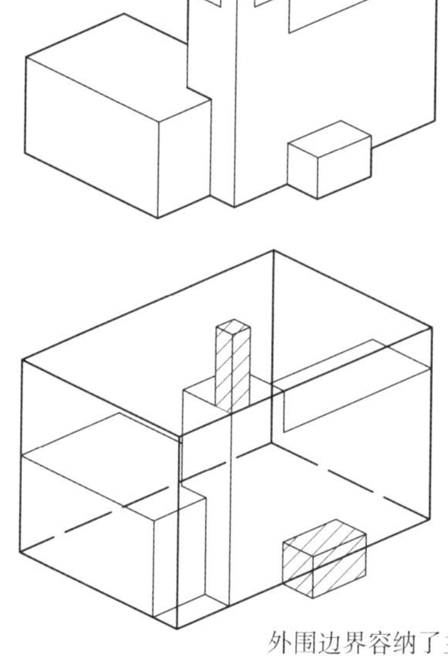

外围边界容纳了主体的总长度、总宽度、总高度，但不包括小体量局部造型（斜线部分）

图 3–11

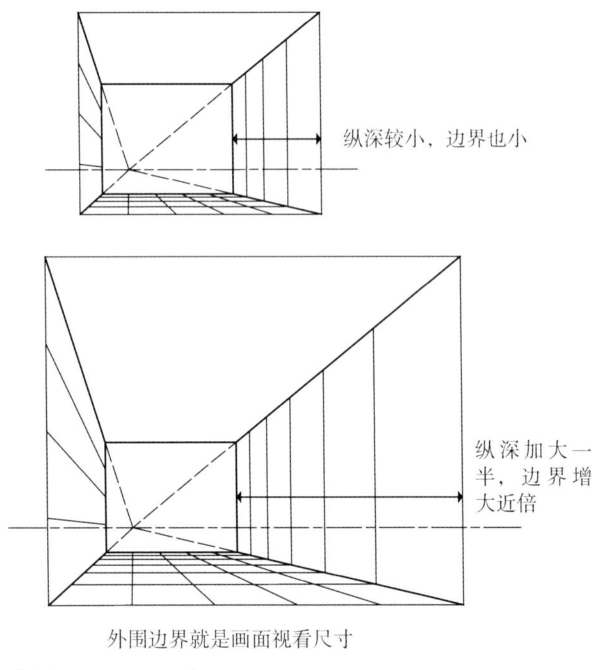


图 3-12

### 3.3.3 细部划分

第三步，按所需比例划分形体各个细部。所有竖向线条都可以直接划分。至于横向线条，如果没有消失点（一点透视中沿 x 轴向），也可以直接划分，如果有消失点（一点透视中沿 y 轴向，两点透视中 x、y 轴向），就必须运用透视线划分的方法。

### 3.3.4 形体加减

第四步，从各分段点出发，绘制诸多透视长方体，反复进行形体的加、减操作，最终“修饰”出需要的长方体组合造型。

另外，绘制三角形（坡屋顶）、圆弧及其他特殊造型时，还需要补充一些技法。初学者宜先回避特殊造型，等到熟练掌握长方体的基本操作之后，再专攻难点。

基本框架—理想角度—外围边界—细节划分—形体加减

## 3.4 建筑理想角度

建筑两点透视的画面观感体现在三个方面：第一是建筑形体的正侧面比例关系，由左右两个消失点的远近关系决定（图 3-13）；第二是仰视或俯视的感觉，由建筑形体与视平线的位置高低关系决定（图 3-14）；第三是形体近观陡峭或远观平缓的感觉，透视线的斜度由两个消失点之间的间距和形体高度的比例关系决定（图 3-15）。而所有这些都取决于观看形体时的视点角度位置。

### 3.4.1 正侧比

建筑的正侧面比例可以借鉴人像摄影中 1/4 侧面的取景方法，使左右两个消失点到建筑转角竖线的距离之比大于等于 1/4。如此建筑立面才有主次之分，切忌左右均分，正对转角（图 3-16）。

### 3.4.2 上下比

视平线应当位于建筑形体的上 1/4 以上或下 1/4 以下位置，切忌正中。较高的视平线能够充分描绘建筑檐顶部位，有利于表现坡顶、露台等屋面造型（图 3-17），若无上述要求，通常宜取较低视平线，使得天际线斜度较大而形体生动。若 1/4 处恰遇悬挑退合等造型，则视平线应略作上下调整，以免凹凸轮廓紧靠视平线，而难以表达立体感（图 3-18）。

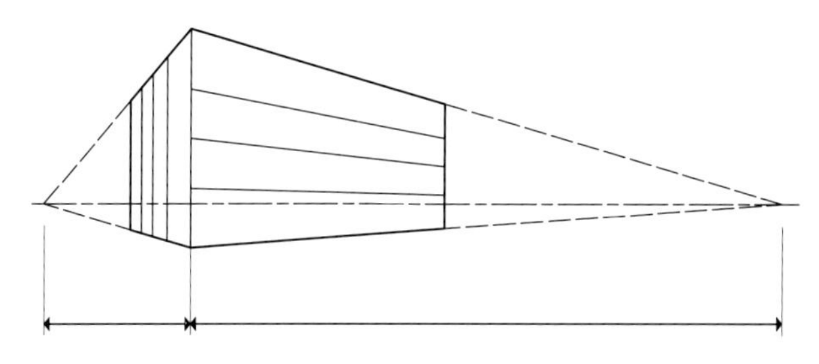

（a）左消失点近，右消失点远。形体左面为侧，右面为正。

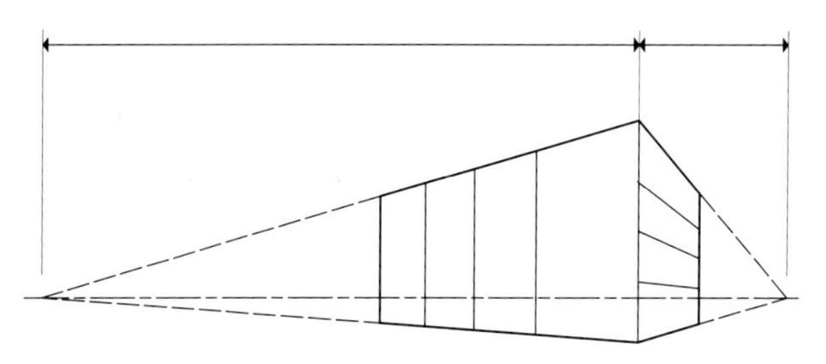

（b）左消失点远，右消失点近。形体左面为正，右面为侧。

图 3-13

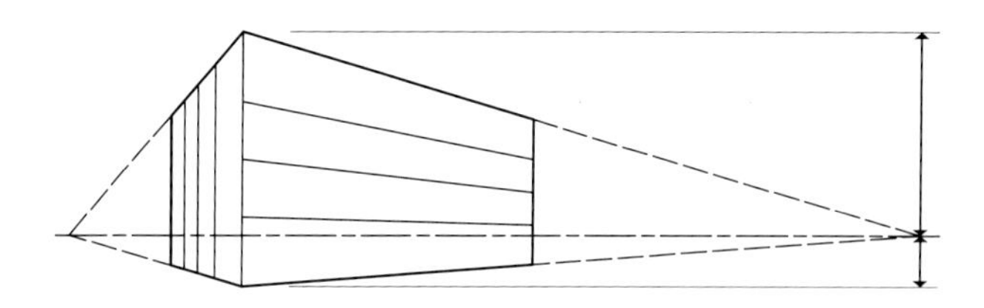

（a）视平线低，形体顶廓线倾斜，底廓线平缓

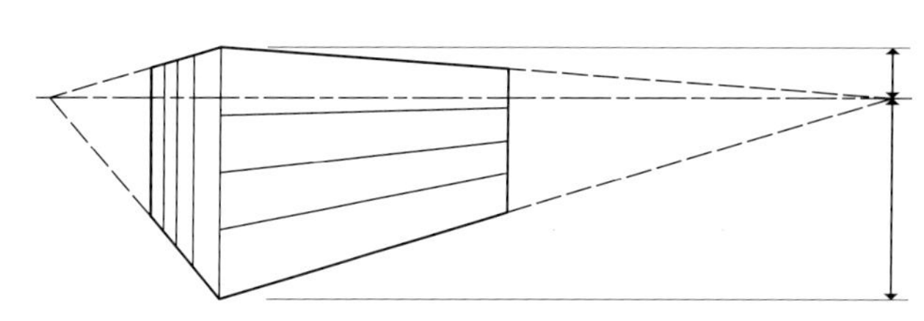

（b）视平线高，形体顶廓线平缓，底廓线倾斜

图 3-14

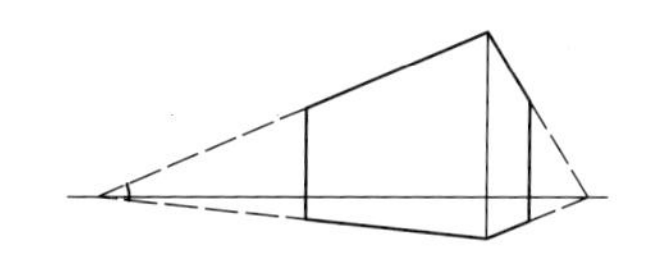

（a）两消失点间距较小，透视线斜度较大，表现近观陡峭

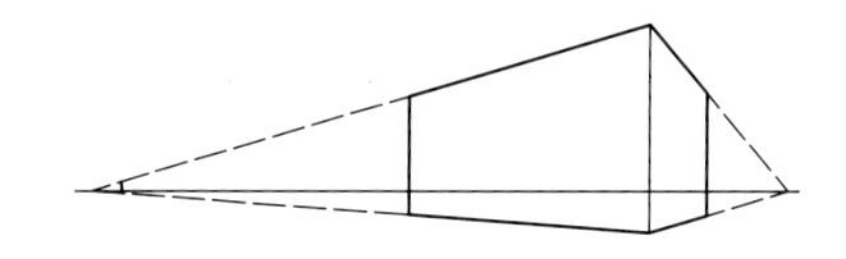

（b）两消失点间距及透视斜度中等，适宜于大多数场合

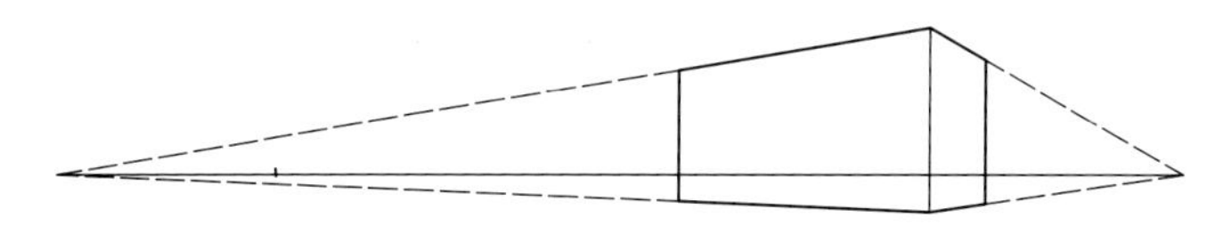

（c）两消失点间距较大，透视线斜度较小，表现远观平缓

图 3-15

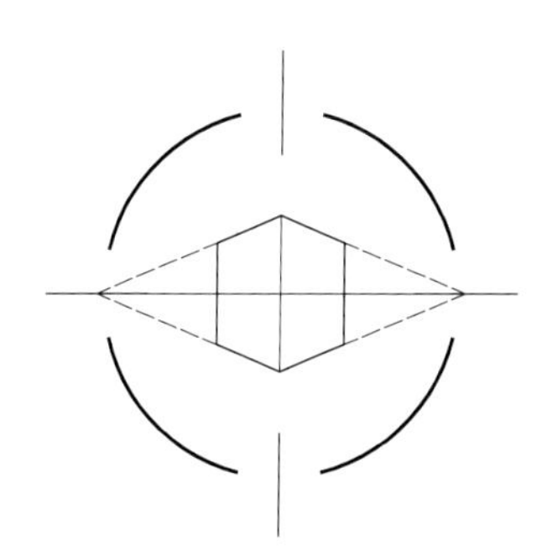

上下、左右均等，无主次之分

图 3-16

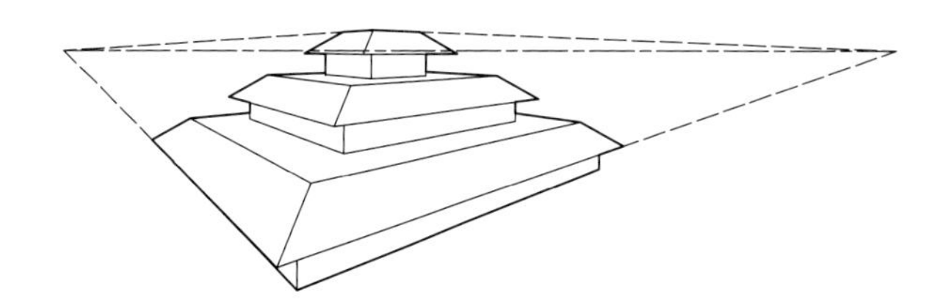

较高的视平线有利于充分描绘檐顶

图 3-17

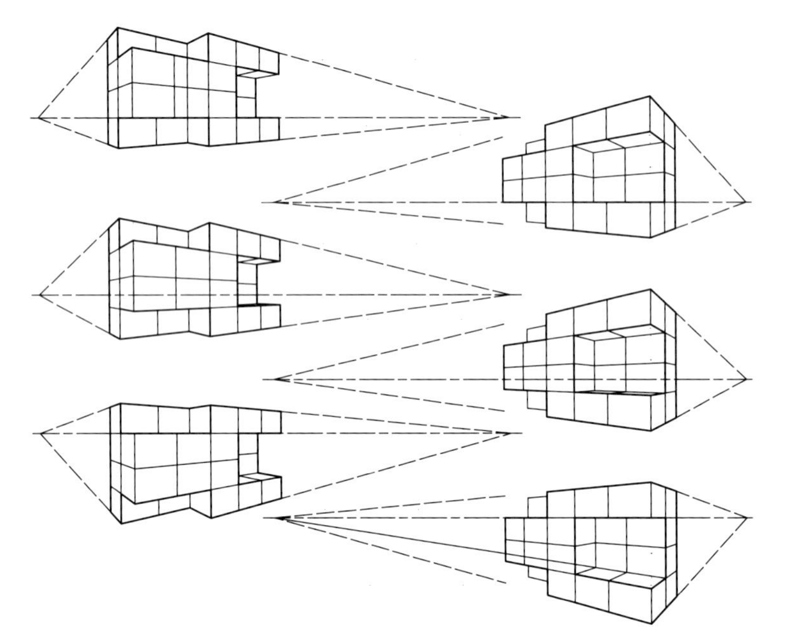

视点恰位于顶棚、露台轮廓，难以表达造型凹凸，改取上下之比 1/3，利于表达立感体

图 3-18

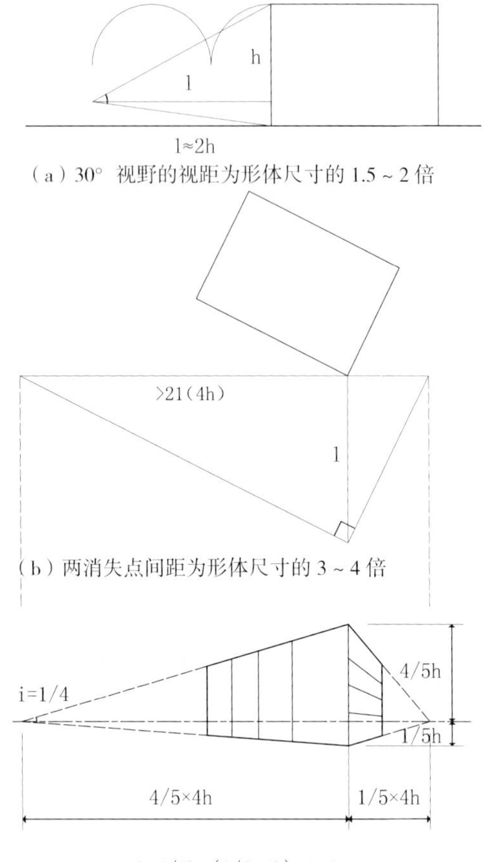


（a）30° 视野的视距为形体尺寸的 1.5 ~ 2 倍

（b）两消失点间距为形体尺寸的 3 ~ 4 倍

（c）计入正侧比、上下比，推算出理想斜度比应为 1:4

图 3-19

### 3.4.3 斜度比

人眼的清晰视野是 30°，此时形体具有完整的构图意义。对应的视距是形体尺寸的 1.5~2 倍（图 3-19（a））。两个消失点之间的间距大于视距的 2 倍，由此取形体尺寸的 4 倍（图 3-19（b））。此处形体尺寸高取高度，若建筑长度尺寸大于高度很多时，宜取长度。

计入消失点 1 ∶ 4 正侧比和视平线 1 ∶ 4 上下比两项因素后可得，较远消失点与建筑转角竖线连接形成的透视线斜度比也是 1 ∶ 4（图 3-19（c））。这条透视线就是建筑物正立面的天际线。而较近消失点与转角连线的斜度比则是 1 ∶ 1，即 45° 角。这是建筑侧立面的天际线。

绘制时，若先定较近处的 45° 透视线，可简化操作。

透视线的理想斜度并非固定不变。欲使建筑生动时宜缩短两消失点间距，增大斜度；欲使建筑平缓时宜延长间距，减小斜度。尤其高层塔楼，消失点间距宜小于建筑高度的 2 倍以内，避免纸幅撑得很大而形体太小。

正侧比 1 ∶ 4；上下比 1 ∶ 4；斜度比 1 ∶ 4

### 3.4.4 绘制步骤

（1）绘制视平线，尽量延长，左右尽端处作短竖线标示消失点（图 3–20（a））；

（2）过两消失点间距的左五分之一点（或右五分之一点）作形体转角竖线，务必垂直于视平线（图 3–20（b））；

（3）在此竖线上量取形体高度线段，尺寸为消失点间距的 1/4，并且使其 4/5 位于视平线之上，1/5 位于视平线之下（图 3–20（c））；也可自较近消失点作 45° 线交于此竖线，先定高度线段的上端点，再取上方长度的 1/4 加在下方（图 3–20（d））；

（4）从高度线段上下端点，分别向左右消失点拉出四条透视线，此即形体长、宽方向的外廓线，也可以看作建筑的天际线和墙脚线（图 3–20（e））。

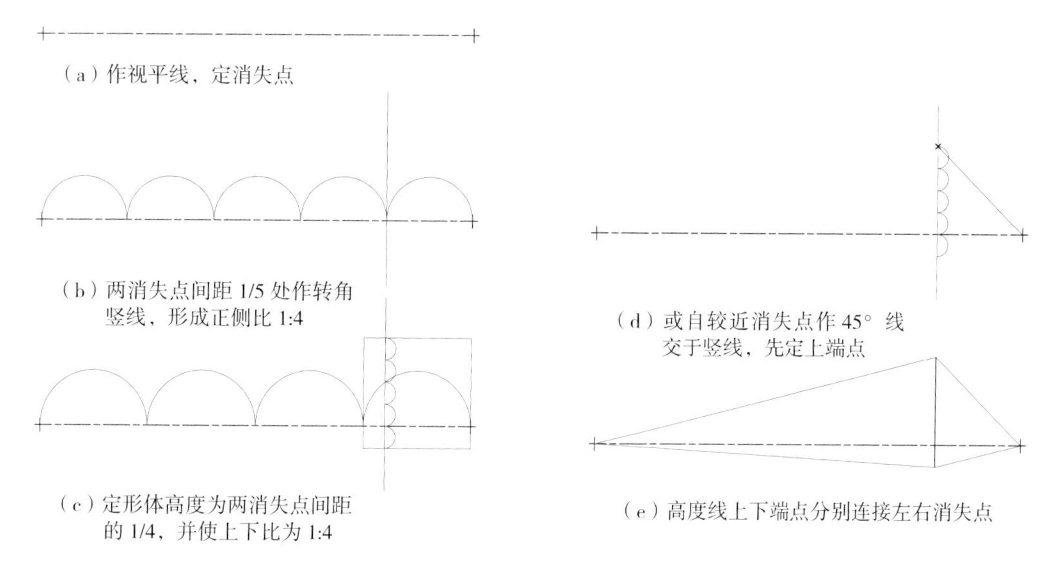

（a）作视平线，定消失点

（b）两消失点间距 1/5 处作转角竖线，形成正侧比 1:4

（c）定形体高度为两消失点间距的 1/4，并使上下比为 1:4

（d）或自较近消失点作 45° 线交于竖线，先定上端点

（e）高度线上下端点分别连接左右消失点

图 3–20

## 3.5 室内理想角度

室内一点透视的画面观感涉及两个方面：第一是上下顶地之间和左右纵墙之间的舒展与紧缩对比，由观看时的视点位置决定，在画面上体现为消失点在后墙面中的上下、左右位置；第二是后墙面与顶地、纵墙之间的比例关系，体现了画面的纵深感。第二项将在“3.7 室内外围边界”中介绍。

### 3.5.1 九宫外角

消失点宜位于后墙面上、下 1/3 和左、右 1/3 的外侧，即所谓九宫格的外角四宫范围内（图 3–21（a）），以期疏密对比，画面生动。切忌正中（图 3–21（b））。

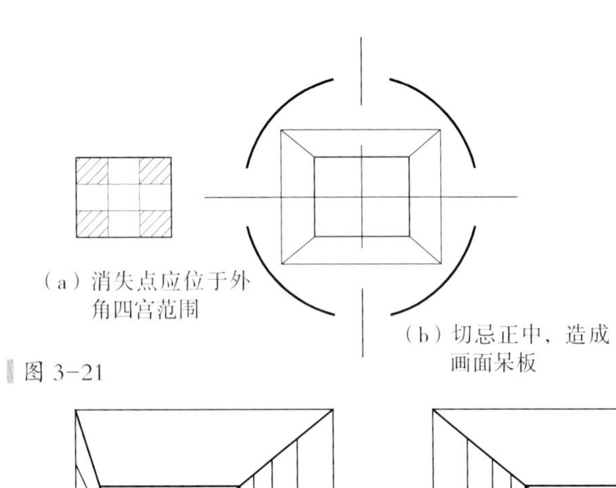

（a）消失点应位于外角四宫范围

（b）切忌正中，造成画面呆板

图 3-21

（a）消失点偏左，左墙紧缩右墙舒展　（b）消失点偏右，右墙紧缩左墙舒展

图 3-22

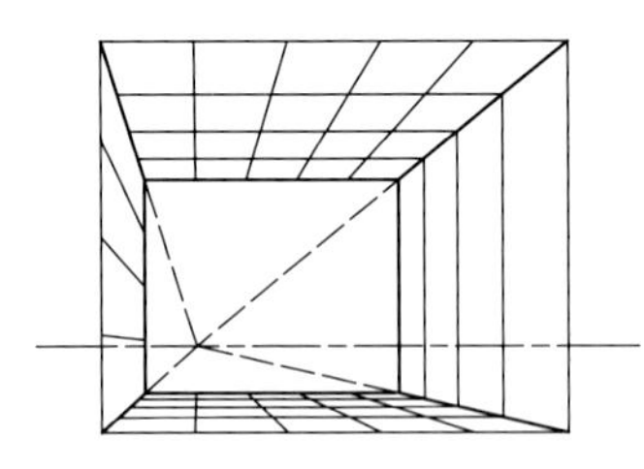

（a）消失点偏低，地面紧缩顶面舒展

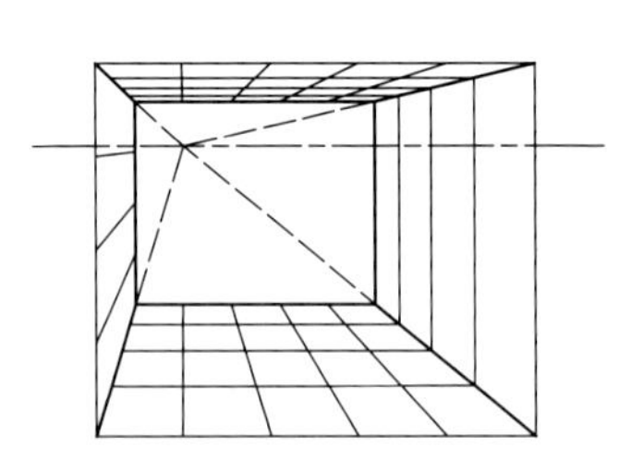

（b）消失点偏高，顶面紧缩地面舒展

图 3-23

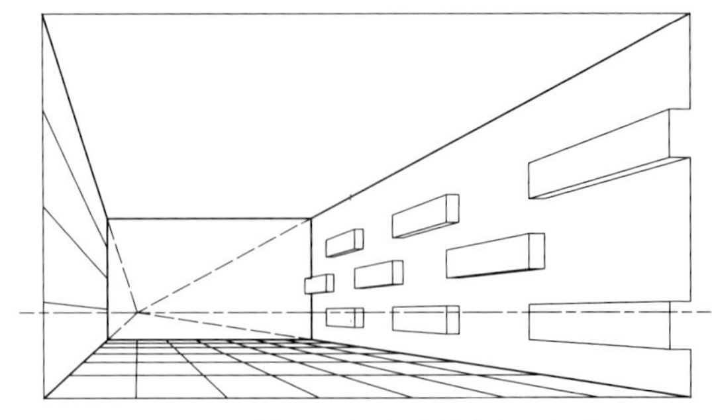

视点偏左，右墙舒展利于充分描绘造型细节

图 3-24

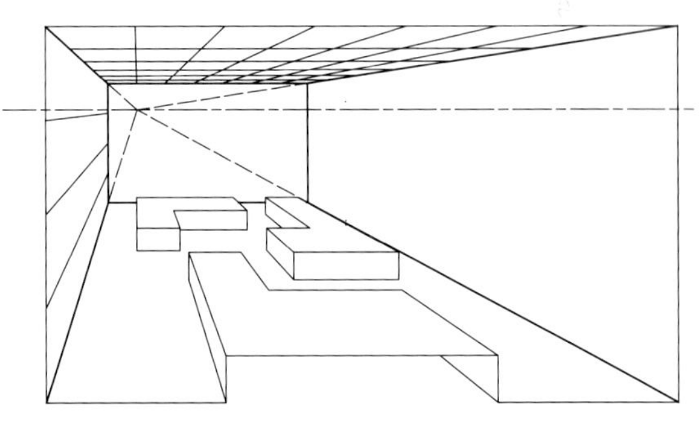

（a）视点偏低，顶面舒展利于充分描绘吊顶层次

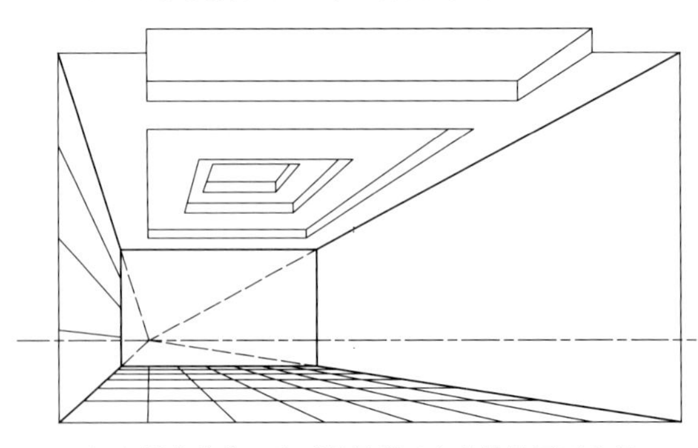

（b）视点偏高，地面舒展利于充分描绘平面布局

图 3-25

图 3-22 说明了消失点在后墙面中左右位置的改变对左右纵墙之间舒展与紧缩的影响。图 3-23 说明了消失点在后墙面中上下位置的改变对顶地之间舒展与紧缩的影响。墙面舒展有利于充分描绘装修造型与家具、陈设；紧缩则便于虚化细节，一笔带过（图 3-24）。视点偏高时地面舒展，适于详尽表现平面布局（图 3-25（a））；视点偏低时顶面舒展，适于表现顶棚层次、灯具造型，也使空间更显高大（图 3-25（b））。消失点位于九宫格外角四宫。

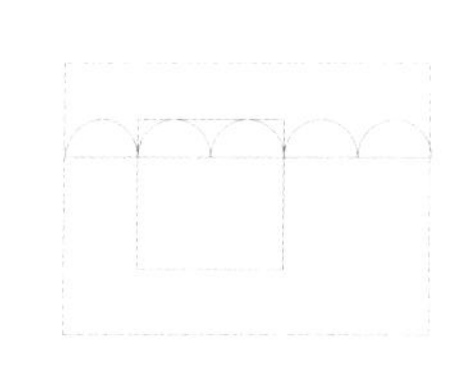

（a）绘制远端横墙面，占 2/5 纸幅

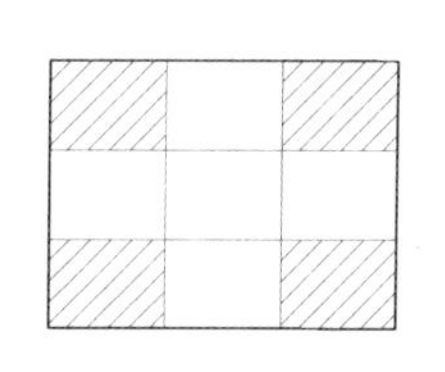

（b）外角四宫范围内选择消失点

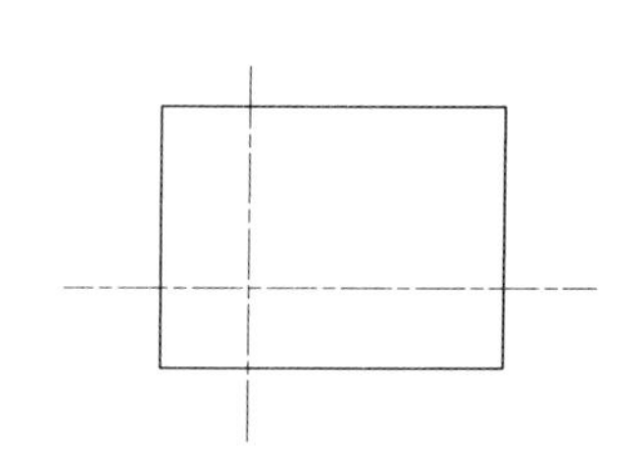

（c）过消失点作视平线

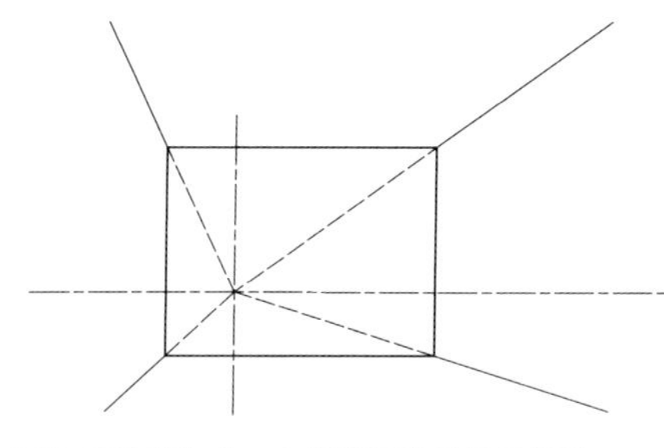

（d）对准消失点，自横墙四角外拉透视线

图 3–26

### 3.5.2 绘制步骤

（1）绘制远端后墙面，控制视看尺寸小于 2/5 纸幅（参见 3.2.4 有关内容）（图 3–26（a））；

（2）确定消失点，标示十字短线，按左右墙、顶地面的表现侧重选取四宫之一（图 3–26（b））；

（3）过消失点作视平线（此辅助线对于后续操作中的实时调控不可或缺）（图 3–26（c））；

（4）自横墙面四角，对准消失点，向外侧拉伸四条透视线（充分延长），此即为左右纵墙与顶面、地面的相交线（图 3–26（d））。

## 3.6 建筑外围边界

建筑的“外围边界”是指框围住建筑主体部分的一个大长方体，复杂形体组合的后续处理均藉此为基准，因此其长、宽、高尺寸需要尽量精确。

“理想角度”已经锁定了左右消失点与大长方体高度线段的关系。长度、宽度则是斜向透视线，尺寸将会缩短，需要用量点法求取。

### 3.6.1 左右量点

如图 3–27 所示，过左右消失点作一个半圆，延长转角竖线交于圆周（图 3–27（a））。分别以左右消失点为圆心，过圆周上的交点作圆弧，在视平线上截取两点，此即为左右透视线的量点（图 3–27（b））。**注意**，左边截取点是右侧透视线的量点，右边截取点是左侧透视线的量点，**左右交叉**（图 3–27（c））！

根据“理想角度”的预设，左右量点可以近似确定为：转角竖线与较近消失点的中点位置；转角竖线与较远消失点的内 1/3 点位置（图 3–27（d））。

从长方体高度线段顶端，水平方向左右绘出长宽尺寸，再从端点向量点作连线（左右交叉），与形体长宽外廓透视线相交，即得到长宽的透视尺寸。

**理想角度锁定高度，左右量点求取长度、宽度。**

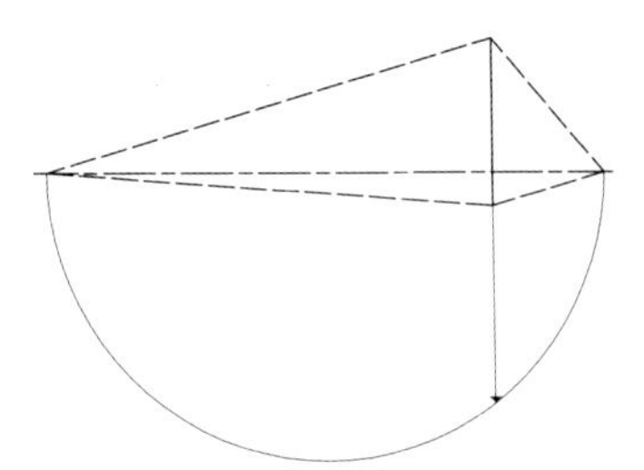

（a）过两消失点作半圆，延长转角竖线交于圆周

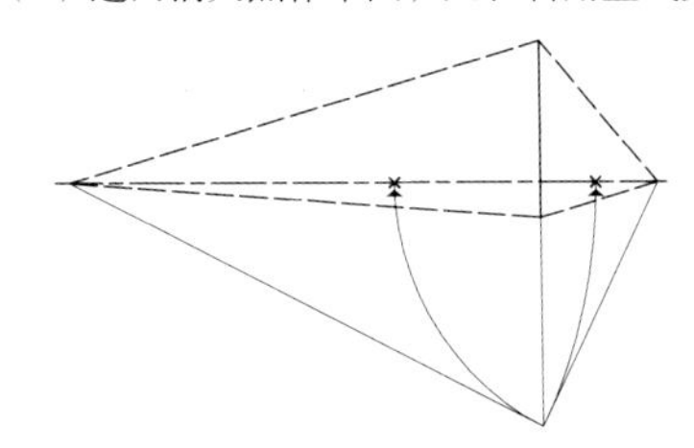

（b）分别以左右消失点为圆心，过圆周上交点作弧，
在视平线上截取两点

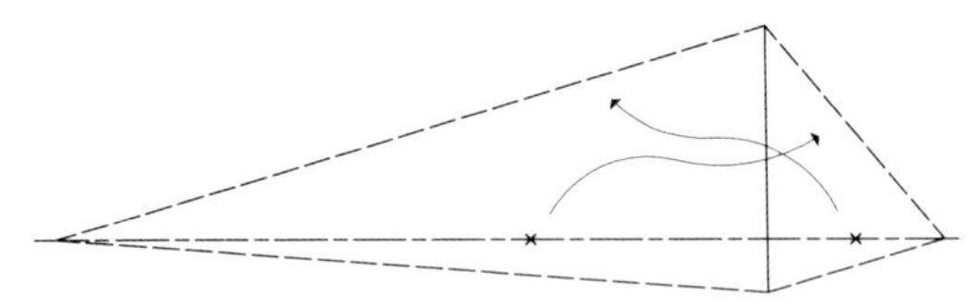

（c）左截点为右透视线的量点，右截点为左透视线的量点，
左右交叉！

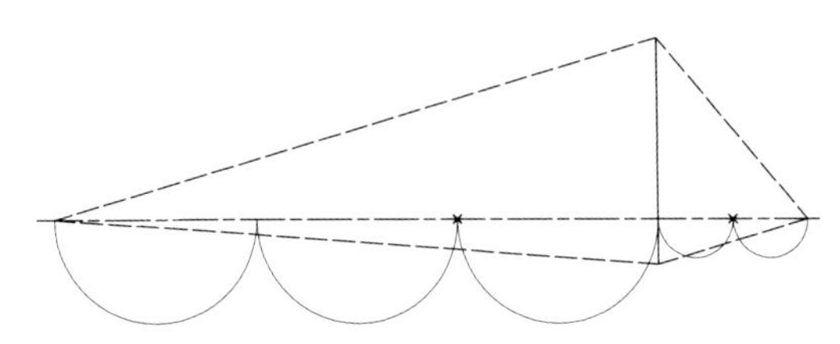

（d）左右量点近似位置——竖线与远侧消失点的 1/3 处；竖
线与近侧消失点的 1/2 处

图 3-27

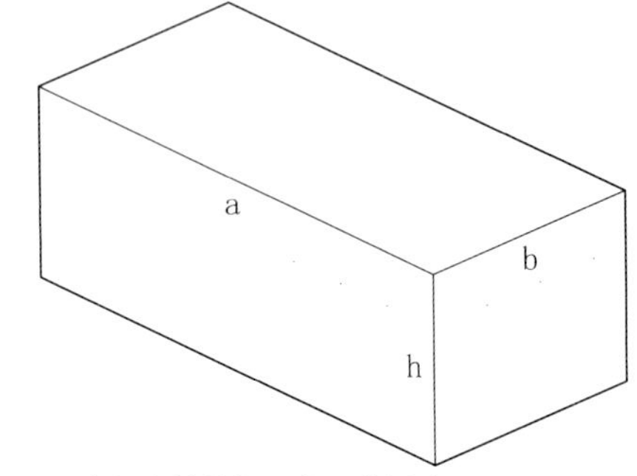


（a）a、b、h 为长方体的长、宽、高尺寸

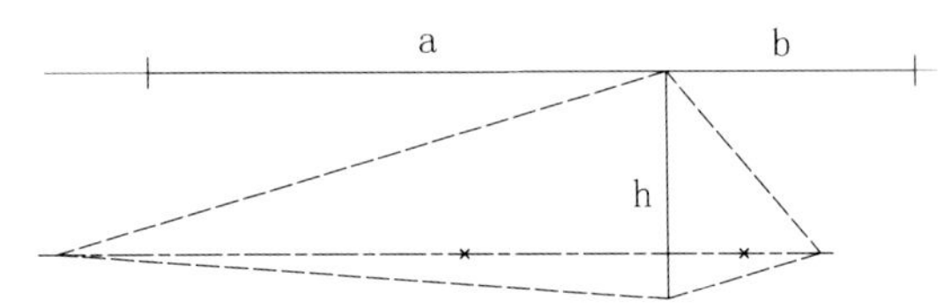


（b）自转角竖线顶端，水平方向绘出 a、b 尺寸

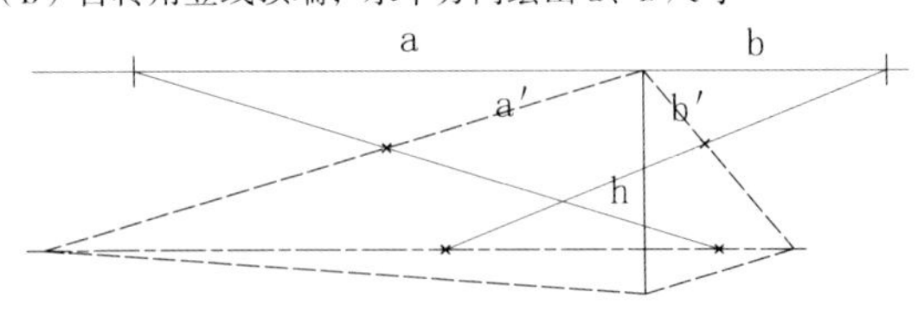


（c）尺寸端点向左右量点交叉连线，与视平线相交，实际
尺寸 a、b 缩短为透视尺寸 a′ 、b′

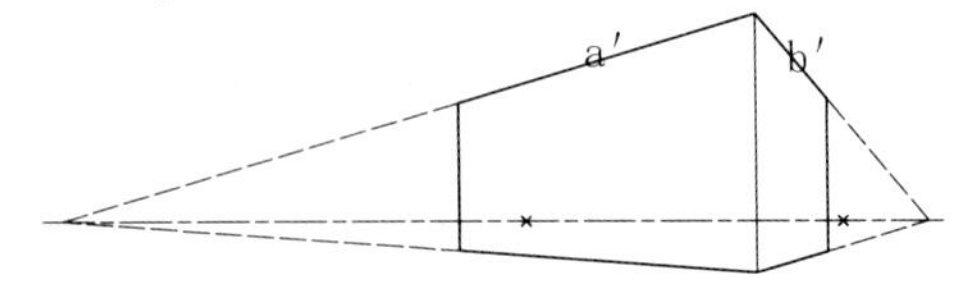


（d）过左右交点作竖线至底部透视线，连接成整个
长方体

图 3-28

### 3.6.2 绘制步骤

（1）设长方体的长、宽、高度分别为 a，b 和 h（图 3–28（a））；

（2）透视框架中，转角竖线即为长方体高度 h。过竖线顶端沿水平方向左右分别绘出长宽尺寸 a，b；

（**注意**，这里的长、宽尺寸必须以**高度尺寸**为基准，按**比例缩放**获取）（图 3–28（b））

（3）从长宽尺寸左、右两端点分别向右、左量点**交叉**作连线；

（尺寸 a 对应于左侧透视线，连接右量点，交于左透视线；尺寸 b 对应于右侧透视线，连接左量点，交于右透视线）（图 3–28（c））；

（4）两连线与形体长宽方向的顶部外廓透视线相交，过左右交点分别向下作竖线，交于形体底部外廓透视线（图 3–28（d））。

至此获得了完整的大长方体透视外廓线。

## 3.7 室内外围边界

室内的“外围边界”就是远端后墙面“放大”到画面最前端的视看尺寸，形同于墙、顶、地在画幅上的断面。后墙面与“外围边界”的近大远小对比体现了画面纵深感的强度。视点的远近（视距大小）决定了纵深的视看尺寸，进而决定了外围边界（图 3–12）。

### 3.7.1 纵深取值

为使画面最前端的外围边界在观看时不产生变形失真，视角应小于 90°，到外围边界的视距应大于外围宽度、暨横墙面宽度的 2/3（图 3–29（a））。从后墙面开始计算则视距至少等于 2/3 横墙宽度加上纵深尺寸（图 3–29（b））。根据 45° 角（90° 视角的一半）推演，得到一个简单的结果：舒展一侧的纵墙，到外围边界为止的水平向视看尺寸，数值上等于实际纵深尺寸（图 3–29（c））。

视距——外围边界取值的增减可以改变纵深感的强度。视距近、纵墙展宽、外围边界增大时类似广角镜头，使小空间扩张饱满；视距远、纵墙缩窄、外围边界减小时，类似长焦镜头，使大空间平坦紧凑。视距太近太远都会使画面变形失真（图 3–30）。

**舒展侧纵墙取值纵深尺寸，据此框定外围边界**

### 3.7.1 绘制步骤

（1）选择离消失点较远侧的后墙面边界线，沿视平线向外量取纵深尺寸，作竖向线条，此即为外围边界线（图 3–31（a））；

（**注意**，这里的纵深尺寸，必须以**后墙面尺寸**为基准，按**比例缩放**获取）

（2）此竖向线上下延伸，与墙顶、墙地上下两条透视线相交（图 3–31（b）右竖线）；

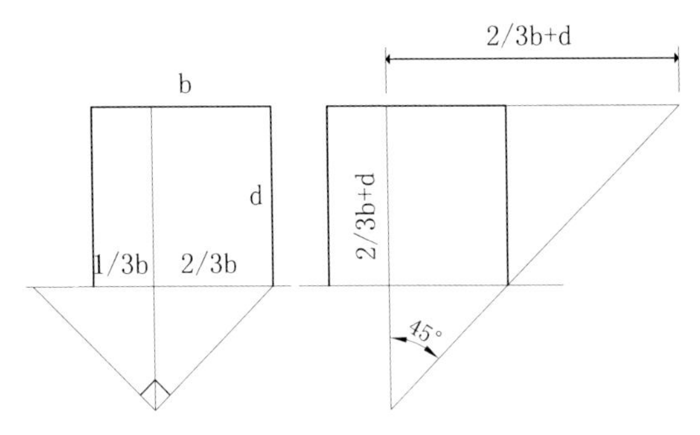


（a）视角 90°，视距 2/3b （b）计算到远端横墙面的视距

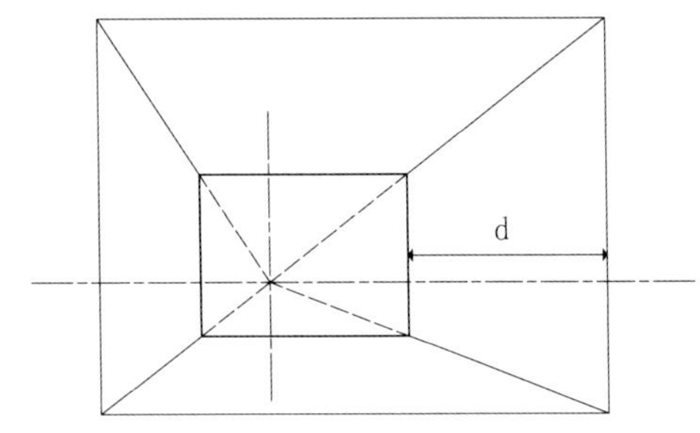


（c）舒展侧纵墙的视看尺寸，应等于实际纵深尺寸 d

图 3-29

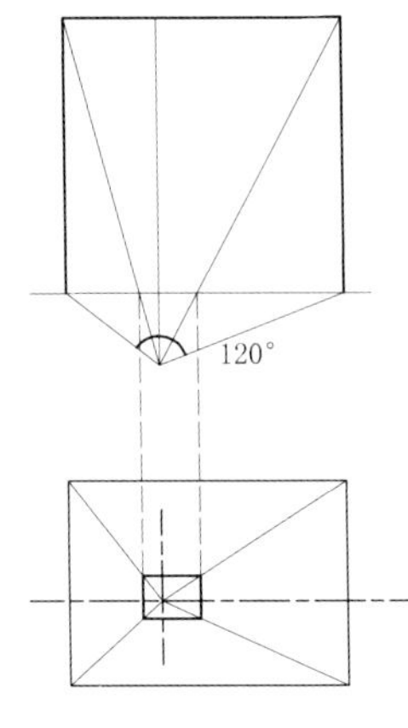


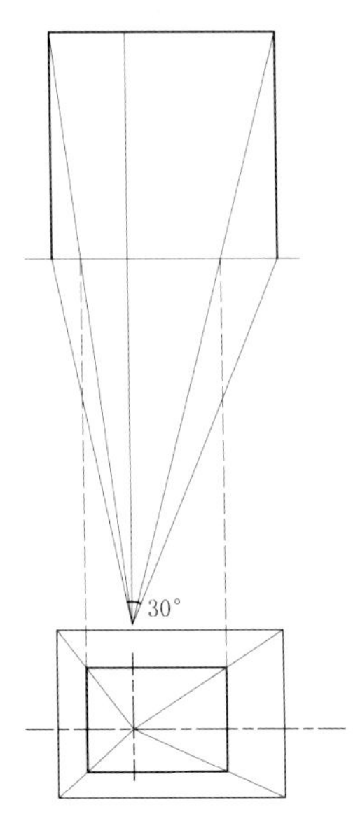


（a）视点太近，纵深夸张，如广角镜

（b）视点太远，纵深压缩，如长焦镜

图 3-30

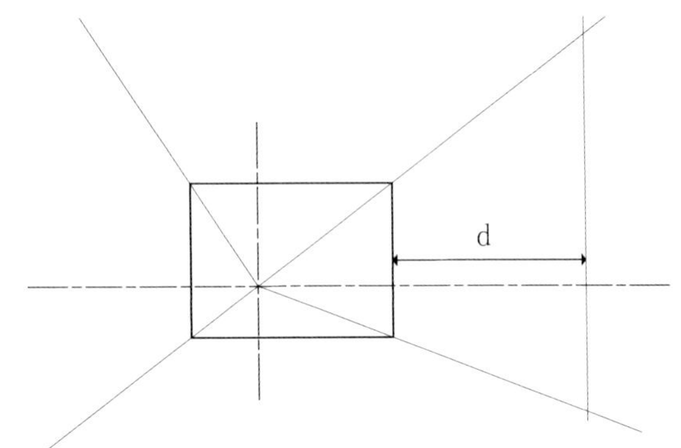


（a）离消失点较远侧的横墙边线，向外量取纵深尺寸 d，作竖线

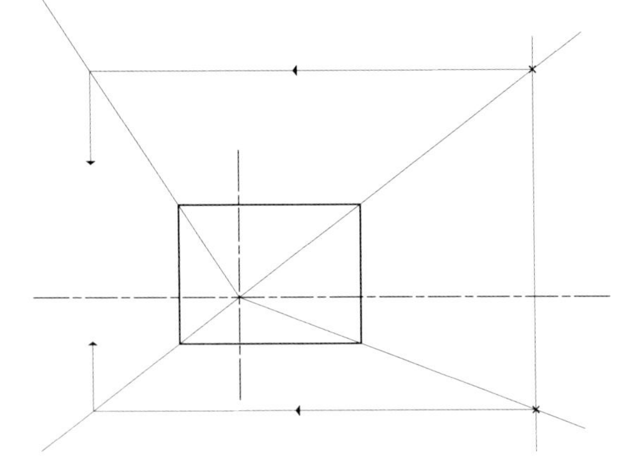

（b）该竖线与上下透视线相交，分别引水平线至另侧的上下透视线

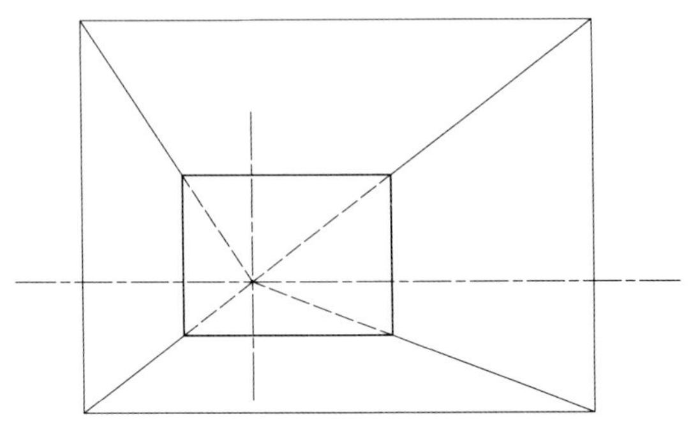

（c）外围边界线只是辅助线，作品完成后应予去除

图 3-31

（3）过上下两交点，分别引水平线反向与另一侧的上下两条透视线相交（图 3–31（b）上下横线）；

（4）连接最后两交点，得到一条竖线段（垂直于视平线！），此即另侧纵墙的外围边界线（图 3–31（c））。

至此完成了画面最前端的四条外围边界线。这四条线均为绘制过程中的辅助线，不具有实际造型意义，在完成的作品中应予擦除。

## 3.8 细部划分

作完外围边界，透视形体已具备基本框架。然后就要根据局部造型的具体尺寸，不断进行加、减操作，“修饰”出最终的形体组合。局部造型的尺寸均以画面的既有尺寸为基准，通过比例划分来获取。

建筑的竖向线、室内的竖向线和一点透视中后墙面上的横向线，都可以直接划分比例。建筑的横向线、室内纵深方向的横向线，则是近大远小的透视线，不能直接划分，必须运用以下几种专门的透视线划分方法。

### 3.8.1 对角线法

如图 3–32，竖向放置的长方形，在竖向线上按某种比例进行划分，借助一条对角线，可以将这种比例“转译”到斜向的透视线上。选择两条不同的对角线，划分的比例将互呈镜像。

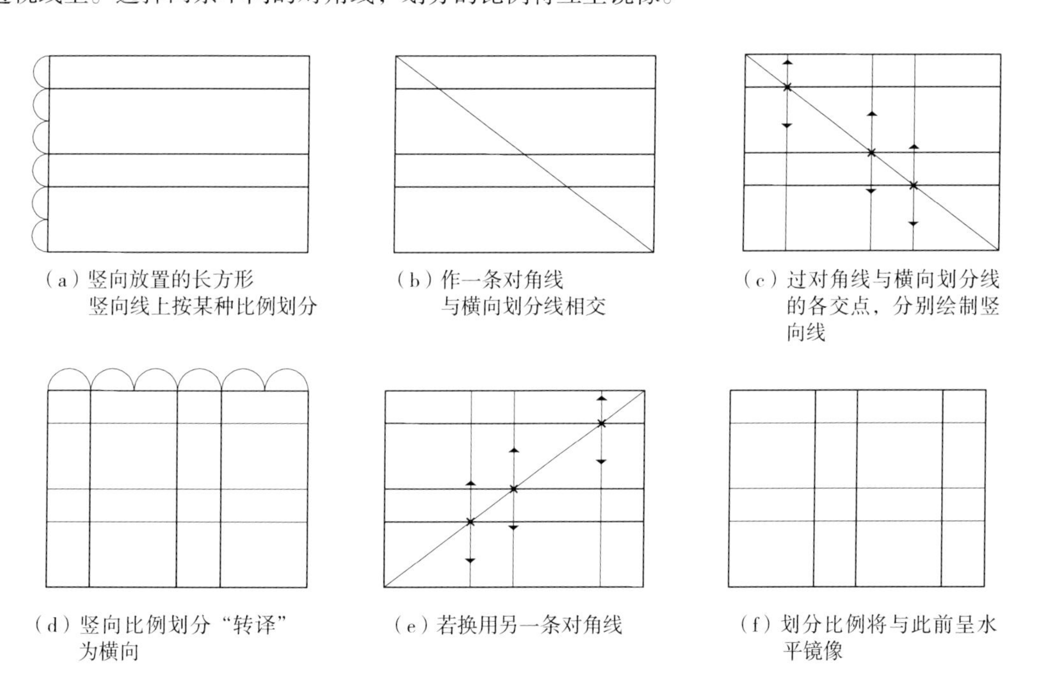

（a）竖向放置的长方形竖向线上按某种比例划分

（b）作一条对角线与横向划分线相交

（c）过对角线与横向划分线的各交点，分别绘制竖向线

（d）竖向比例划分“转译”为横向

（e）若换用另一条对角线

（f）划分比例将与此前呈水平镜像

图 3–32

图 3-33（a）、（b）上所示为室内一点透视中左右纵墙的比例划分。对于水平放置的长方体，一点透视时，也可采用此法将横向线上的划分“转译”到纵深（图 3-33（c））。而两点透视时则需运用消失点法，参见图 3-37。

对角线法特别适用于多层建筑具有重复开间、进深的情况，可以同时完成楼层、开间和进深的划分（图 3-34）。对于自由、活跃的构图，则需要纵横分别处理（图 3-35）。

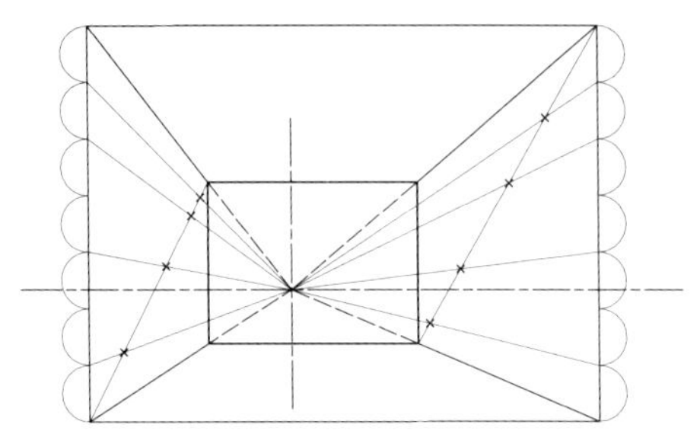

（a）纵向线上的划分比例，利用对角线转译到横向纵墙上的横向透视线应对准消失点

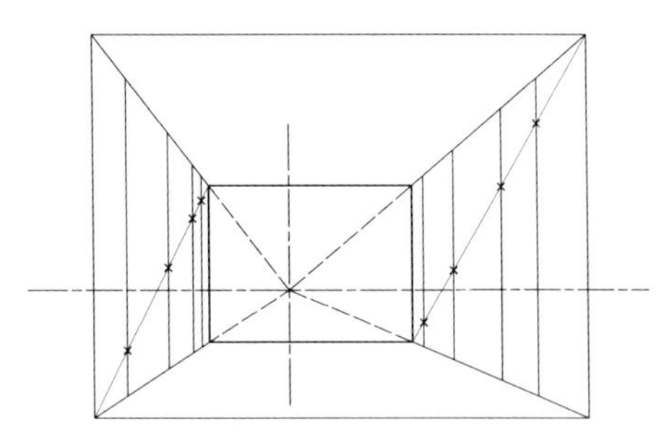

（b）对角线方向不同，将得到相反的划分比例

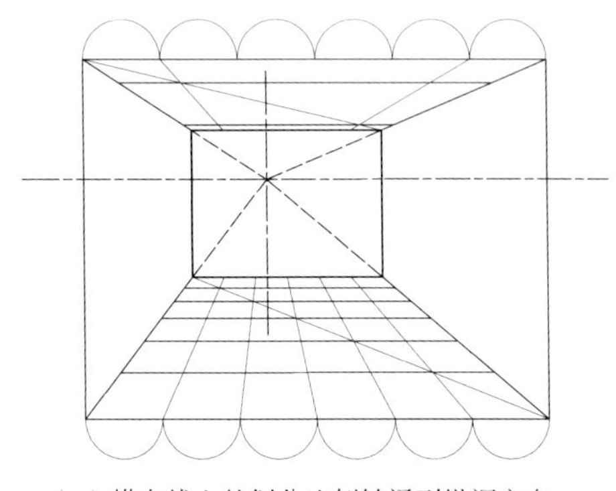

（c）横向线上的划分比例转译到纵深方向

图 3-33

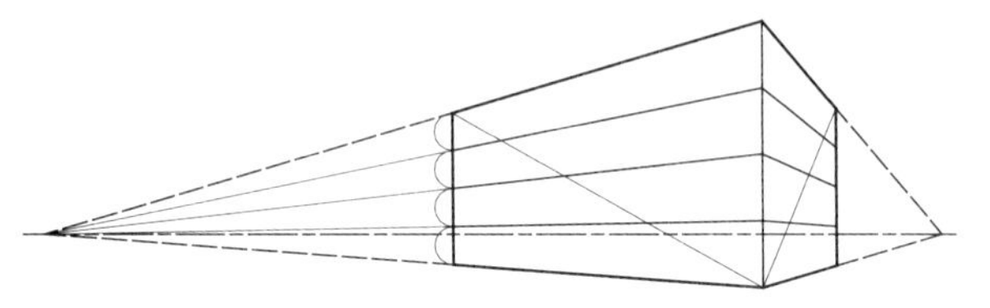

（a）多层建筑具有重复的楼层、开间、进深尺寸时

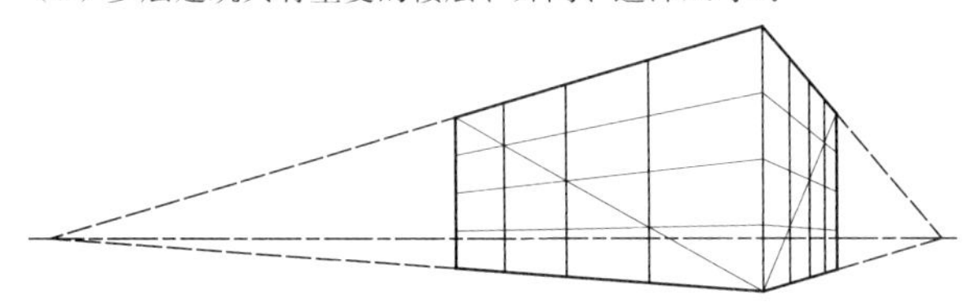

（b）利用对角线，可以同时完成三者的划分

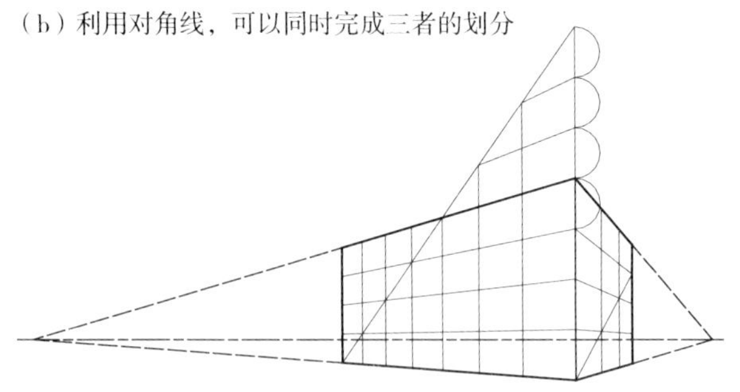

（c）当开间多于层数时，可延伸楼层，提高对角线起点（左侧）少于层数时，则降低对角线起点（右侧）

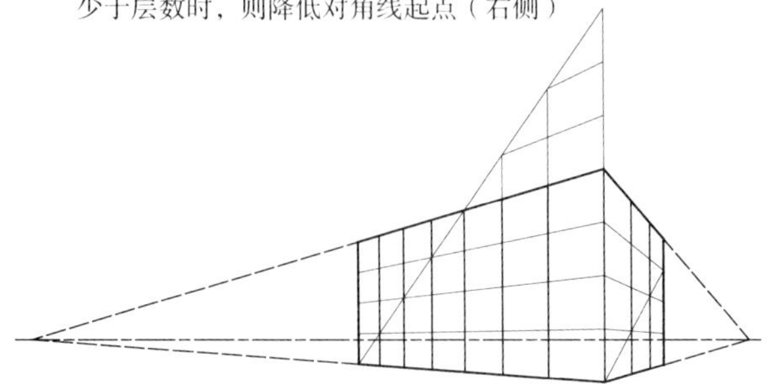

（d）凡等分开间，不论数目多少，均可利用对角线进行划分

图 3-34

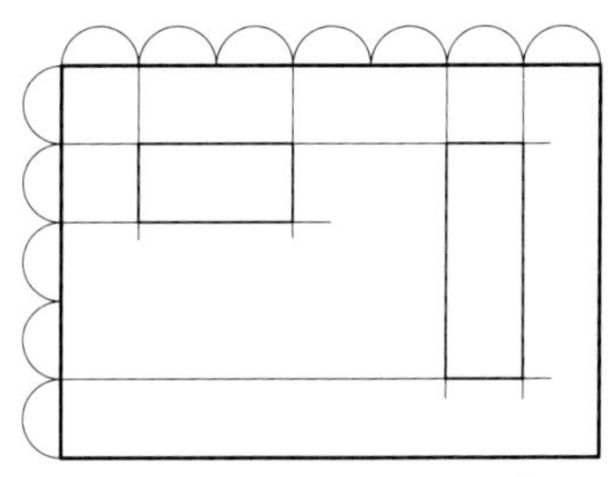

（a）自由活跃的立面构图，分别观察纵横方向的划分比例

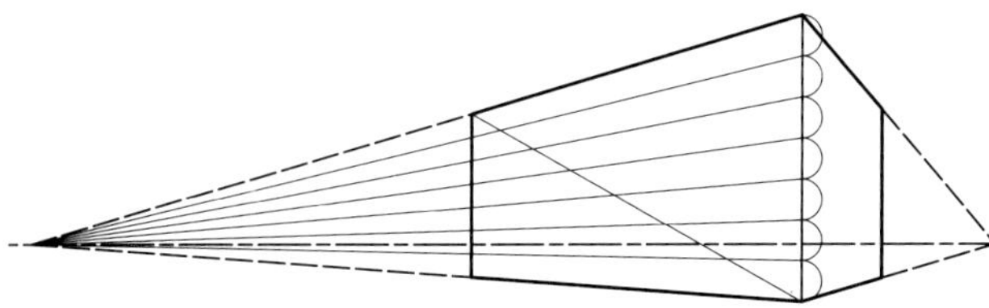

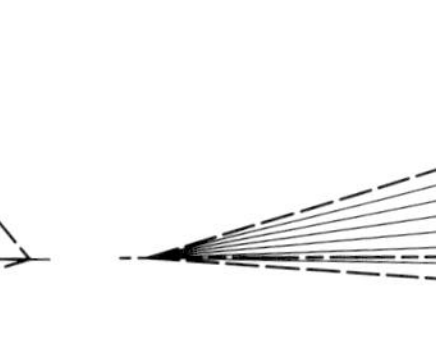

（b）先把实际的横向划分比例移植到转角竖线上，
拉一系列横向透视线

（c）运用对角线法把纵向划分转译成透视的横向划分，保留划分竖向线，隐去“用过的”横向透视线

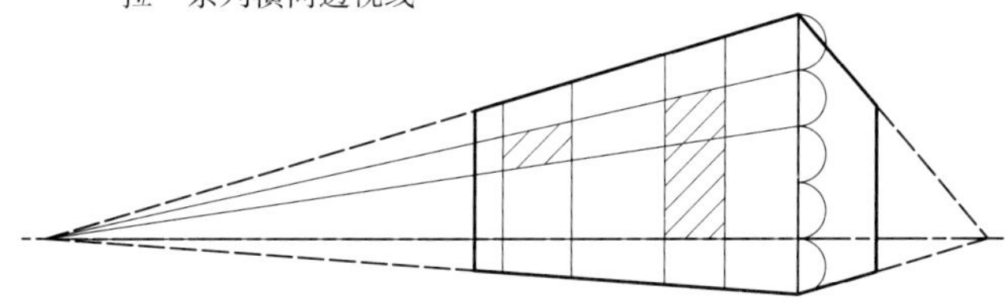

（d）再把实际的纵向划分比例移植到转角竖线上，
拉一系列横向透视线

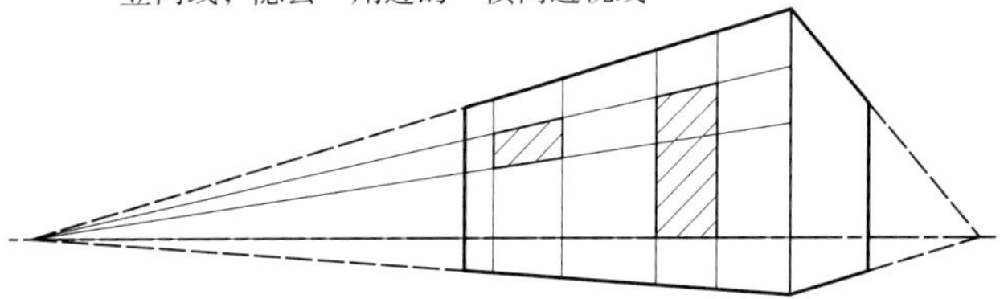

（e）覆描需要的纵横划分线，得到立面透视造型

图 3-35

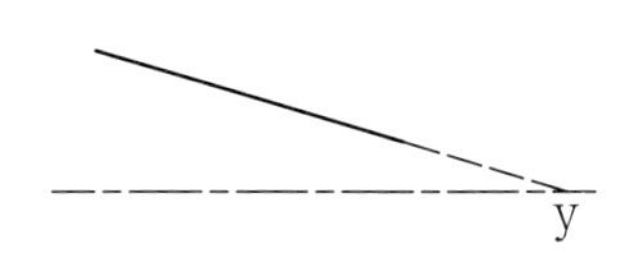


（a）任意一段透视线
左侧为近，右侧为远

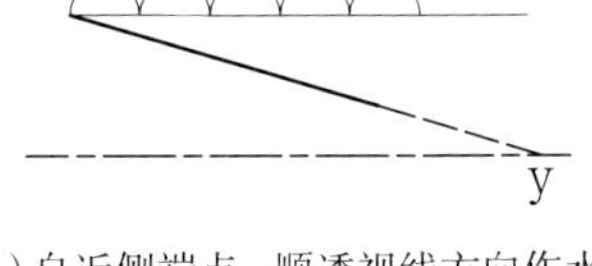


（b）自近侧端点，顺透视线方向作水平线，
按所需比例划分（示例为等分）

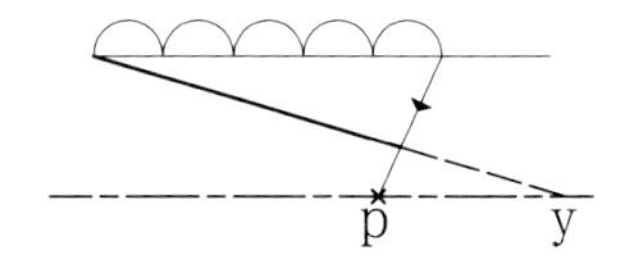


（c）末尾分段点，连接透视线远侧端点，
延长相交于视平线，得到一个消失点

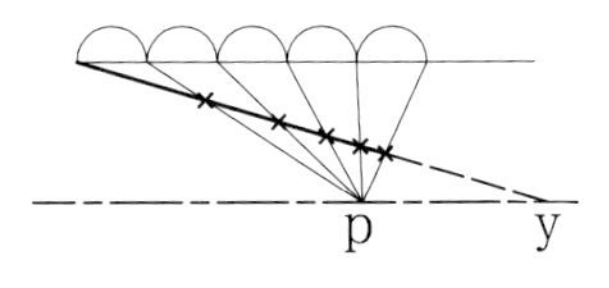


（d）该消失点连接各分段点，与透视线相交，各交点即为透视线上的比例划分点

图 3-36

### 3.8.2 消失点法

如图 3-36，任意一条透视线段（图 3-36（a）），从其近侧端点，顺该线方向作一条水平线，按所需比例进行划分（图 3-36（b））。从水平线末尾分段点向透视线段的远侧端点作连线，并延长相交于视平线，得到一个消失点(图 3-36(c))。从该消失点向水平线各分段点作连线，与透视线段相交。透视线段上的各交点就是所需比例的划分点（图 3-36（d））。

此方法随意灵活，可适用于各种场合（图 3-37）。

确定建筑外围边界时所用的量点，可以看作是上述比例划分消失点的一个特例。据此可以同时获取整体尺寸和细部划分。对于既定的立面造型，应当尽量利用量点将整体与局部一次制作完成（图 3-38）。

图 3-39（a）、图 3-39（b）为此法在室内一点透视中的运用，图 3-39（c）为室内两点透视中的运用。

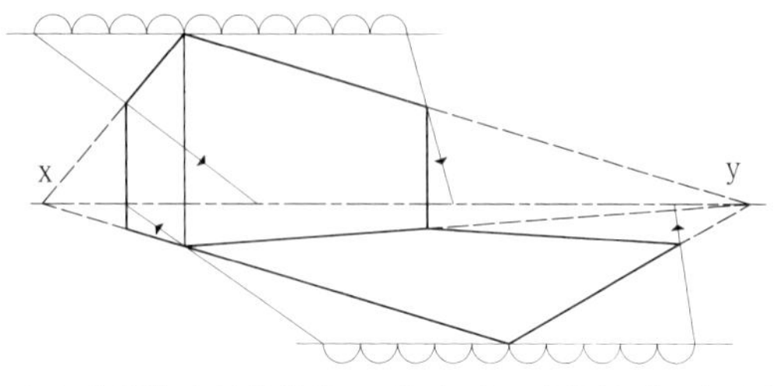


（a）分别作水平线等分立面与场地，连线得到四个消失点

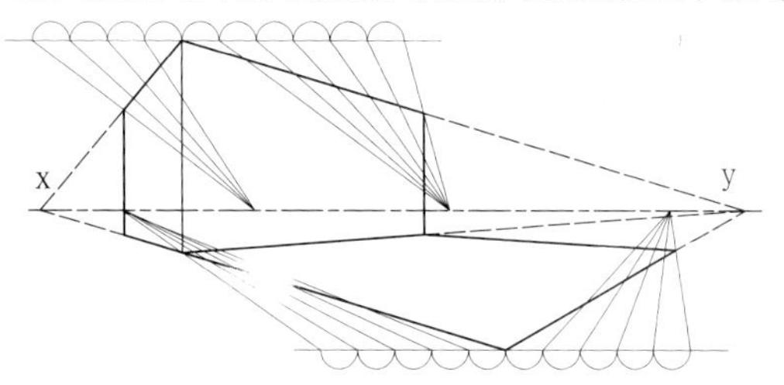


（b）各消失点分别连接分段点，相交于立面、场地透视线

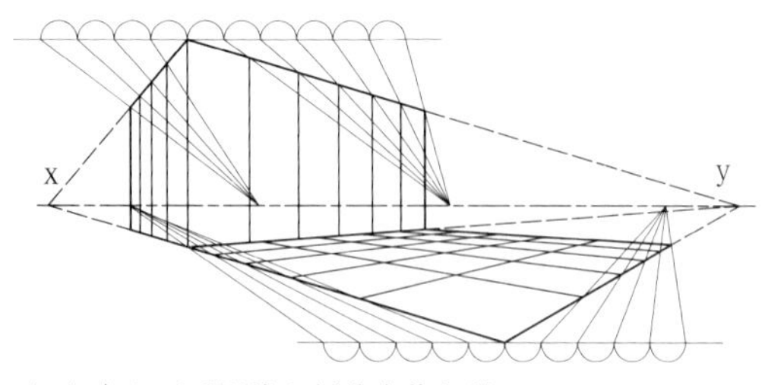


（c）自立面透视线上划分点作竖线；
自场地透视线上划分点对准 x、y 消失点拉系列透视线

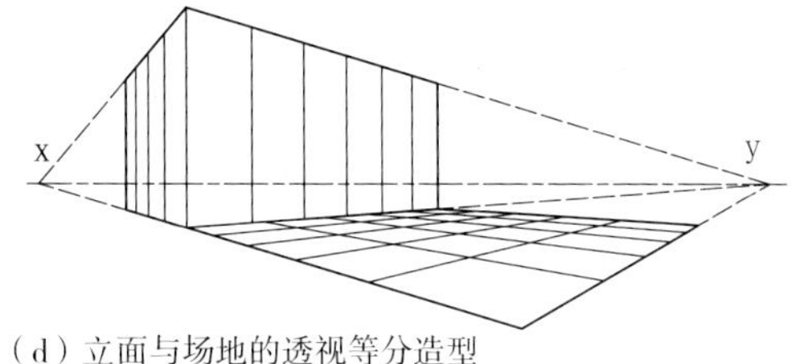


（d）立面与场地的透视等分造型

图 3-37

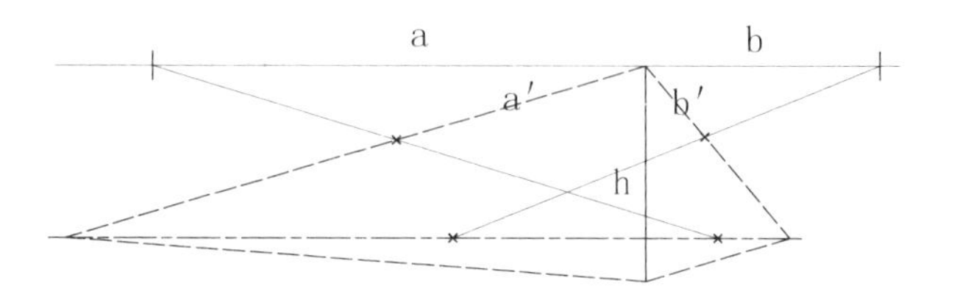


（a）量点可以作为一个特殊的比例划分消失点

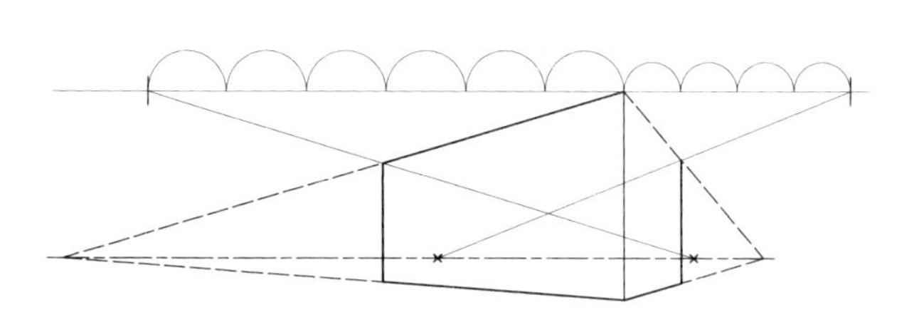

（b）在确定建筑总尺寸的同时就划分好细部尺寸

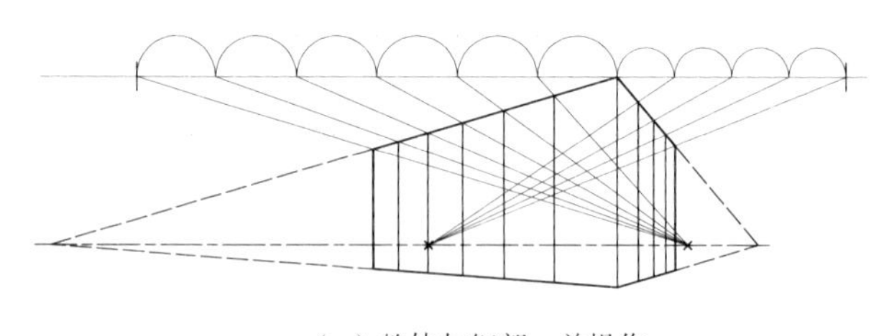

（c）整体与细部一并操作

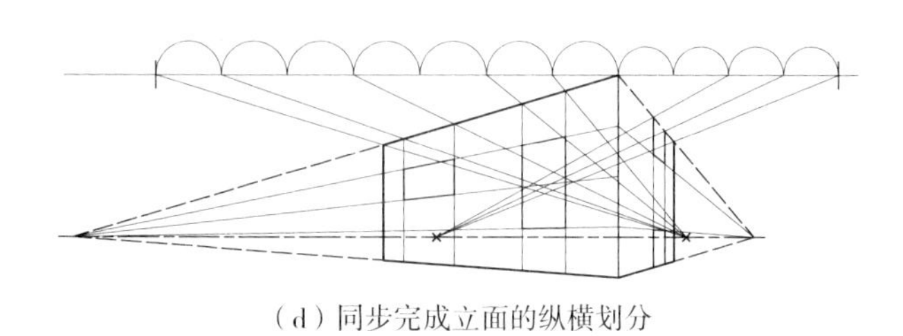

（d）同步完成立面的纵横划分

图 3-38

### 3.8.3 交叉中点法

任意一个长方形，连接两条对角线，相交得到形心（图 3–40（a）），过此中心点可沿两个方向平分长方形（图 3–40（b））。重复操作可以得到偶数段的多段等分（图 3–40（c））。图 3–41 为建筑两点透视中的运用。

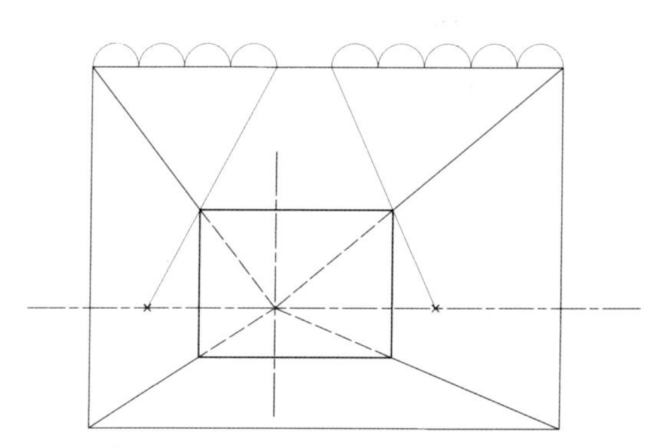

（a）自近侧端点向远侧，沿水平线作比例划分（示例为等分）划分末端点连接透视线末端点，延长相交于视平线

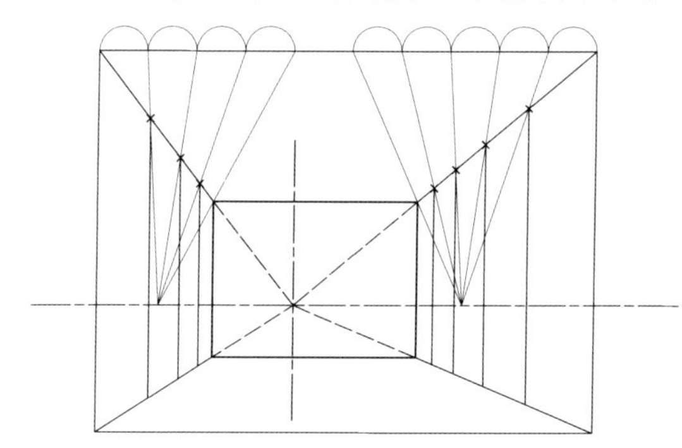

（b）由此消失点，连接水平线上各分段点，与透视线相交，过透视线上各交点，得到纵深方向的比例划分

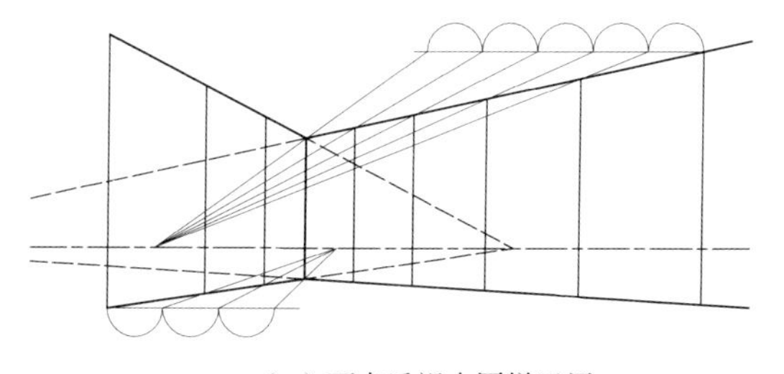

（c）两点透视中同样运用

图 3–39

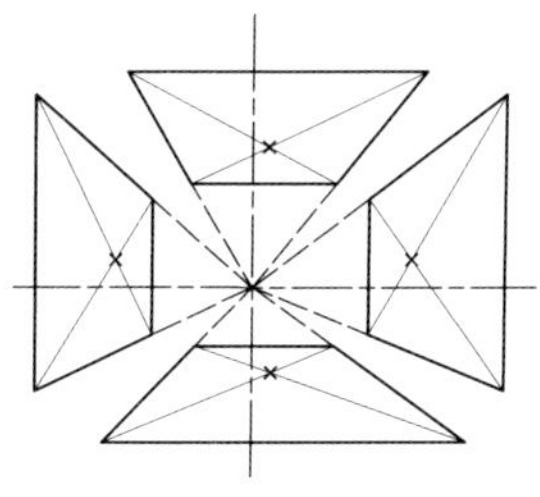

（a）任意位置的长方形，连接两对角线，相交得到形心

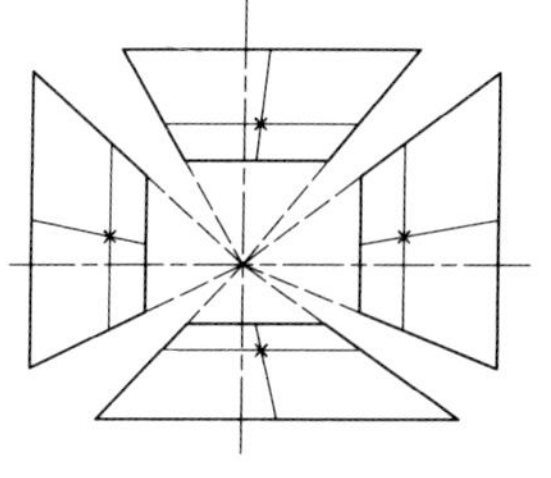

（b）过形心拉透视线可横向平分形体，过形心作水平、垂直线可纵向平分形体

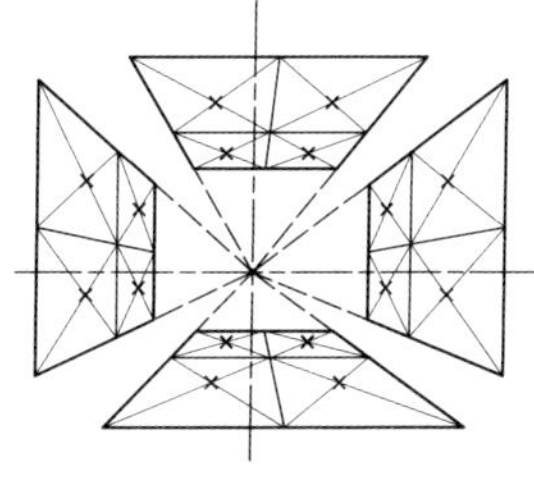

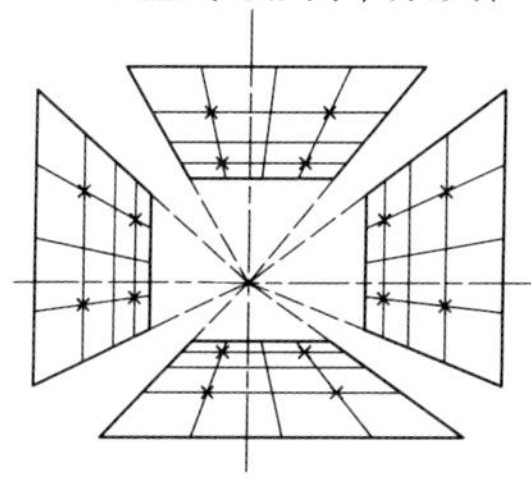

（c）重复操作可方便获得偶数段的等分

图 3–40

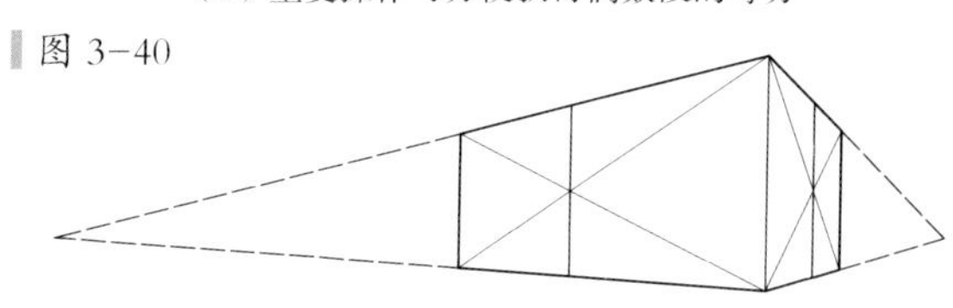

（a）长方体正、侧立面交叉平分

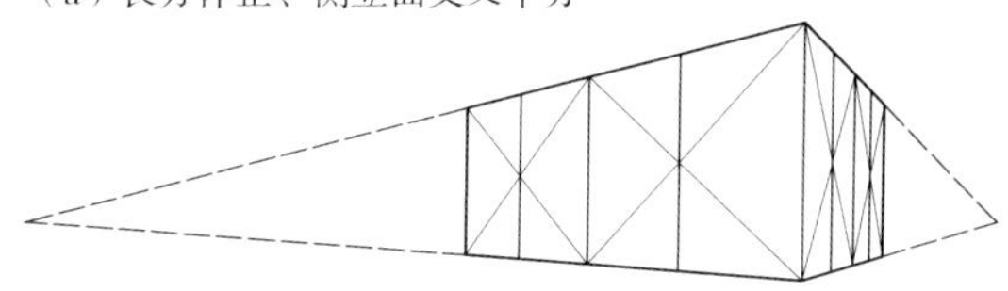

（b）在前一次平分的基础上再次交叉平分

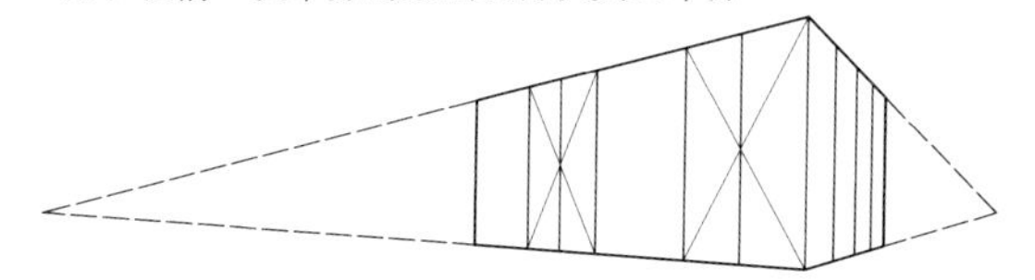

（c）重复操作可方便获得偶数段的等分

图 3–41

### 3.8.4 日字延伸法

任意一个长方形（图 3–42（a）首行）；以对角线求取形心并作平分线（图 3–42（b））；任意位置的一段划分，与平分线构成一个“日”字形（图 3–42（c））；连接半个“日”字的对角线，延长相交于长方形的边线（图 3–42（d）），就能向两侧复制相同比例的“日”字形（图 3–42（e））；重复操作可以连续延伸（图 3–42（f））。运用此法可以在某处先随意确定一段开间，而后向两侧延伸（图 3–42（g））。也可以在原有形体结束的地方“生长”出新的部分（图 3–43）。

### 3.8.5 关于辅助线

细部划分环节需要制作大量辅助线，局部造型集中的地方，画面将变得模糊不清，容易混淆出错。为此建议：

（1）先用铅笔轻线作图，一旦绘制到形体线段部分，即加重力度或重复勾描，使其突显于众多轻线稿之上，不至于“淹没”，也可以即时勾上墨线。

（2）连线之类的辅助线不必绘出整条线段，仅需划短线标示出交点、分段点即可。

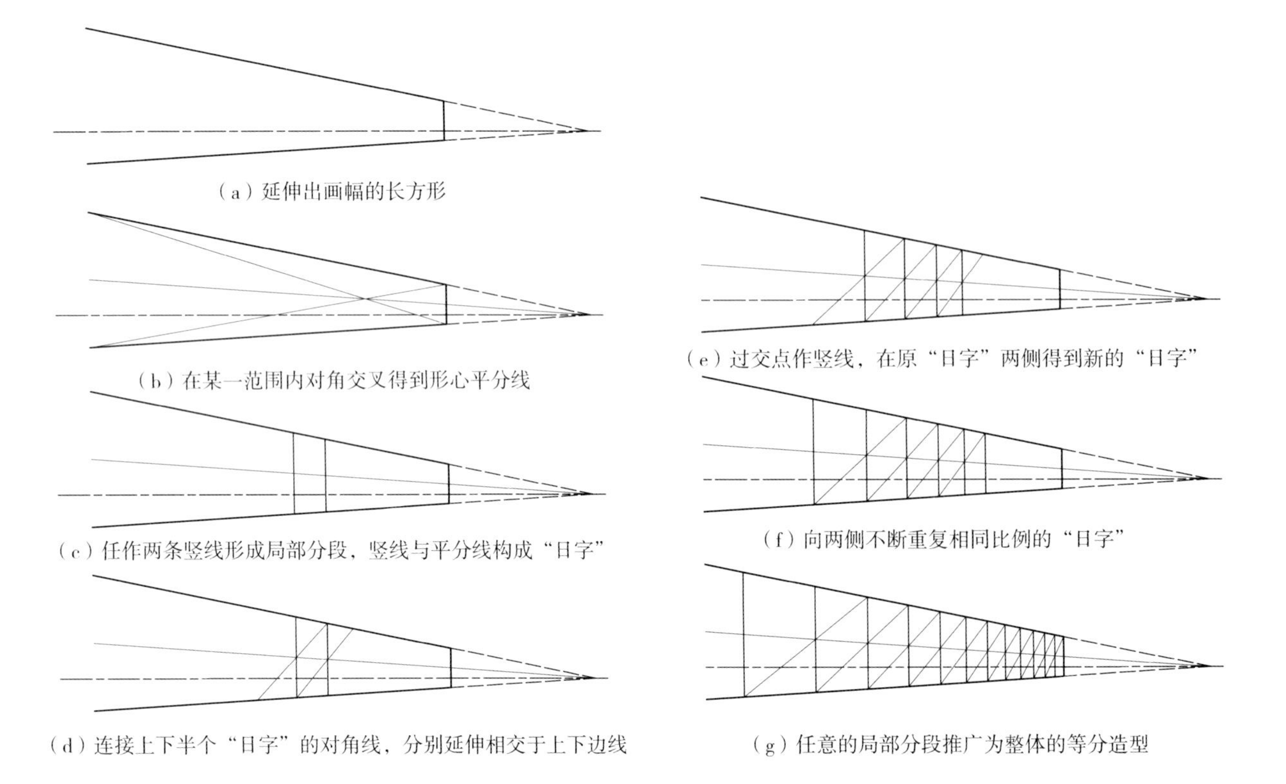

（a）延伸出画幅的长方形

（b）在某一范围内对角交叉得到形心平分线

（c）任作两条竖线形成局部分段，竖线与平分线构成“日字”

（d）连接上下半个“日字”的对角线，分别延伸相交于上下边线

（e）过交点作竖线，在原“日字”两侧得到新的“日字”

（f）向两侧不断重复相同比例的“日字”

（g）任意的局部分段推广为整体的等分造型

图 3–42

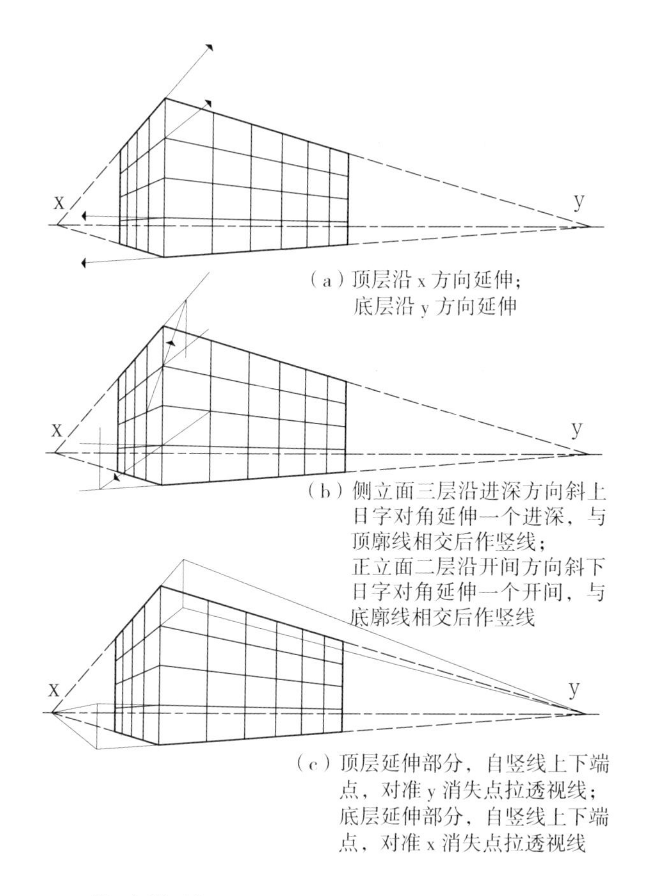


（a）顶层沿 x 方向延伸；
底层沿 y 方向延伸

（b）侧立面三层沿进深方向斜上日字对角延伸一个进深，与顶廓线相交后作竖线；
正立面二层沿开间方向斜下日字对角延伸一个开间，与底廓线相交后作竖线

（c）顶层延伸部分，自竖线上下端点，对准 y 消失点拉透视线；
底层延伸部分，自竖线上下端点，对准 x 消失点拉透视线

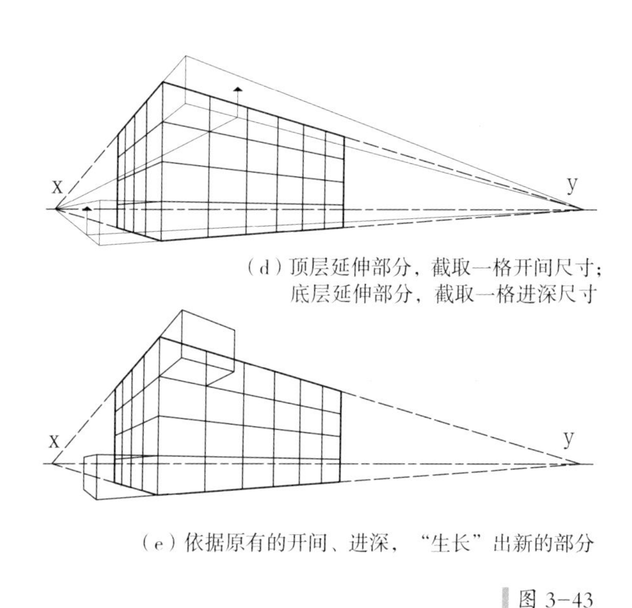


（d）顶层延伸部分，截取一格开间尺寸；
底层延伸部分，截取一格进深尺寸

（e）依据原有的开间、进深，“生长”出新的部分

图 3-43

## 3.9 特殊造型

初学者宜先回避特殊造型，等到熟练掌握长方体的基本操作之后，再专攻难点。

### 3.9.1 八点画圆法

图 3-44 介绍了此法由正方形控制圆弧形态的策略。图 3-45 是具体的透视绘制。

圆形外切正方形，作正方形纵横轴线和两条对角线，与圆周相交于八点（图 3-44（a））；其中圆周与轴线的交点也是圆周与正方形四边的切点。圆周截分对角线之半呈内外（$\sqrt{2}-1$）：1，约 2 ： 5 的比例（图 3-44（b）、图 3-44（c））；在正方形边长一半上量取 2/5 的比例，再转移到对角线上（图 3-44（d））；得到四个切点和四个交点（图 3-44（e））；以弧线连接八点绘成圆周（图 3-44（f））。四个切点处保持切线方向以控制圆弧形态。

在透视图中，先作圆形的外切正方形，画出纵横轴和对角线（图 3-45（a））；在无消失点的边线上（首选竖边）量取 2 ： 5 的比例（图 3-45（b））；拉透视线线将划分比例转移到对角线上（图 3-45（c））；由此获

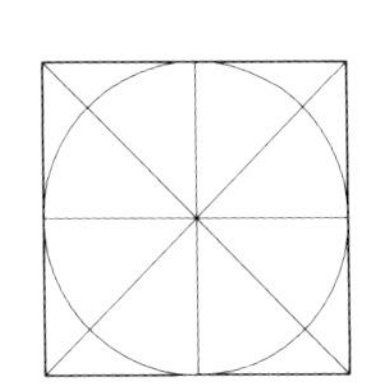

（a）正方形内切圆形，其纵横轴、对角线与圆周相交于八点

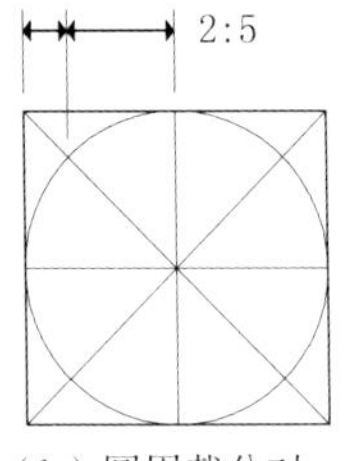


（b）圆周截分对角线之半，呈大约 2:5 比例

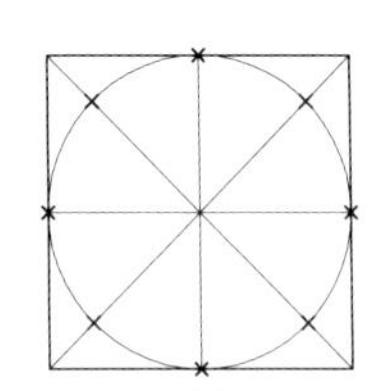

（c）纵横轴、对角线上的八点作为画圆控制点

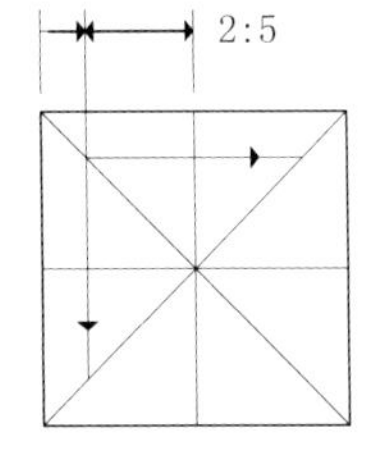


（d）正方形边线上，量取 2:5 的比例，转移到对角线之半上

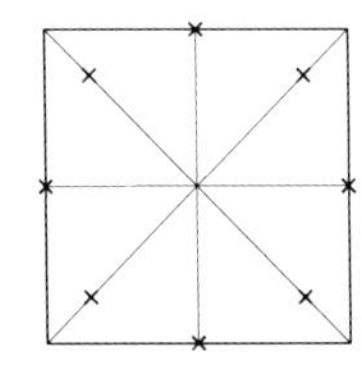

（e）对角线上四点和轴线上四点八点可以画圆

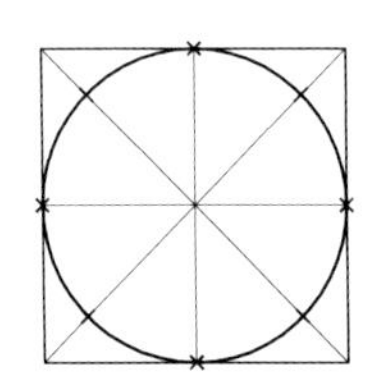

（f）弧线连接八点注意轴线上的四点控制方圆相切状态

图 3-44

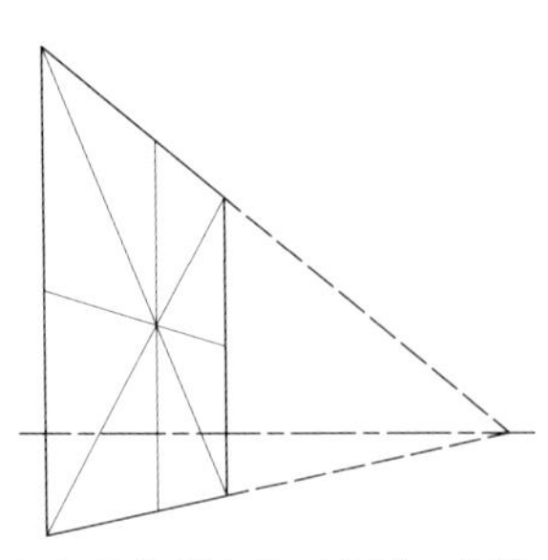

（a）透视图中作正方形，作纵横轴、对角线

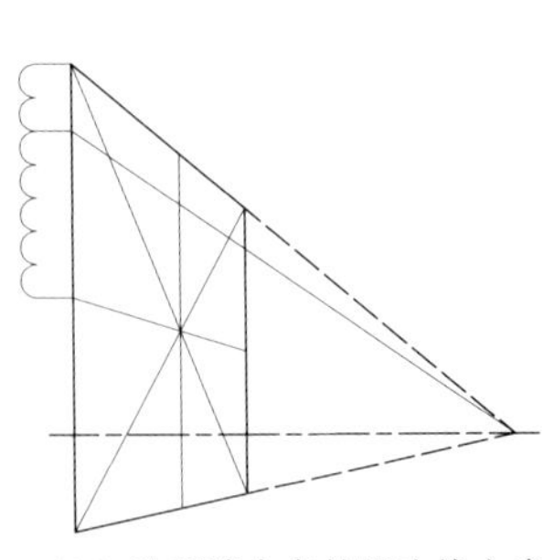

（b）选无消失点的竖边线之半，量取 2:5 的比例，转移到对角线

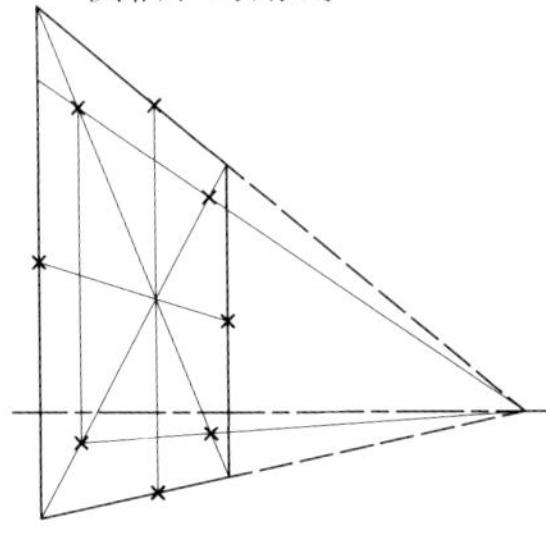

（c）对角线上四点，轴线上四点

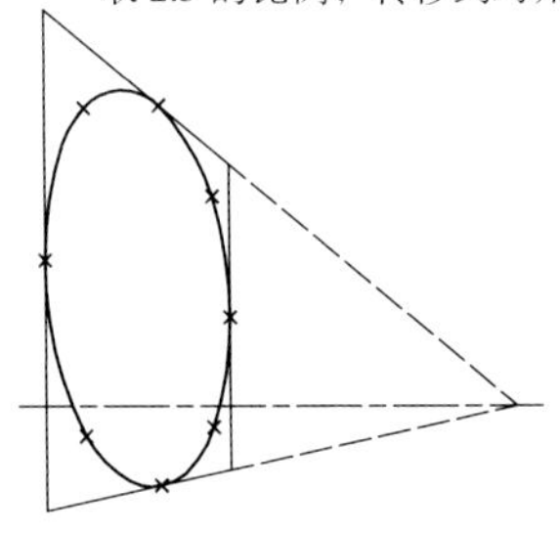

（d）弧线连接八点“修饰”成圆周，轴线处控制方圆相切状态

图 3-45

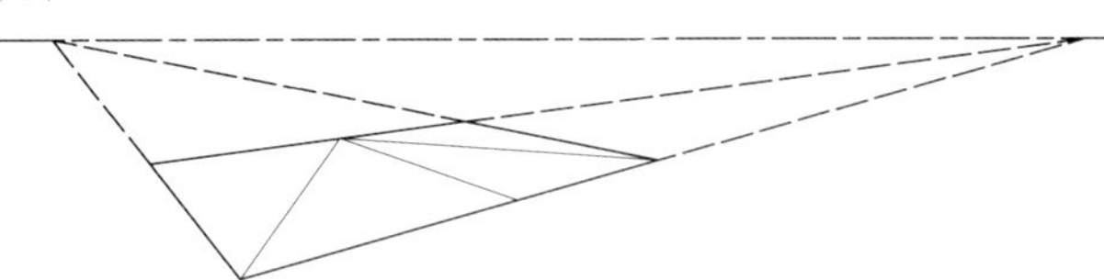

（a）透视图中作半个正方形，及其轴线、对角线

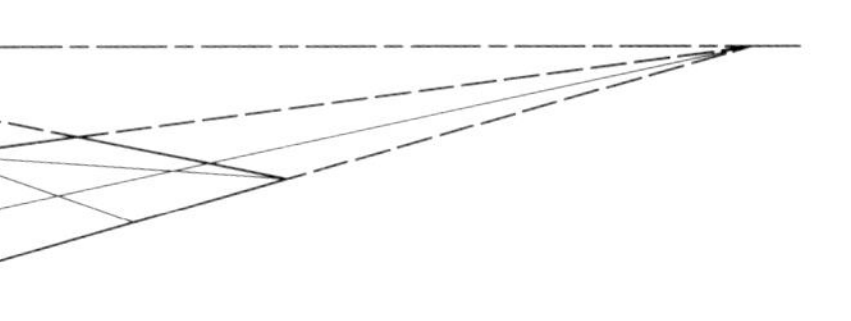

（b）以消失点法划分边线呈 2:5 比例，转移到对角线上

（c）弧线连接四点“修饰”成半圆，在轴线三点控制方圆相切

图 3-46

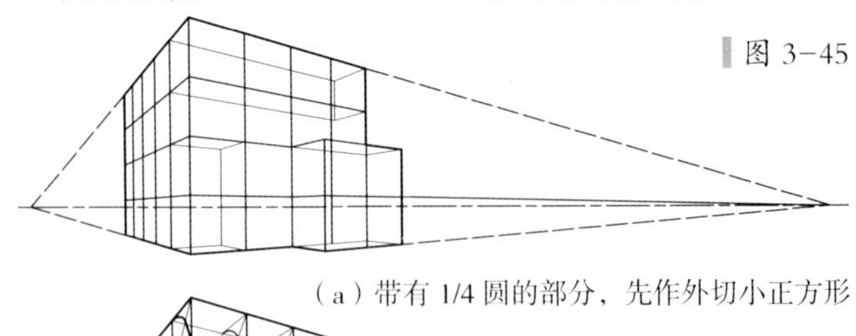

（a）带有 1/4 圆的部分，先作外切小正方形

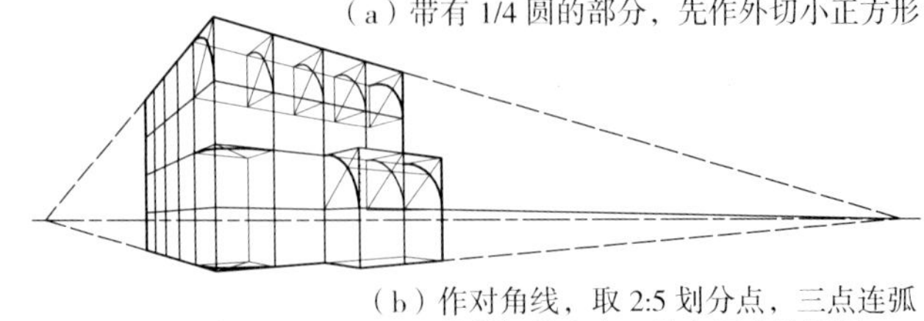

（b）作对角线，取 2:5 划分点，三点连弧控制切线方向，使方圆交接平滑

（c）多跨连续时，首末两跨必须起稿，中间跨可凭感觉后加

图 3-47

得八个特征控制点，连接八点“修饰”成圆周（图 3-45（d））。注意在切点处保持切线方向，尤其当切线是透视线的时候。八点画圆法同样适用于半圆和四分之圆周（图 3-46）。

### 3.9.2 边界切点法

绘制较小的、次要的圆形时宜将八点简化为四点，仅以外切正方形的四边中点，即四个切点控制圆周。尽管此法操作简单，却足以防范造型扭曲。对于建筑局部带有半圆或 1/4 圆的情形，控制了边界范围和切线方向，就能使圆弧与直线交接平滑、观感流畅（图 3-47）。

### 3.9.3 网格定位法

此法适用于所有的复杂圆弧组合与自由曲线造型。首先在造型的平面图上绘制方格网，标示出造型与网格的各个交叉点（图 3-48（a））；随后在透视框架中绘制此方格网，逐一确定各交叉点位置（图 3-48（b））；连接交叉点即得到该造型在透视图中的平面图形（图 3-48（c））。

### 3.9.4 视平线高度法

视平线的高度在同一幅透视图中是固定不变的，借此可以按比例获取任意造型的高度。此法普遍适用于临时添加造型，而不方便从临近墙面推延高度尺寸的情况（图 3-49）。

借此可以检验画面中后期添加的建筑配景、室内家具，判断其高度是否失真（图 3-50）。

借助视平线高度法，可在画面的任意位置，先绘出某个造型的高度，再根据高度与其他尺寸的比例关系完成整个造型（图 3-51）。

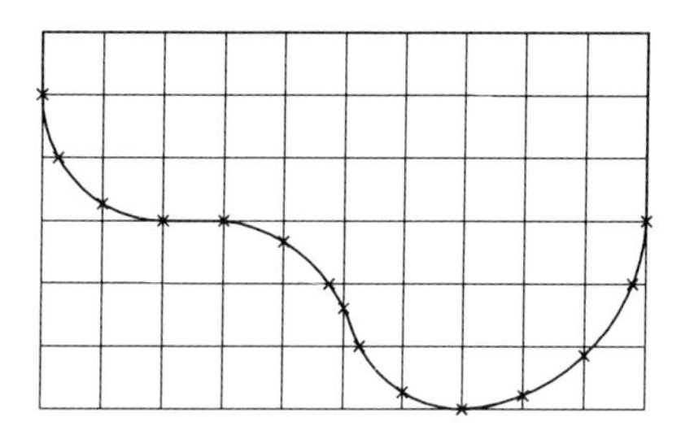

（a）平面图上绘制方格网，标示造型与网格线的交叉点

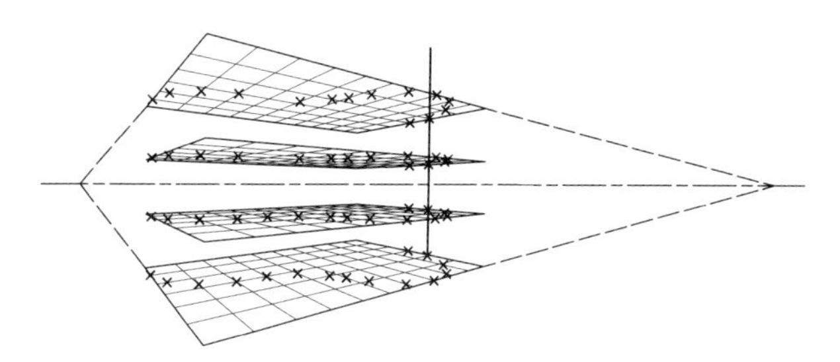

（b）绘制各层透视方格网，对照平面确定交叉点

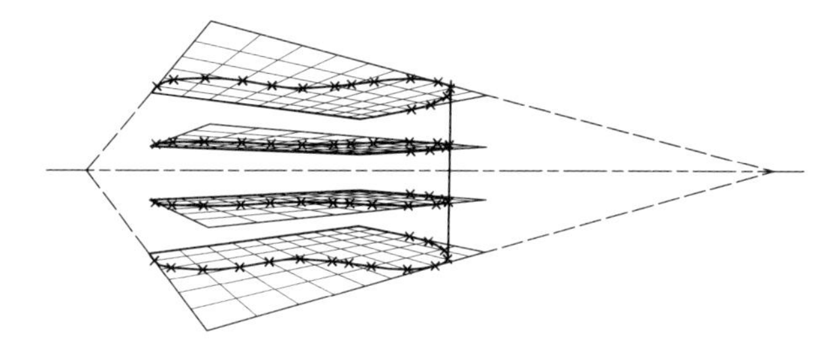

（c）各层以弧线连接交叉点，注意方圆交接切线平滑

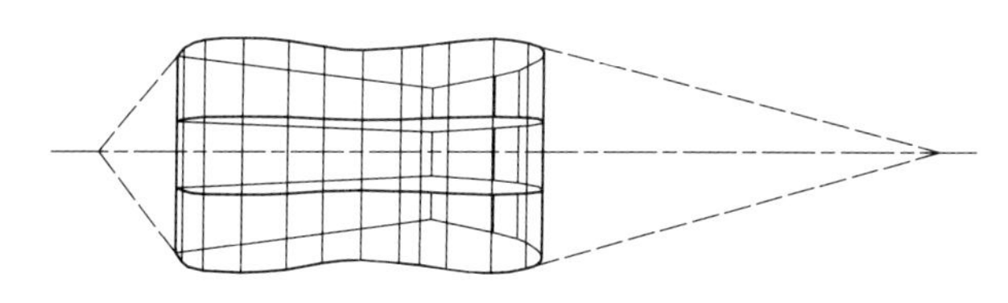

（d）加上各层对应交叉点之间的竖向线

图 3-48

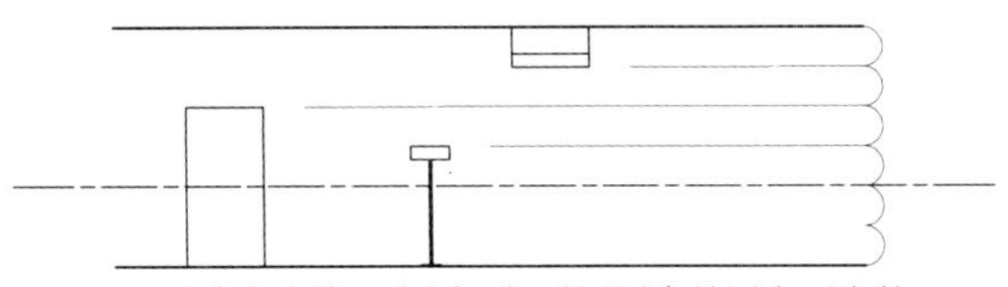

（a）视平线高度位置在同一幅透视图中是固定不变的
观察各造型高度尺寸与距离视平线尺寸的比例关系

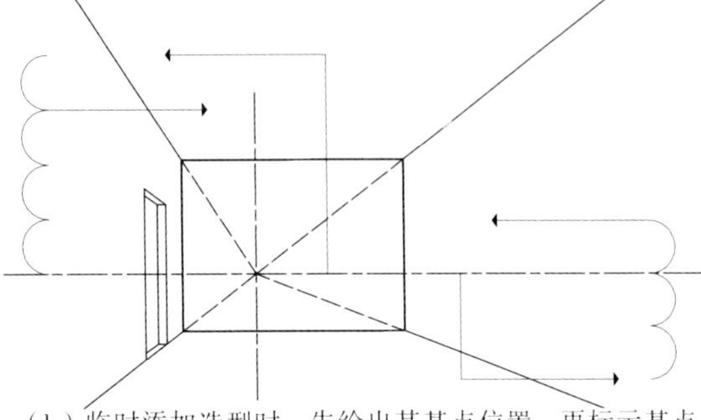

（b）临时添加造型时，先绘出其基点位置，再标示基点与视平线的距离

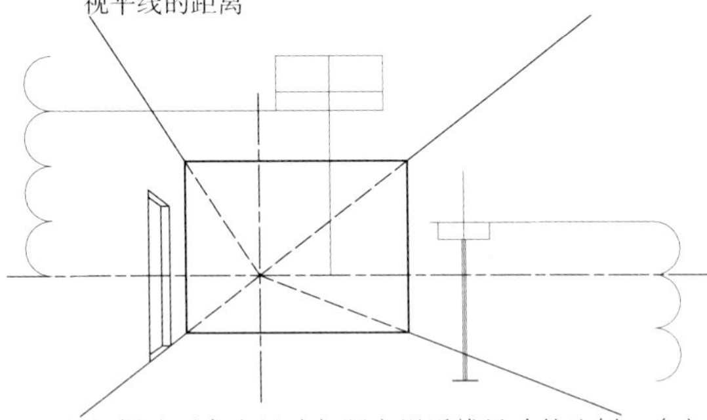

（c）根据造型高度尺寸与距离视平线尺寸的比例，确定其透视中的视看尺寸

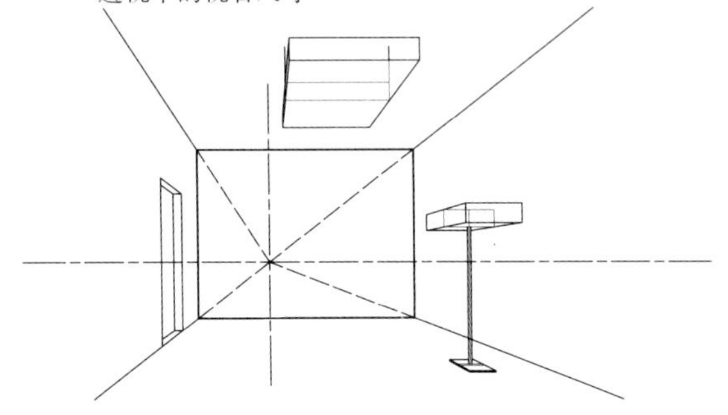

（d）再按高度和其他尺寸之比，完成整个造型

图 3-49

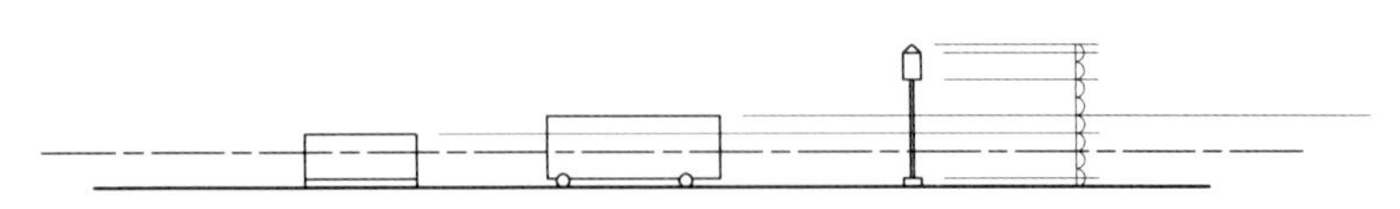

（a）视平线高度位置在同一幅透视图中是固定不变的，
观察各造型高度尺寸与视平线高度的比例关系

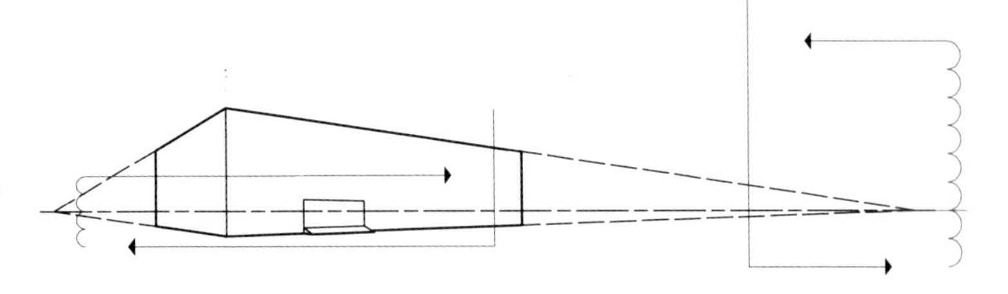

（b）添加配景时，先绘出其基点位置，基点与视平线的距离就是视平线的高度

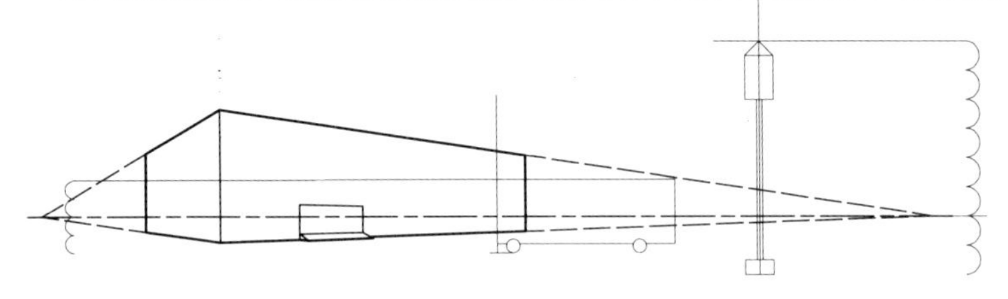

（c）根据造型高度与视平线高度的比例，确定其透视中的视看尺寸

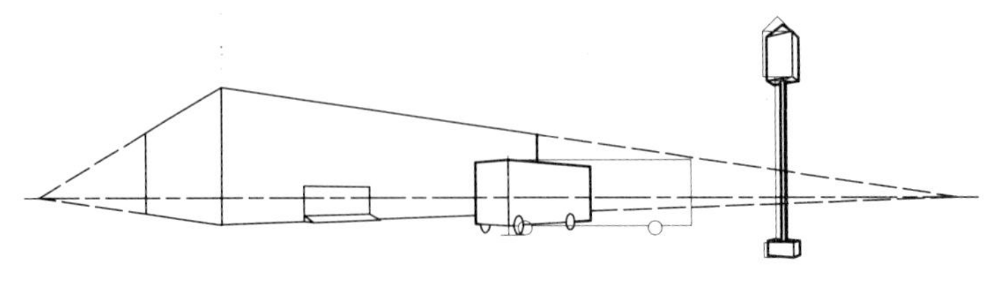

（d）再按高度和其他尺寸之比，完成整个造型

图 3-50

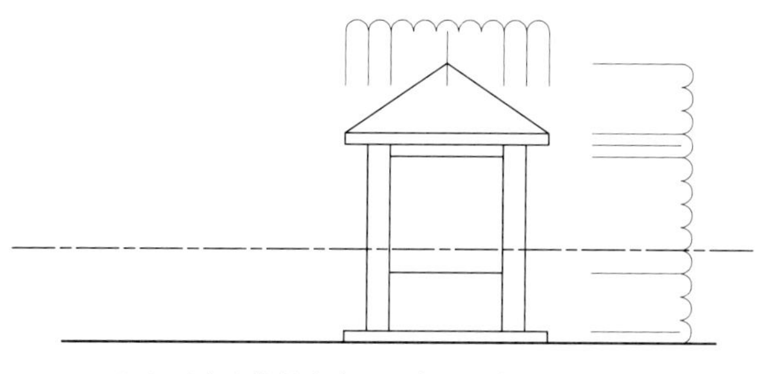

（a）远离主体的凉亭，观察造型高度与视平线的关系

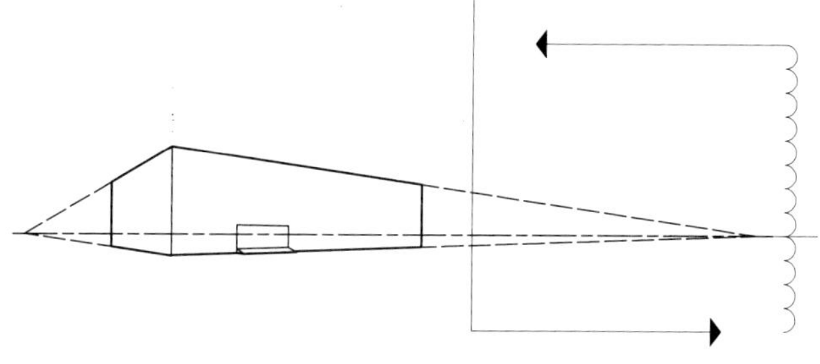

（b）确定基点，由视平线推算出总高度

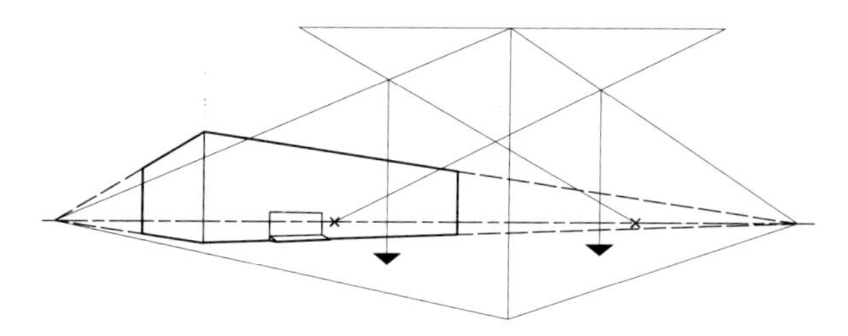

（c）根据凉亭高宽比例，以量点法求取宽度的视看尺寸

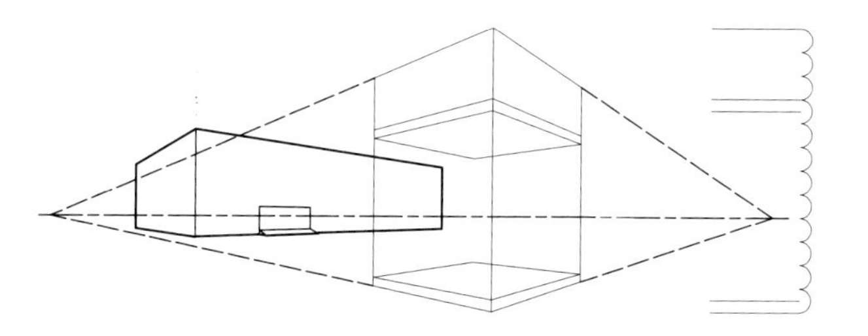

（d）在转角竖线上，划分高度方向上的细部比例

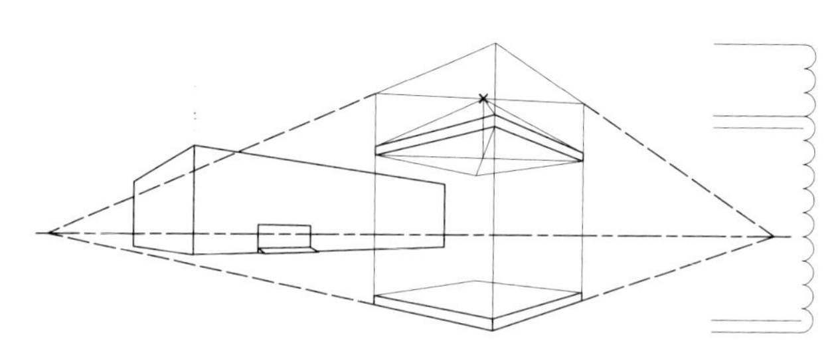

（e）以对角线法求取顶面形心，连接檐角绘出四坡顶

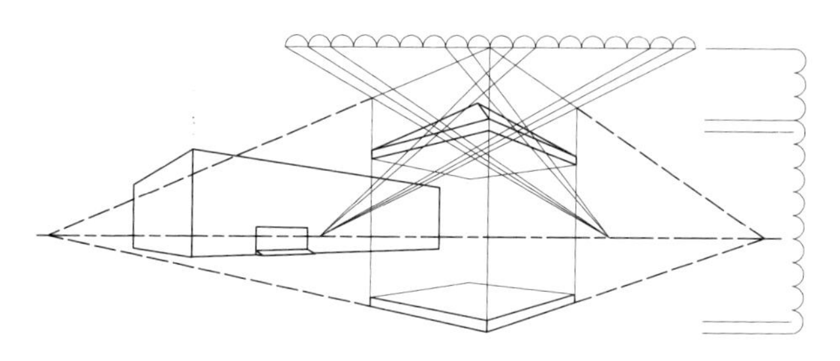

（f）根据横向细部比例，以量点法（暨消失点法）作出立柱在外围边界上的位置

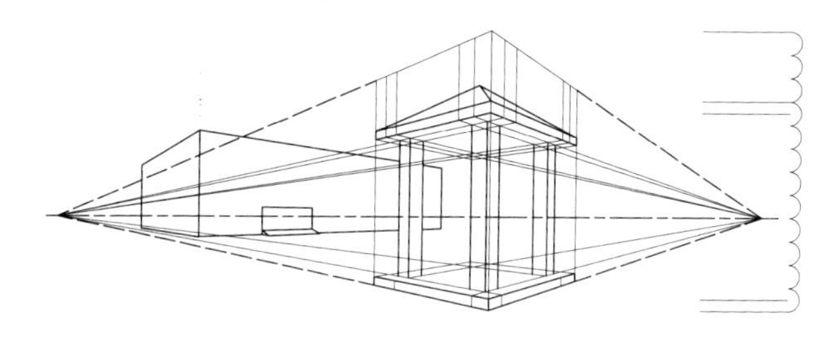

（g）将立柱位置由外围边界处“推移”到实际位置（类似于形体的加减法）

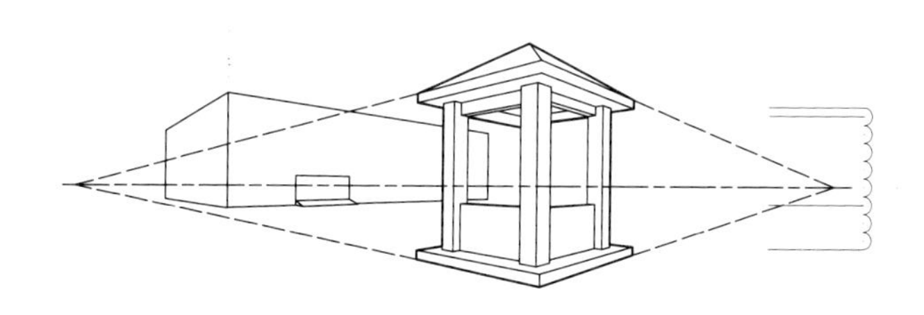

（h）再按高度方向上的比例，添加横梁与栏板等细节

图 3-51

### 3.9.5 坡屋顶画法

将所有斜线看作直角三角形的斜边，先绘制水平、竖直两条直角边，再连接两直角边的端点，就能得到斜边。对于坡屋顶，水平直角边就是进深跨度，竖向直角边就是屋顶高度。单坡顶和双坡顶都能从山墙面上直接绘制上述尺寸。四坡顶则复杂一些，需要先确定屋脊交点的位置。

**双坡顶**

图 3–52 所示为双坡顶绘制步骤。首先在山墙面上用交叉点法做出中心线，屋脊位于此线上（图 3–52（a））；墙体转角竖线上，根据相对比例确定屋顶高度（图 3–52（b））；自竖线顶端拉透视线，与山墙中心线相交，得到屋脊一个端点（图 3–52（c））；过端点作屋脊透视线，相交于另侧山墙中心线，得到屋脊另一端点（图 3–52（d））；自两端点分别连接墙角檐口，完成双坡顶造型（图 3–52（e））。

**四坡顶**

图 3–53 所示为四坡顶绘制步骤。其中主屋脊中段与双坡顶一致，可沿用其定位方法。首先做出屋脊点在纵、横墙上的定位线，对于山墙等同前例，对于横墙，则需要参照平面、根据相对比例确定（图 3–53（a））；墙体转角竖线上，根据顶、墙之间相对比例确定屋顶高度，再拉透视线与各定位线相交（图 3–53（b）），自山墙作屋脊线如同前例；纵墙上的屋脊定位点引透视线与屋脊线相交，得到屋脊两端点（图 3–53（c））；自两端点分别连接墙角檐口，完成四坡顶造型（图 3–53（d））。

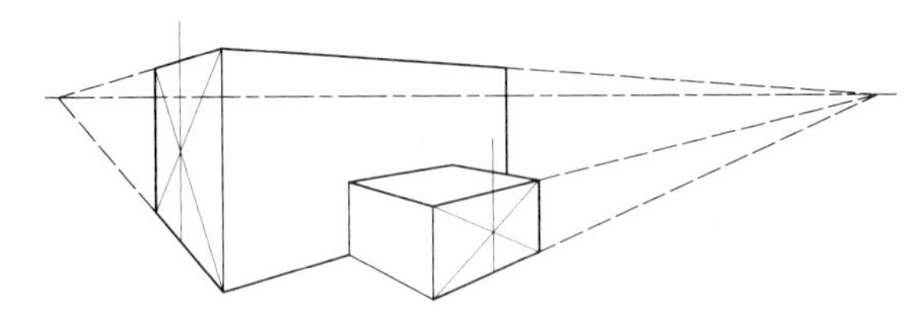

（a）山墙面上作进深中心线，向上延伸

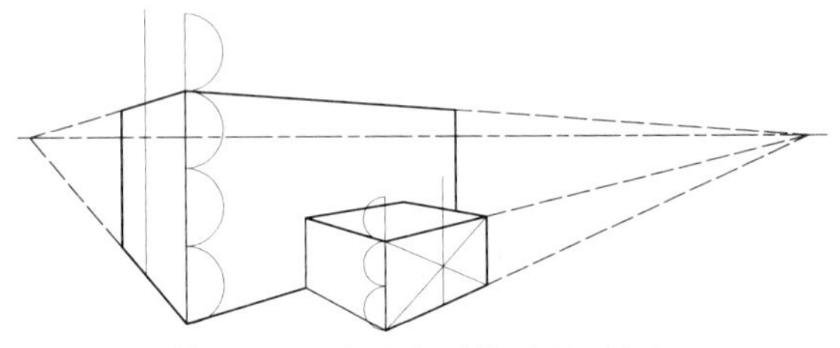

（b）墙体转角处，按所需比例作出屋顶高度

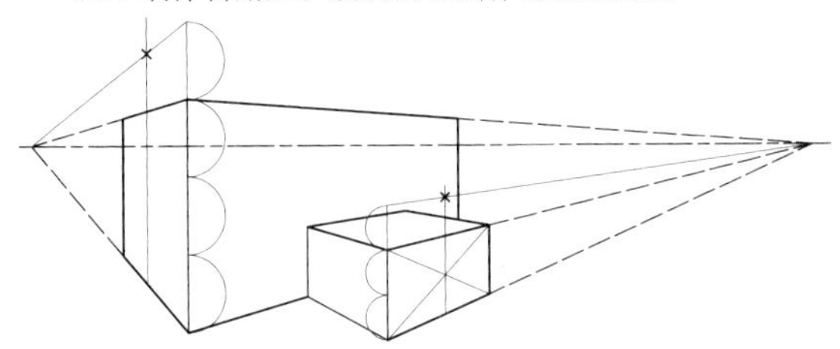

（c）拉透视线，将屋顶高度移至山墙中心线上，交点为屋脊端点

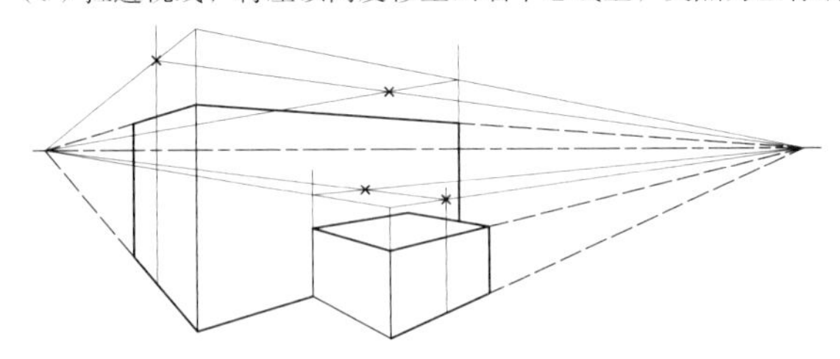

（d）作屋脊透视线，并与另侧山墙相交，得屋脊另一端点

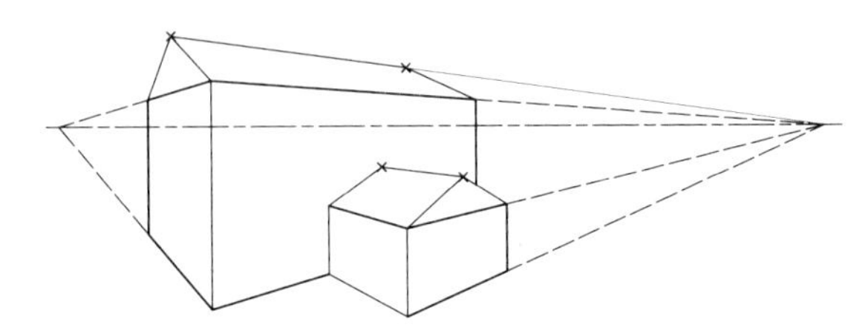

（e）画出屋脊，连接檐口，完成屋顶造型

图 3–52

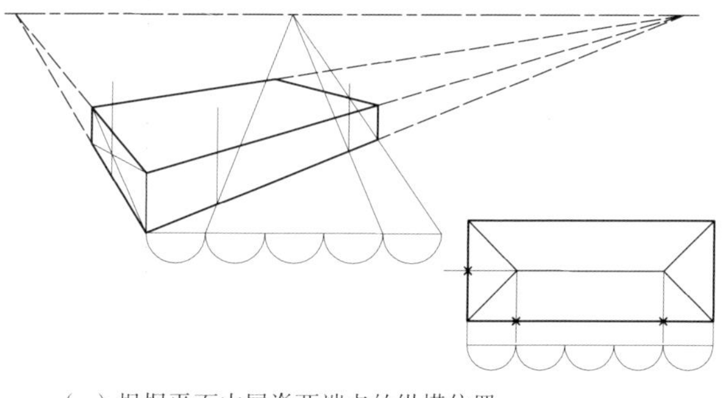
(a) 根据平面中屋脊两端点的纵横位置，
在透视图纵横墙面上划分定位，向上延伸

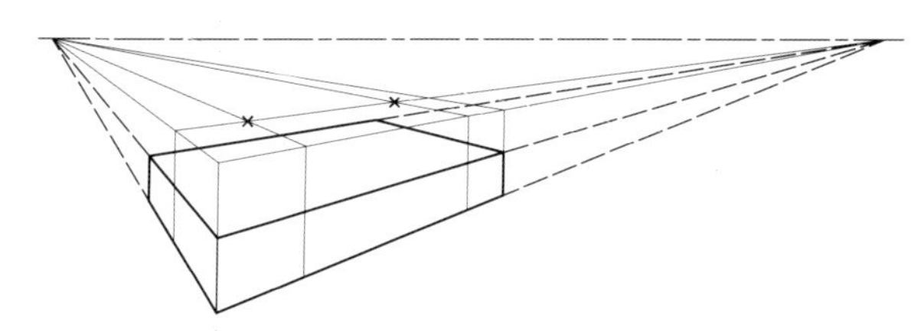
(c) 作屋脊线，并与定位线相交，得到屋脊两端点

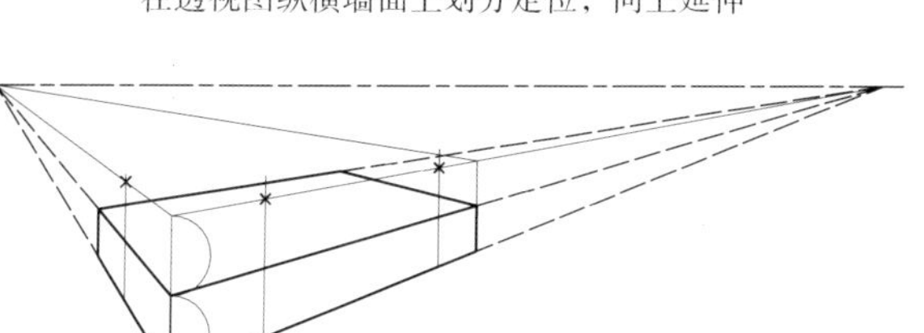
(b) 墙体转角处，按所需比例作出屋顶高度，移至各定位线上

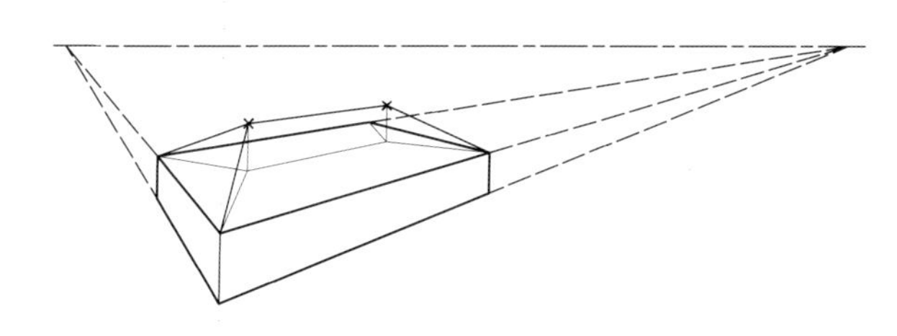
(d) 过两端点，作屋脊线，连接檐口，完成造型

注：也可将平顶面当作平面，先绘出屋面交线
再升起屋脊(如图中平顶面上细线所示)

图 3-53

## 3.10 建筑体型加减

体型加减是透视线框制作的最后环节。在制作中先要逐一经历前述的各个步骤，运用到相应的技法，示例对此一笔带过，将重点放在加减技法的灵活运用、外围边界的适当选择等方面。

### 3.10.1 单纯减法

图 3-54 所示形体，两立面均由外围边界向内局部凹陷，单纯运用减法，操作最为简便。

图 3-54（a）为形体轴测，设定长、宽、高三向分格尺寸均等，形体由一系列小立方体堆积而成。自上而下，分四行说明绘制过程。

图 3-54（b）作理想角度透视框架，按长、宽、高比例，以量点法确定外围长、宽边框。

图 3-54（c）以量点法同步定位外围的分格尺寸。外围的分格线将作为减法切割操作的起始点。

图 3-54（d）找到各内凹造型在两侧外围的转折边线，自两侧转折顶点（即切割起始点）拉内凹造型的透视线，两线相交得到内凹尽端的阴角。拉透视线时，务必仔细判断内凹造型两侧的左右走向，寻找到正确的消失点。

图 3-54（e）是擦除辅助线后，完成的形体。

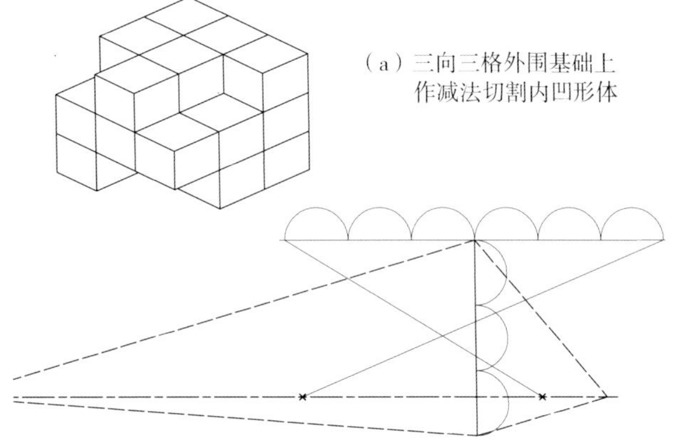

（a）三向三格外围基础上
作减法切割内凹形体

（b）以高度定长、宽，均分三格，
左右量点交叉引线

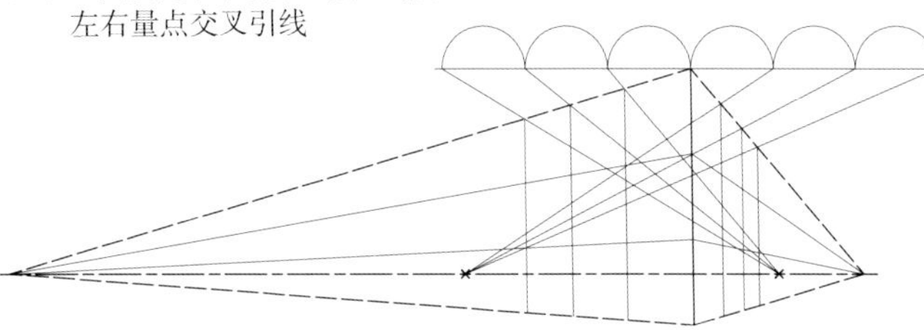

（c）同步完成外围边框与分格线

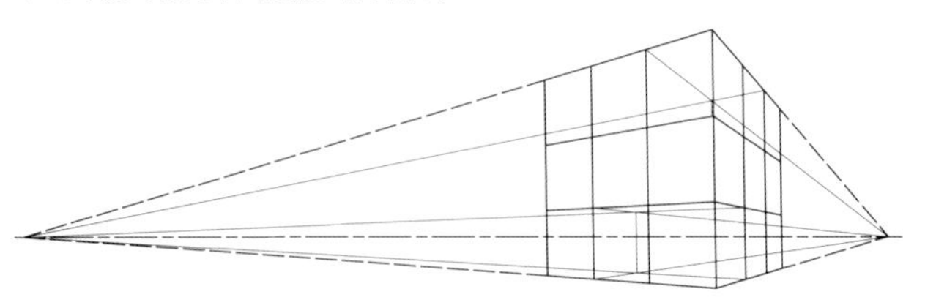

（d）外围边框上定位切割起始点，
拉透视线，相交得到内凹转折点

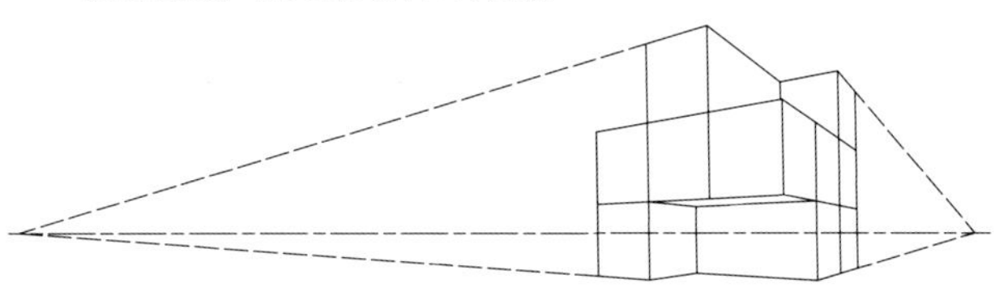

（e）擦除辅助线，完成形体

图 3-54

（a）三向三格外围基础上
作加法延伸外凸形体

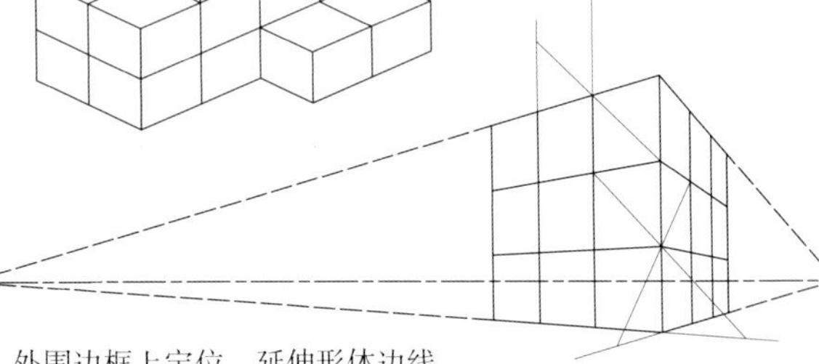

（b）外围边框上定位，延伸形体边线，
运用“日”字延伸法，确定外凸尺寸

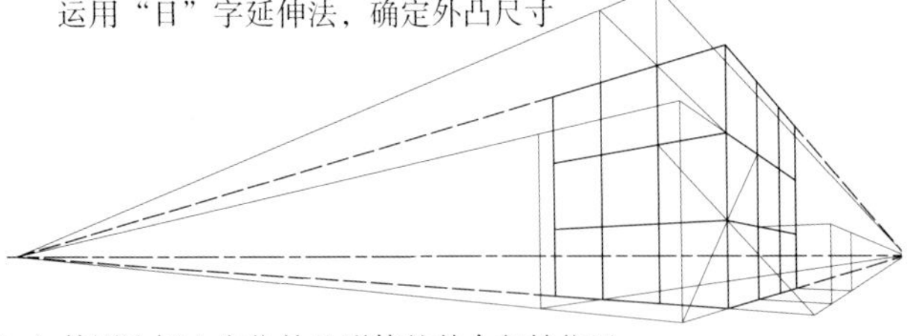

（c）外围边框上定位外凸形体的其余起始位置，
拉透视线，求得外凸形体全部边界线

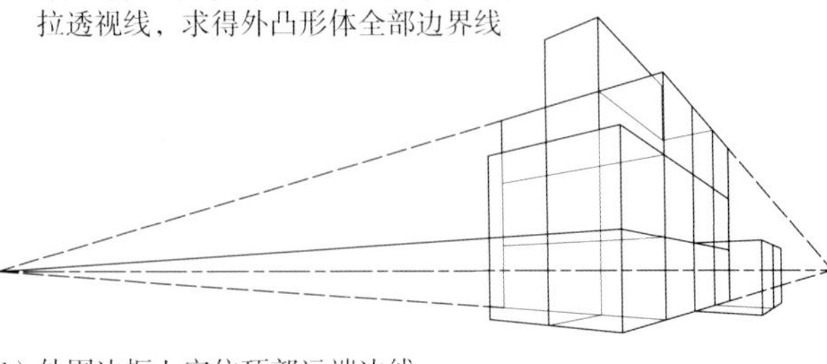

（d）外围边框上定位顶部远端边线，
勾略形体外廓，擦除辅助线

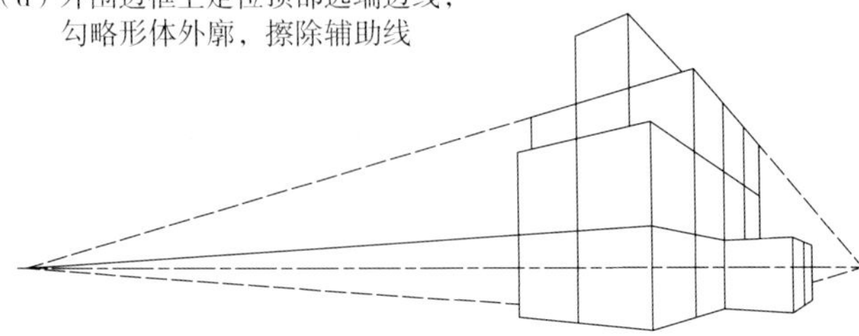

（e）擦除遮挡部分，完成形体

图 3-55

### 3.10.2 单纯加法

图 3–55 所示形体，两立面与顶面均由外围边界向外局部凸起，单纯运用加法。由于外凸造型或坐落地面，或平接墙面，方便直接定位。

图 3–55（a）为形体轴测，形体同样由一系列小立方体堆积而成。自上而下，分四行说明绘制过程。

图 3–55（b）透视框架及外围边框与例前相同；自外围转角地面处，沿两侧透视方向向前延伸；利用两侧外围分格线，以“日”字延伸法推延一格，作为外凸的尺寸；顶面外凸高度可直接量取，也可延伸定位。

图 3–55（c）自两侧外凸造型的地面位置向上拉竖向线，向远拉透视线；自两造型在外围分格线上的起始点，向外（向前）拉透视线；相交围合得到造型外廓。

图 3–55（d）定位顶面外凸造型的远端边线——在外围边界（不可见）的顶面上，由两侧分格线相应位置引透视线，相交得外凸远端的起始点；由此向上作竖线相交于外凸顶廓的透视线，得到远端边线；该边线因被遮挡而不必绘正。此行还在两侧外凸造型表面增补了分格线。

图 3–55（e）擦除辅助线和遮挡部分，完成形体。

注意，若被遮挡的态势显而易见时，不必徒劳求作。此处示例旨在讲解不可见顶面上定位形体的步骤。

### 3.10.3 悬挑加法

图 3–56 所示形体，两立面与顶面的局部外凸均悬置于外围中部，尤其顶部“塔楼”比较复杂，定位时需要从外围边界向内部推延。

图 3–56（a）为形体轴测。图 3–56（b）先定位外凸造型的高度和外凸尺度——于外围转角，自外凸对应的分格高度，沿两侧透视方向，以“日”字法推延一格，由此做出墙面上统长的外凸条带。注意左端外凸超出外围边界，需要推延一格。

图 3–56（c）定位外凸在宽度方向上的起止位置，注意左端外凸的底面（顶棚面）应向远处延伸。

图 3–56（d）求取“塔楼”造型。先在外围边界（不可见）的顶面上，由两侧引线相交得到“塔楼”底廓线，遂作竖线升起；然后在左侧外围表面上，选取对应于“塔楼”边界的分格线，向上延伸并截取凸起高度（按比例直接量取）；自外围上的高度点向远处拉透视线，相交于竖线，由此获得“塔楼”造型。

图 3–56（e）—图 3–56（g）示例求取“塔楼”造型的另一种方法。图 3–56（e），先在外围转角处向上延伸至“塔楼”高度，并向左右拉透视线；将外围两侧对应于“塔楼”边界的分格线向上延伸，相交于高度透视线。这相当于“塔楼”在两侧外围表面的立面投影。

图 3–56（f）自“塔楼”两侧立面投影的顶角，左右拉透视线，相交得到“塔楼”的顶廓线，遂向下作竖线。图 3–56（g）是擦除辅助线后的完成造型。

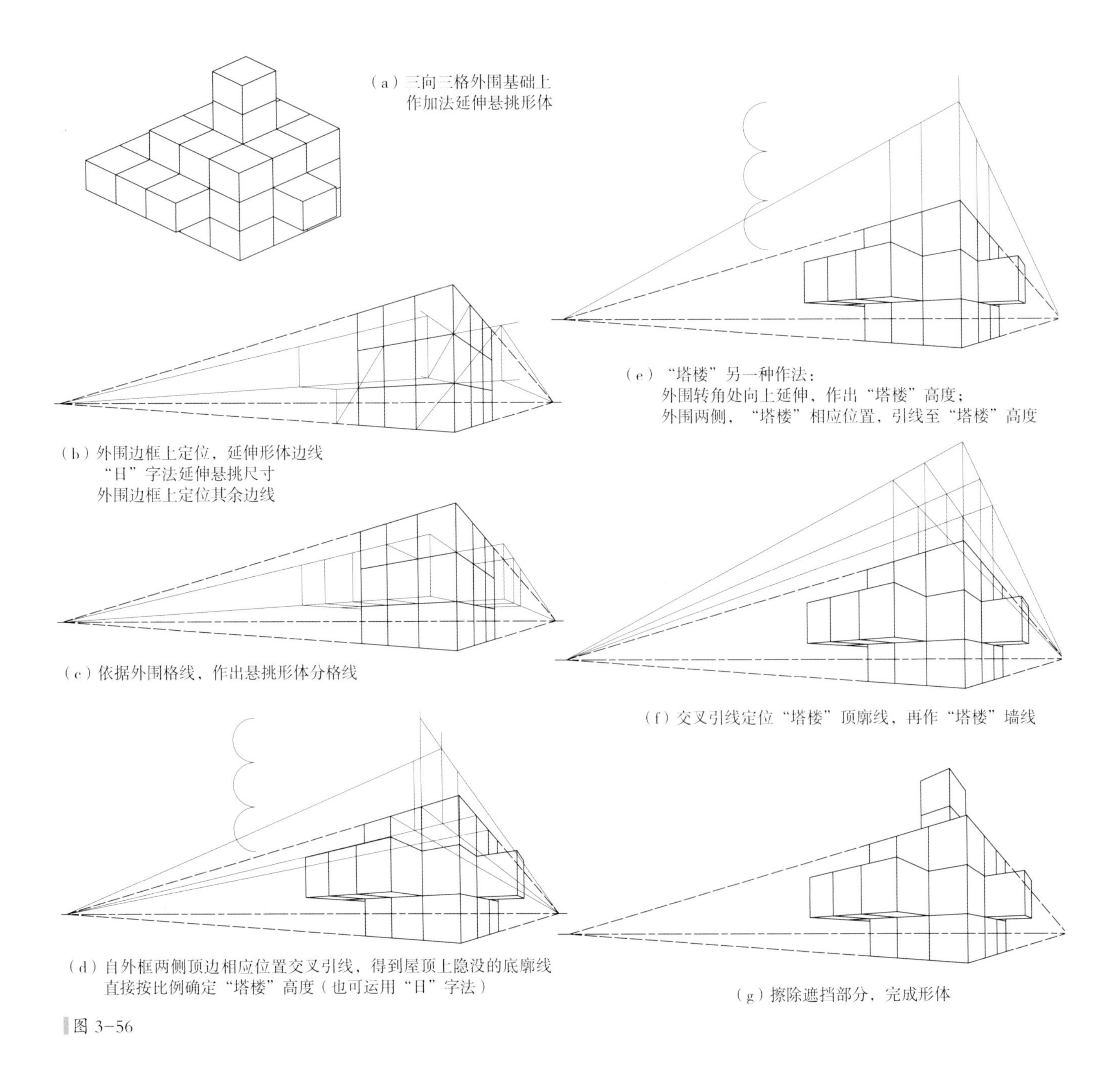

（a）三向三格外围基础上
作加法延伸悬挑形体

（b）外围边框上定位，延伸形体边线
“日”字法延伸悬挑尺寸
外围边框上定位其余边线

（c）依据外围格线，作出悬挑形体分格线

（d）自外框两侧顶边相应位置交叉引线，得到屋顶上隐没的底廓线
直接按比例确定“塔楼”高度（也可运用“日”字法）

（e）“塔楼”另一种作法：
外围转角处向上延伸，作出“塔楼”高度；
外围两侧，“塔楼”相应位置，引线至“塔楼”高度

（f）交叉引线定位“塔楼”顶廓线，再作“塔楼”墙线

（g）擦除遮挡部分，完成形体

图 3-56

### 3.10.4 加减混合

图3-57(a)所示形体既有外凸，又有内凹，需要加减并用。技法与前例类似，难点在于形体连续凹凸转折的部位，容易混淆透视方向，建议对照顶部轴侧图，仔细判断各处的转折走向。

此例的教学重点是分析外围边界的选择。图示左右对照，说明了外围选取适当与否，影响到最终造型的观感效果。

**外围偏小**

图3-57（b）以“日”字法延伸定位顶部上凸，右侧远端外凸，左侧前凸。其中前凸部分先呈统长条带，左边顶靠外围转角，制作方便；右边则向远处延伸一格。

图3-57(c)选取左侧外围表面相应的分格线(×标记)，向前拉透视线定位前凸的起始边线，再向后拉透视线；自右侧外围分格线向左拉透视线，相交定位内凹阴角。由此作出该局部造型的连续凹凸转折。右侧外围上悬挑外凸的做法与前例类似。

图3-57（d）完成造型。由于左端前凸远远超出外围边界，变形严重，损害观感。此时必须调整外围边界。

**外围增大**

图3-57（e）—图3-57（h）重新选择外围边界，深度增为四格、宽度增为六格，将最左一格留在边界之外。并改变视角，互换形体正侧比例，避免左侧凸起前伸。

图3-57（e）是改变后的外围边界。图3-57（f）由于外围增大，操作以减法为主。原位于左侧外围的墙面现需要减法切割，顶部凸起的定位则类似“塔楼”求法。

图3-57（g）是加法操作。左端外凸超出外围，需要延伸一格；悬挑部分亦用加法。

图3-57（h）与左侧对照可见，重定外围边界后，最终观感更契合理想透视效果。

### 3.10.5 提升视点

图3-58所示为前例形体转成背面观看的视图。提升视点，使视平线划分形体为上一下四的比例，俯瞰表达屋顶层次。

图3-58（a）为形体轴侧。图3-58（b）做出两侧的外凸，和外围转折处顶部的内凹。

图3-58（c）由外围先升高度，而后内推，做出“塔楼”。

图3-58（d）所示，形体大部分位于视平线以下，低层可见屋顶，顶层则仍显高耸。层次丰富，观感生动。

### 3.10.6 化加为减

图3-59(a)的形体与前例相同。示例采用扩大外围边界，涵盖全部形体的方法，以期单纯运用减法，简化操作。图例左右对照，再次说明外围边界的适当选择对最终观感的影响。

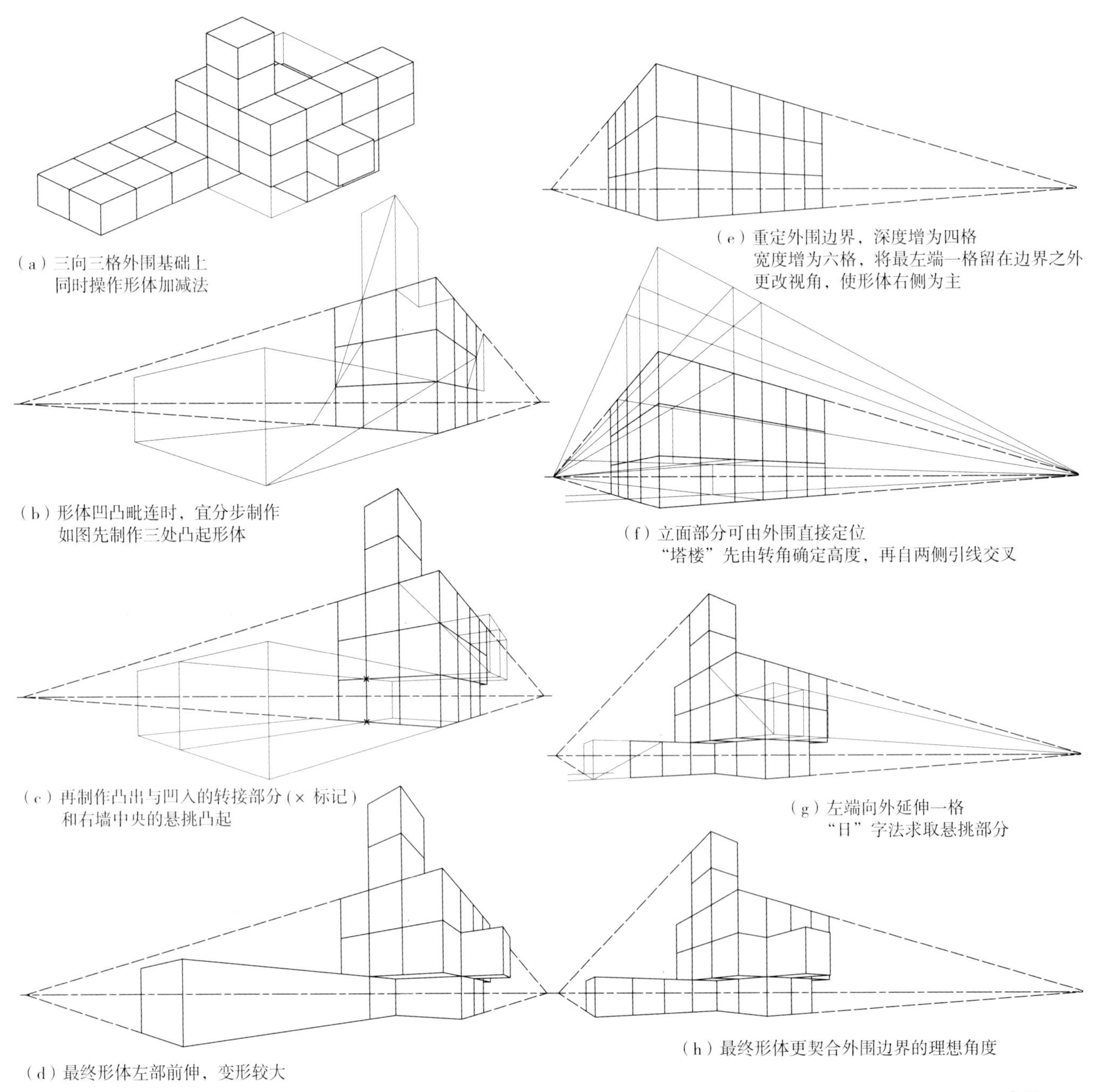

（a）三向三格外围基础上
同时操作形体加减法

（b）形体凹凸毗连时，宜分步制作
如图先制作三处凸起形体

（c）再制作凸出与凹入的转接部分（× 标记）
和右墙中央的悬挑凸起

（d）最终形体左部前伸，变形较大

（e）重定外围边界，深度增为四格
宽度增为六格，将最左端一格留在边界之外
更改视角，使形体右侧为主

（f）立面部分可由外围直接定位
“塔楼”先由转角确定高度，再自两侧引线交叉

（g）左端向外延伸一格
“日”字法求取悬挑部分

（h）最终形体更契合外围边界的理想角度

图 3-57

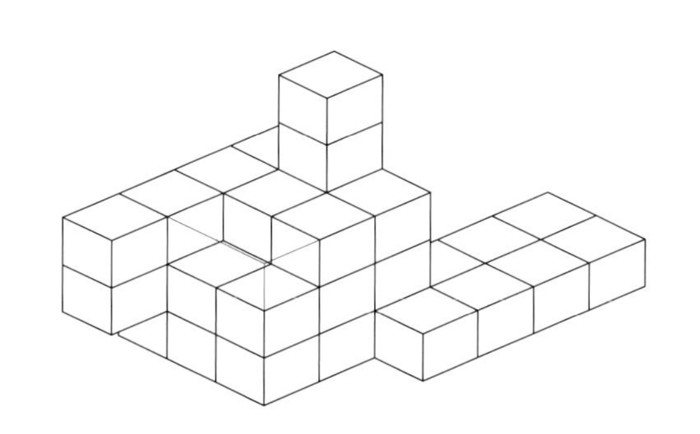

（a）三向三格外围基础上
同时操作形体加减法
此例为上例背向观看

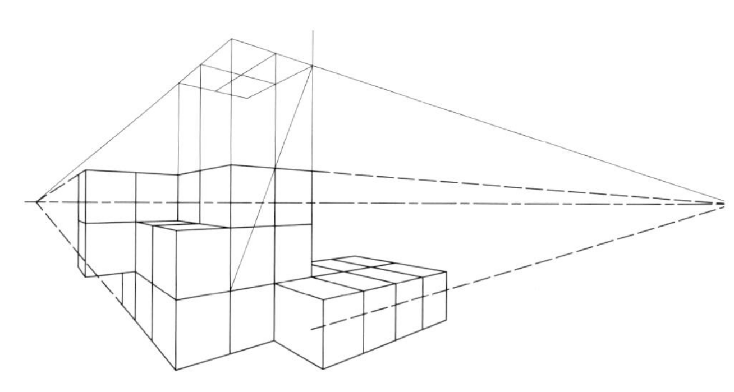

（c）“日”字法确定“塔楼”凸起高度
由此高度作“塔楼”外围框架
自外框两侧分格点拉透视线，相交得到“塔楼”顶部

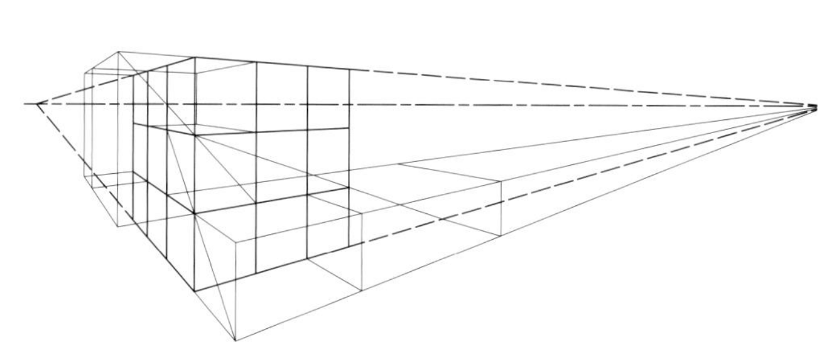

（b）三次运用“日”字法，分别制作
正面底层向前、向右延伸，和楼层向左延伸
正面左上角向内凹入

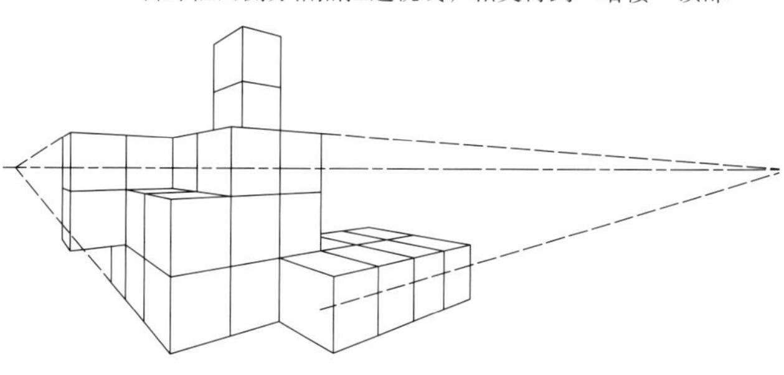

（d）完成全部形体

图 3-58

**外围偏大**

图 3-59（b）所示，以长、宽、高各七、四、五格的外围边界涵盖了全部形体。图 3-59（c）在外围边界上直接选取局部造型边界。图 3-59（d）自两侧外围重复向内引线，完成各处造型。图 3-59（e）由顶面外围定位“塔楼”顶廓，由两侧外围定位“塔楼”底廓。

如图 3-59（f）所示，以七、四、五格作为理想角度框架时，由于最终形体大幅度缩减，最终观感偏离了预设的理想效果。

**外围收缩**

为此改换三向三格作为理想框架，在此基础上再扩展到七、四、五格，以期最终形体缩减之后，仍能保持预设的理想观感。

图 3-59（g）粗线为三向三格，遂扩展至七、四、五格。图 3-59（h）同样由外围定位局部造型，向内引申。图 3-59（i）完成下部造型。图 3-59（j）制作“塔楼”造型。图 3-59（k）完成形体，最终观感契合理想角度。

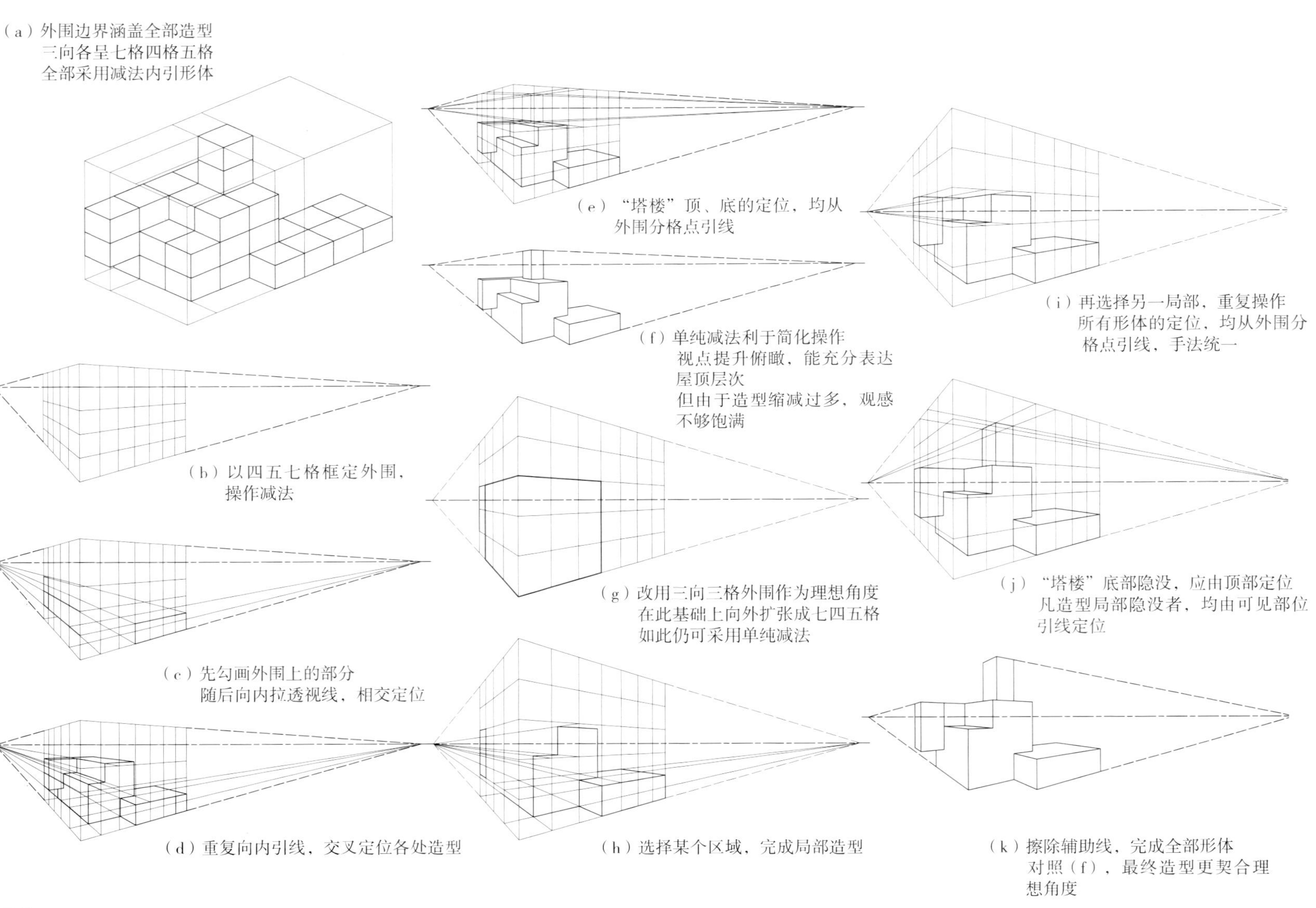

（a）外围边界涵盖全部造型
三向各呈七格四格五格
全部采用减法内引形体

（b）以四五七格框定外围，
操作减法

（c）先勾画外围上的部分
随后向内拉透视线，相交定位

（d）重复向内引线，交叉定位各处造型

（e）“塔楼”顶、底的定位，均从
外围分格点引线

（f）单纯减法利于简化操作
视点提升俯瞰，能充分表达
屋顶层次
但由于造型缩减过多，观感
不够饱满

（g）改用三向三格外围作为理想角度
在此基础上向外扩张成七四五格
如此仍可采用单纯减法

（h）选择某个区域，完成局部造型

（i）再选择另一局部，重复操作
所有形体的定位，均从外围分
格点引线，手法统一

（j）“塔楼”底部隐没，应由顶部定位
凡造型局部隐没者，均由可见部位
引线定位

（k）擦除辅助线，完成全部形体
对照（f），最终造型更契合理
想角度

图 3-59

综合以上各例，针对复杂的形体组合，应根据形体的“核心”部分，先取较为“紧凑”的外围边界，而后再将边界扩展涵盖全部形体。如此既可简化操作，又能确保观感。

### 3.10.7　坡屋顶例

图 3-60 示例坡屋顶的形体处理，有“塔楼”尖顶，主体双坡，门头四坡、顶呈阳台，以及低层双坡单侧延伸悬挑等，涵盖了大部分坡顶形式。

图 3-60 左侧轴测图，中部以小立方体组合、表达坡顶以下的形体比例；上部以底、顶对照方式，分别绘制各处坡顶。底、顶对照中，在底平上以小方格延伸定位挑檐尺寸；在竖向上按小方格比例定位屋脊高度。其中挑檐小方格设为大方格的 1/4；“塔楼”尖顶坡度设为 1∶1；其余坡顶坡度均为 1∶2。

图 3-60（f）是最终完成的形体。

图 3-60（g）以长、宽、高各九、六、五格的外围边界，作透视框架，并延伸定位门头局部。取较高视平线，上下约 1 ∶ 4 的比例，便于充分表达屋面造型。

图 3-60（h）切割完成坡顶以下部分。图中以细线绘出被遮挡的局部轮廓，以便清晰观察各处的形体交接，实务中不必求取。底平上作局部方格，准备下一步定位挑檐、屋脊。

图 3-60（i）求作挑檐、屋脊。由底平小方格延伸得到挑檐尺寸，上推至檐口位置；将檐口下部、立面竖向的一格高度进行等分、并按左侧轴测所示的预设比例向上推延，定位屋脊高度。此图集合了大量制作步骤，宜参照字母顺序逐一观察：a 作塔楼底平小方格，先在底平上定位挑檐外廓；b 向上推至檐口；c 自塔楼底平中心点作竖线上升，于檐下立面取高度格、等分上延、得到脊（顶）高度，再推至中心竖线位置；d 主体右转角处作底平小方格，定位挑檐；e 向上推至檐口；f 底平定位进深中点、作竖线上升，檐下立面取高度格、等分上延，再推至中点竖线；g 求取主体坡顶与塔楼立面“咬合”的小段坡面，由塔楼底平右角小方格上推、定位“咬合”的水平位置，由主体底平右角小方格上推、定位“咬合”处的坡面高度；h 作低层左转角处底平小方格，定位挑檐；i 向上推至檐口，注意与塔楼立面的小段“咬合”；j 檐下立面、进深中点竖线上、取高度格、等分上延定位屋脊；k 完成被遮挡的屋面，当坡面右斜线有部分显露时，就必须如此求作，若如图右斜线全部遮挡时（或预计将大量遮挡时），则无需求作。

图 3-60（j）低层左角作延伸悬挑，m 由底平相应位置上推、定位悬挑檐口；门头部分，n 由底平定位挑檐和阳台范围；p 上推至檐口；q 由立面方格等分上延、定位屋脊、暨阳台檐口。

图 3-60（k）加作各处檐板高度，和阳台檐墙厚度。设取檐板高度和檐墙厚度均为立面方格的 1/10。r、s 两处檐板靠墙，可直接获取；t 处檐板离墙，需将立面尺寸外推；山墙处 u、v 分别定位檐口、屋脊，再连接斜线；w 山墙与檐板交接的斜线相应下移；x 以消失点法等分阳台宽度（立面方格），再推至檐墙三边。

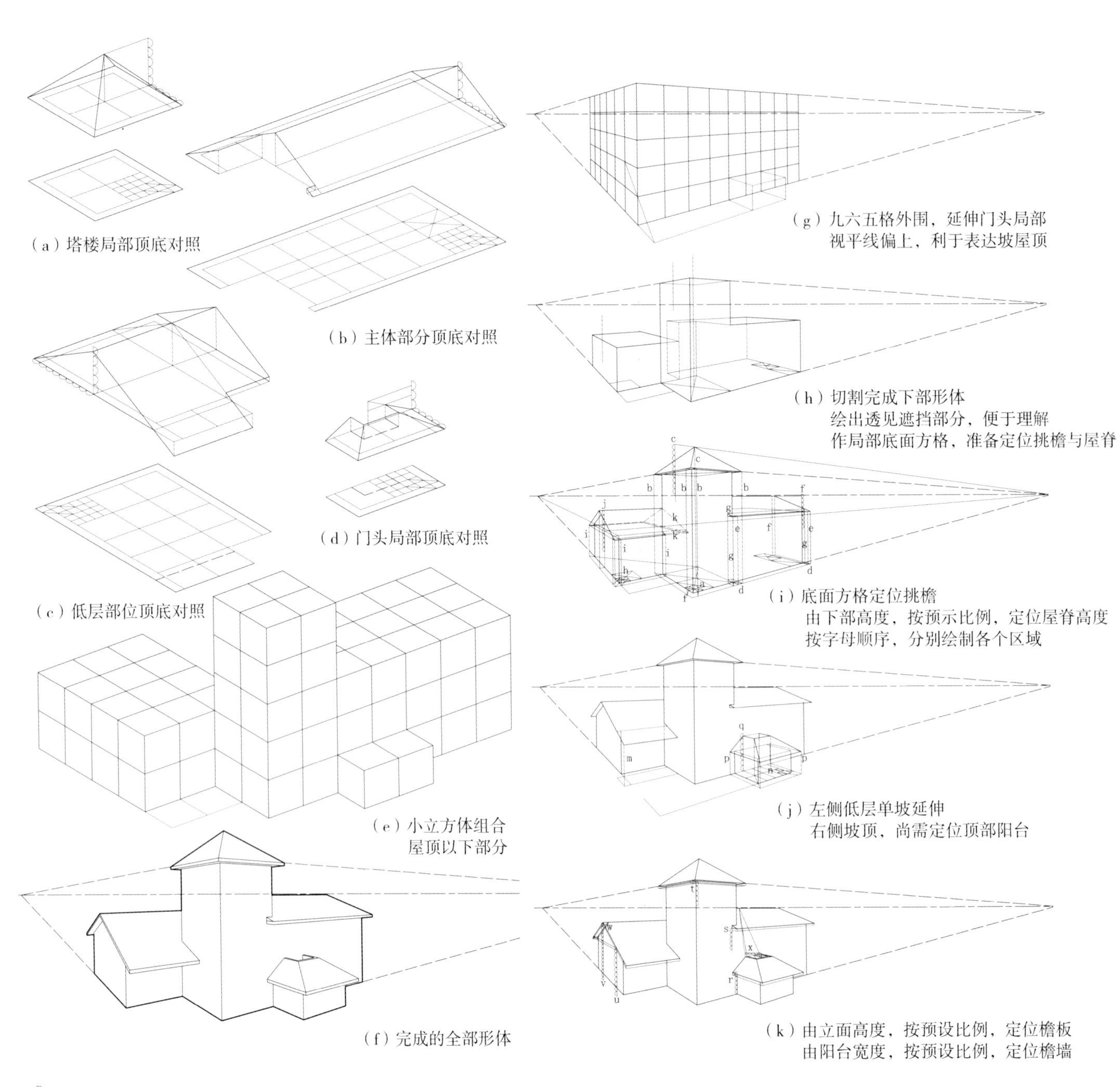


（a）塔楼局部顶底对照

（b）主体部分顶底对照

（c）低层部位顶底对照

（d）门头局部顶底对照

（e）小立方体组合
屋顶以下部分

（f）完成的全部形体

（g）九六五格外围，延伸门头局部
视平线偏上，利于表达坡屋顶

（h）切割完成下部形体
绘出透见遮挡部分，便于理解
作局部底面方格，准备定位挑檐与屋脊

（i）底面方格定位挑檐
由下部高度，按预示比例，定位屋脊高度
按字母顺序，分别绘制各个区域

（j）左侧低层单坡延伸
右侧坡顶，尚需定位顶部阳台

（k）由立面高度，按预设比例，定位檐板
由阳台宽度，按预设比例，定位檐墙

图 3-60

## 3.11 室内体型加减

室内一点透视的加减操作，相比建筑更为清晰简便。形体横向无透视变形，横平竖直，可以直接按比例量取尺寸；纵向透视引线仅有一个消失点，不至于混淆。

定位形体横向高、宽时，尽量自外围边界（后墙面放大到最前端处）量取尺寸，避免在后墙面量取。因为制作误差是不可避免的，前端定位有利于误差向后缩减，后端定位则导致误差向前扩大。

### 3.11.1 增添家具

图 3-61 示例室内家具形体的绘制。透视线框阶段仅需制作长方体外廓，细部特征留待后续添加。图 3-61（a）和图 3-61（b）标示了家具平面与房间纵横尺寸的关系，家具立面与房间高度的关系。

图 3-61（c）绘制房间透视。先作后墙面，再按纵深与后墙宽度之比确定外围边界。

图 3-61（d）定位各家具的平面底廓。横向位置可在外围边界的地面上直接量取；纵深位置需要以对角线法划分纵墙后确定。

图 3-61（e）于外围边界的左右纵墙上定位家具高度。设想各家具向前延伸、顶靠外围边界，根据外围上的高度拉升家具，相当于外围上的立面投影；自各顶角向后拉透视线，绘制一系列靠足外围的长方体。左后家具因高达顶棚，可沿纵墙直接拉升抵达墙顶交线。

图 3-61（f）绘制各家具的立面廓线。自各家具平面的底廓顶角绘制竖线，上升相交于先前的透视线。

图 3-61（g）擦除遮挡部分，完成形体。

添加家具是室内体型加减的常规内容，虽然工作量大，但技法单纯，操作简便。唯当形体众多时有大量遮挡，应注意合理选择视点。

### 3.11.2 墙面凹凸

图 3-62 示例室内墙面具有局部凹凸时的加减处理。遇到此类室内空间时，首先应当确立一个完整的矩形平面，在此基础上加减凹凸。该矩形宜与实际形体轮廓有最多的重合。若以最远凹入或最近凸出的部位为界，将会造成更多的加减操作，或增加工作量，或增加技法难度。

图 3-62（a）和图 3-62（b）两图分别标示了带有凹凸的房间平面，以及凹凸局部与房间高度的关系。以阴影矩形部分作为绘制房间透视的基础平面。

图 3-62（c）根据阴影矩形绘制后墙面和外围边界，划分纵深比例。

图 3-62（d）定位各界面凹凸局部的平面底廓和洞口高度。定位方法与前例的家具操作基本相同。左右洞口横向内凹尺寸，可在外围边界的地面上，按比例向两侧延伸量取。

图 3-62（e）求取后墙面洞口的内凹尺寸。由于局部内凹超出了现有纵墙的范围，需要即时运用透视划分方法求取尺寸，先采用对角线法。沿用纵墙划分的对角线并向内侧（远侧）延长，将竖向等分向上延伸一格，相交

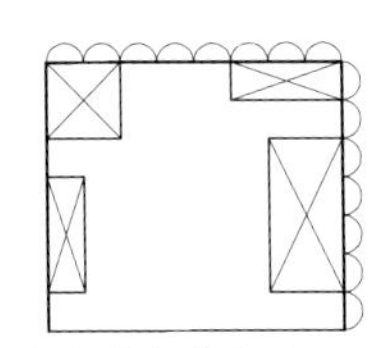

（a）家具长方体仅作加法
标示尺寸位置与平面的关系

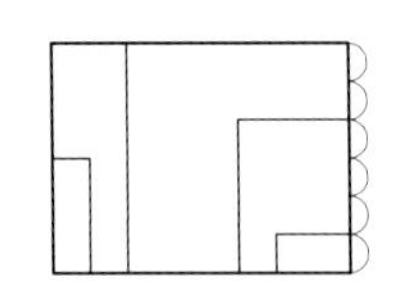

（b）标示高度与立面的关系

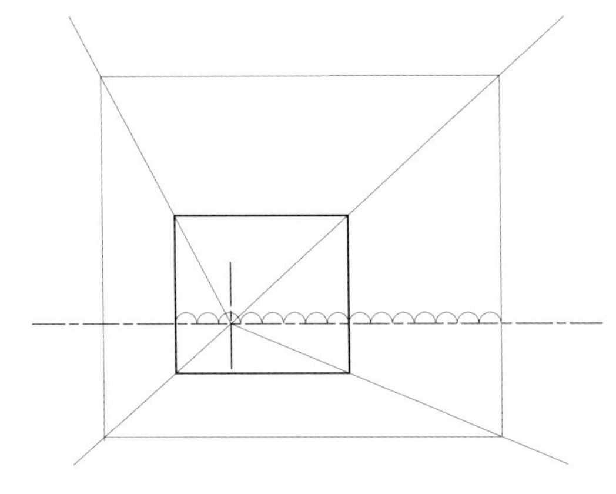

（c）绘制后墙面，选择视点，建立透视框架
按比例确定纵深，绘制外围边界

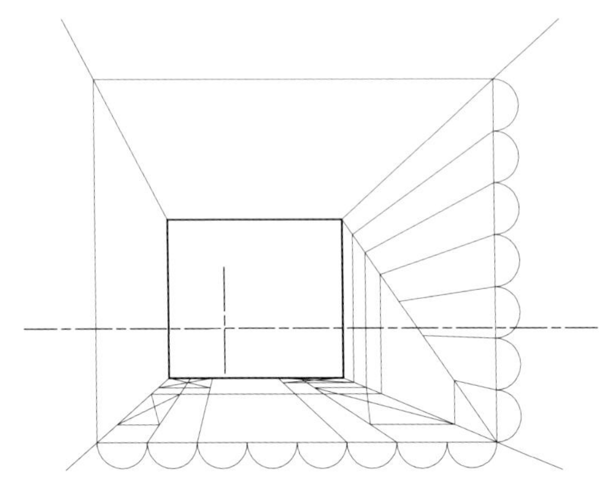

（d）家具横向尺寸、位置，按比例直接定位
纵深方向需运用透视划分，示例采用对角线法
由此在地面上绘制出各家具的平面

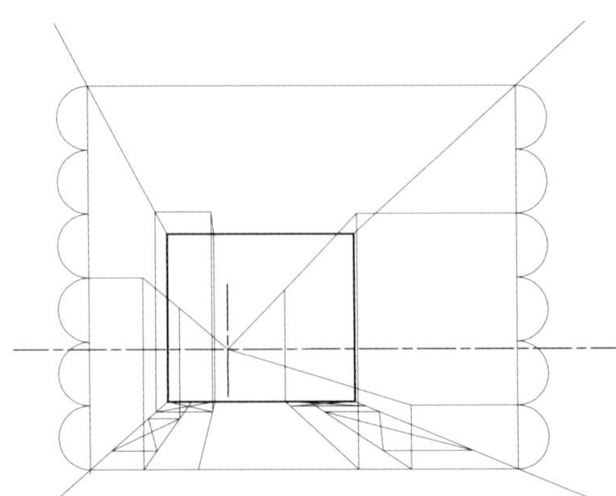

（e）设想各家具向前顶靠住外围边界
在外围边界处标示立面高度，按比例确定各家具高度
竖向拉升家具，自家具顶角向远处拉透视线

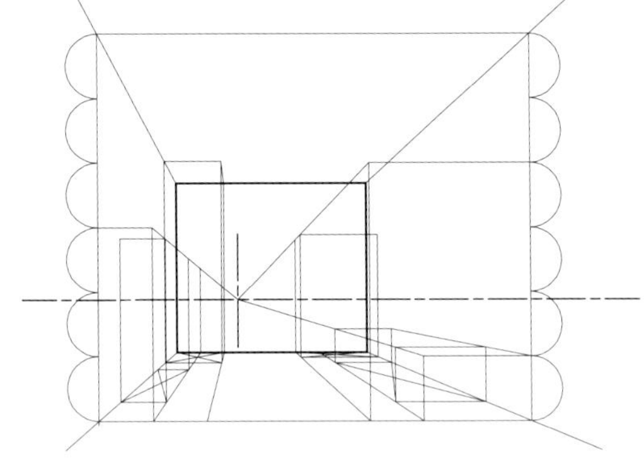

（f）由家具平面转角拉升竖线，相交于纵向透视线
遂绘制出各家具的全部外廓

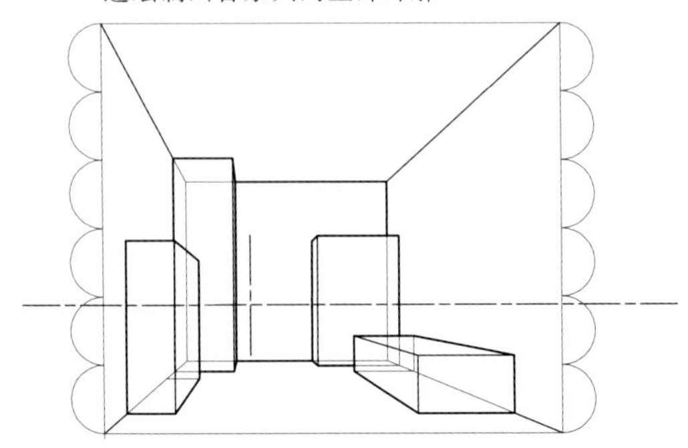

（g）擦除遮挡部分，完成造型

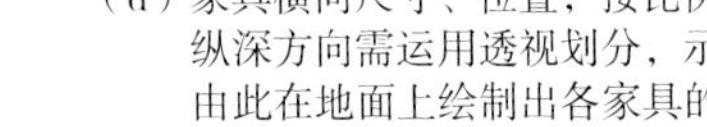

图 3-61

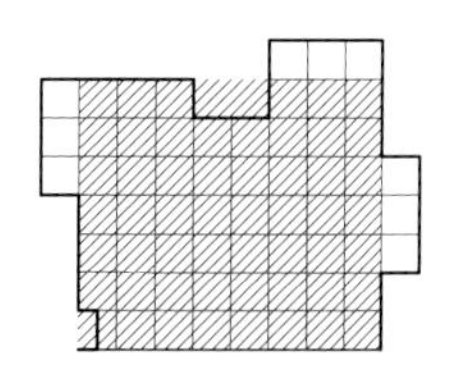

（a）墙面长方体凹凸，作加减法
标示尺寸位置与平面的关系
阴影矩形为房间透视的基础

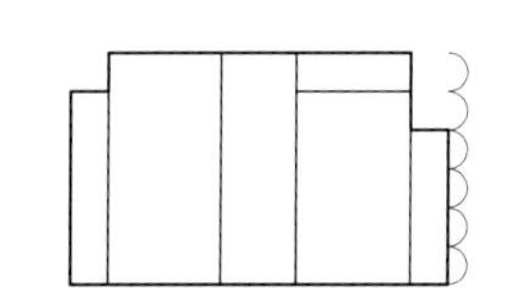

（b）标示高度与立面的关系

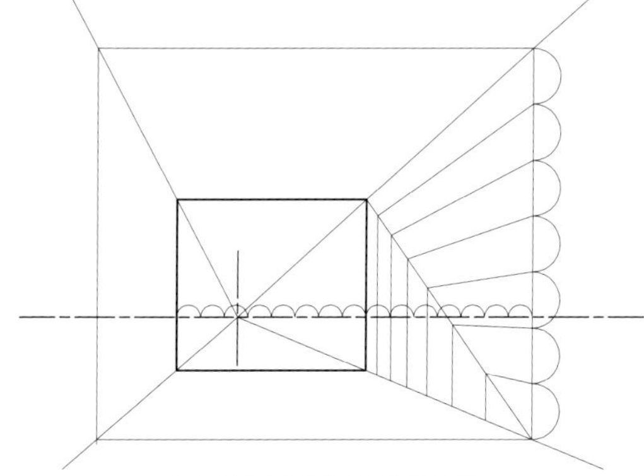

（c）绘制后墙面和外围边界
对角线法划分纵深比例

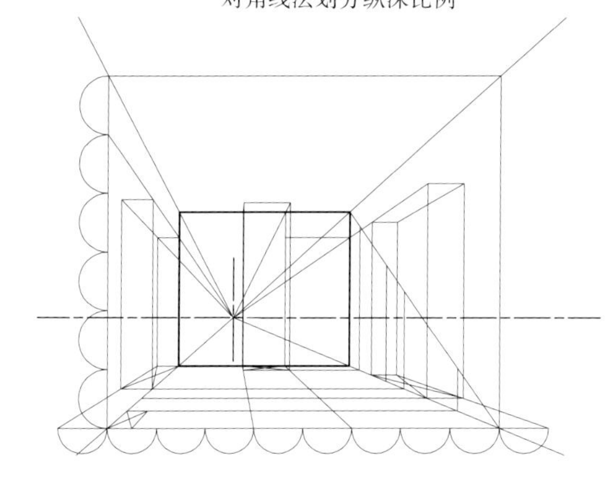

（d）按纵横划分比例定位各凹凸部分的平面
按立面高度比例定位各凹洞的上沿
洞口横向凹入可按比例直接延伸，纵向留待后续
左柱造型将遮挡洞口，为避免混淆，亦留待后续

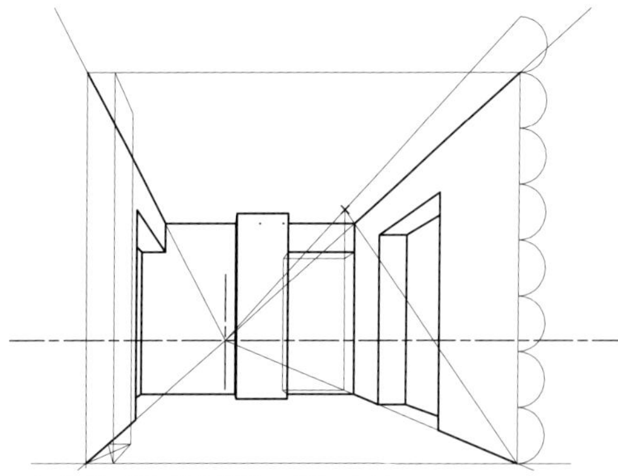

（e）绘正已完成部分，添加左柱
求取后墙面洞口的纵深凹入尺寸，先示例对角线法
延长纵墙对角线，可使高度延伸转换为纵深的延伸

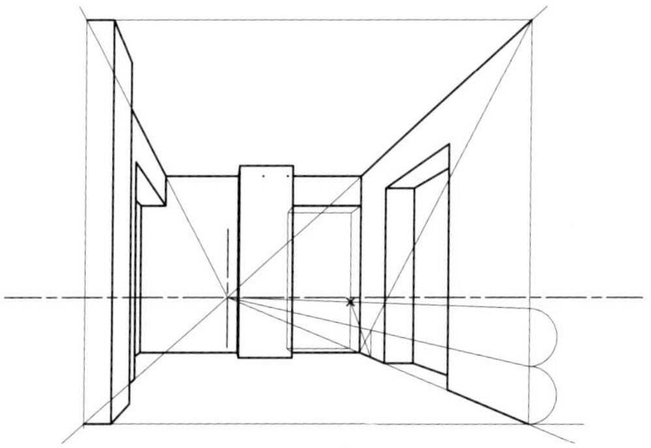

（f）再示例日字延伸法，紧靠后墙，在纵墙上选取纵深
运用日字对角线，将高度延伸转换为纵深的延伸

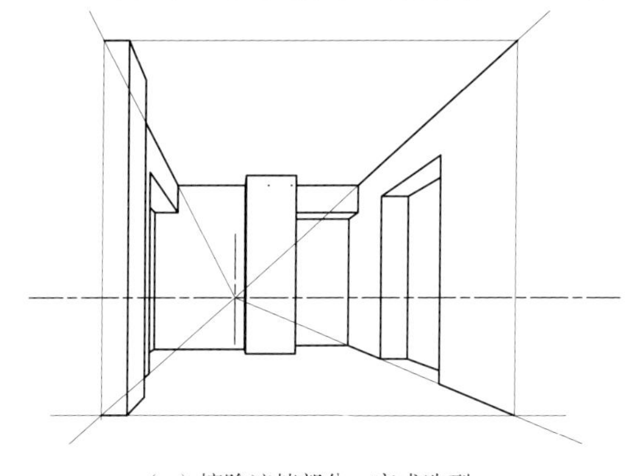

（g）擦除遮挡部分，完成造型

图 3-62

得到纵深的延伸尺寸，遂向下作竖线定位洞口内凹深度。

图 3-62（f）示例“日”字延伸法。紧靠后墙，选取纵墙上两格高度，做“日”字对角线，将两格高度转化为两格深度。图 3-62（g）擦除遮挡部分，完成形体。

墙面凹凸与增添家具相对照，大多是内容的不同，而非技法的差异。内凹部分超出既定矩形范围时，横向只要左右延伸外围，仅在纵向内凹处需要增加透视划分。若欲避免此项操作，可以将后墙面选定在最远的凹入位置上，以增加绘制前凹的简单操作来抵消绘制后凹的技法难度。

### 3.11.3 顶地凹凸

图 3-63 示例室内具有顶面、地面局部凹凸时的加减处理。遇到此类室内空间时，宜根据顶面的最高部分、地面的最低部分来绘制后墙面和整个房间透视。然后在最高、最低部分的基础上添加“突出”的造型，如同绘制家具和墙面外凸的过程。

图 3-63（a）和图 3-63（b）分别标示了带有顶、地凹凸的房间平面，以及顶、地凹凸与房间高度的剖面。以最高、最低部分确立后墙面。

图 3-63（c）根据外围顶、地面和纵墙上的划分定位顶、地凹凸的底廓线。

图 3-63（d）在外围顶、地面上作出顶、地凹凸的剖面高度。设想所有凹凸向前延伸顶靠外围边界，如同绘制家具时的情形。

图 3-63（e）自剖面凹凸顶角向远处拉透视线，自顶、地凹凸底廓作竖向线，相交定位造型。鉴于多层次凹凸容易混淆，宜分层逐一制作，即时勾描造型。如图先绘制顶、地外圈造型，完成的局部勾描粗线。

图 3-63（f）绘制顶、地内圈造型。图 3-63（g）擦除遮挡部分，完成形体。

接近视平线的凹入造型，其内部遮挡，难以充分表现。因此在表现时，应选择偏低或偏高的视点，造型丰富的顶面、地面应尽量远离视平线，参见“3.5 室内理想角度”中图 3-25 所示。

## 3.12 练习建议

与教程其余所有内容相比，透视线框的学习需要更多理解的过程，但仍应以动手为主。

首先可以用透明纸描摹所有示例图形，而后临摹，再做配套练习册。

透视技法虽属理性，实际绘制却侧重感性的引领。操作的量的积累是感性经验的前提。用透明纸描摹建筑、室内的线描作品或实景照片，操作省时、简便，利于海量积累。最好能加上视平线和消失点。

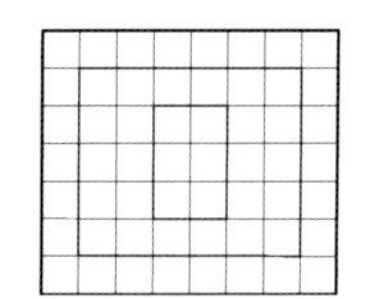

（a）顶、地面凹凸，作加减法
标示尺寸位置与平面的关系

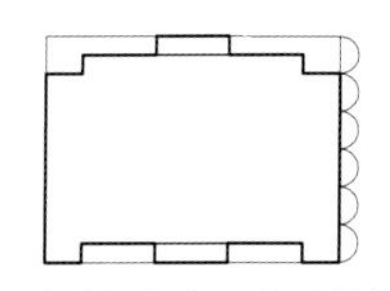

（b）标示顶、地凹凸的剖面

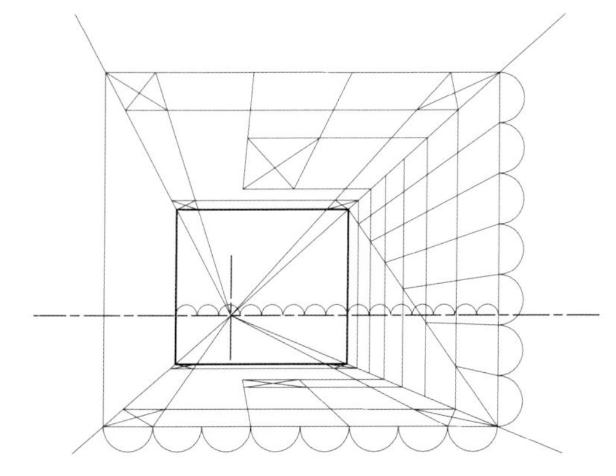

（c）绘制后墙面、外围边界、纵深划分等
在顶面、地面上定位凹凸部分的位置

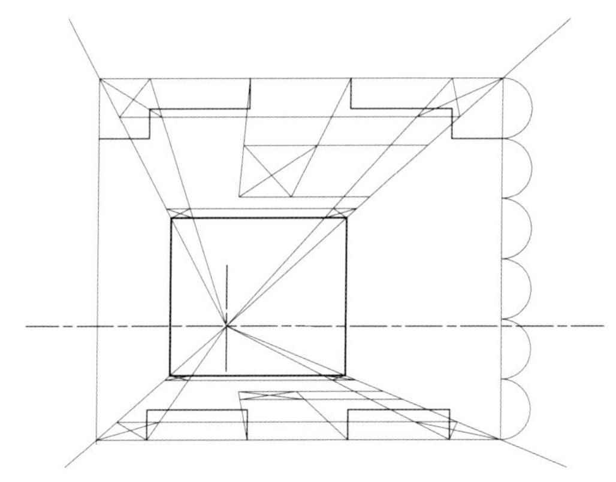

（d）在外围边界上作出顶、地凹凸的剖面高度
设想所有凹凸造型顶靠住外围边界
遂根据边界上的剖面尺寸向远处推延

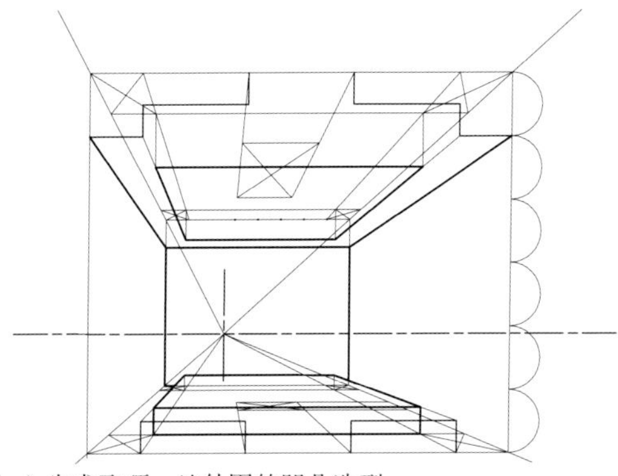

（e）先求取顶、地外圈的凹凸造型
自剖面向远处拉透视线，自顶、地位置作竖线，相交定位
鉴于辅助线密集，完成的部分宜即时勾描墨线

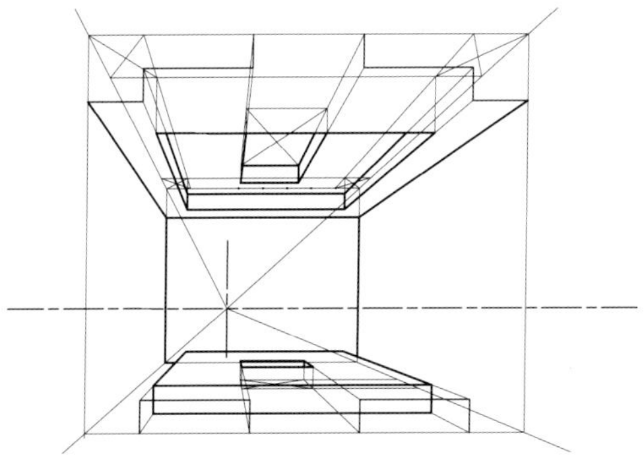

（f）再绘制顶、地内圈的造型
同样由剖面定位高度，与顶、地位置的竖线相交
地面近视平线，内凹遮挡；顶面远则内凹可见

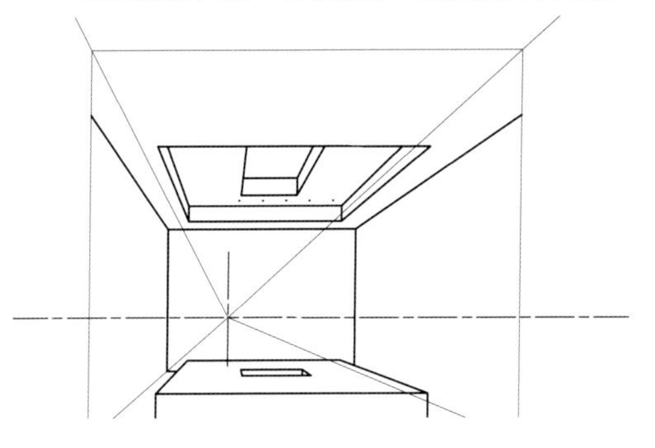

（g）擦除遮挡部分，完成造型

图 3-63

# 建筑篇

# 4 建筑光影

建筑表现的首要任务是通过素描关系塑造立体感，保障对形体的正确识别。

建筑形体的表现，其基本光影分析和笔色、笔触运用，延承几何形体部分，此处侧重介绍建筑体量感的素描表达。

有别于静物写生中的桌面几何形体，建筑物体量庞大，由空气散射光线和视觉聚焦改变所造成的远近虚实差异十分显著。描绘出这种虚实关系就能表现建筑的体量感。主动运用虚实关系还能突出主体对象，削弱次要造型，强化创作意图。

远近虚实在素描关系中的一般程式是：近处——受光面提亮、背光面加深，落影浓重，沿明暗交界线强化对比；远处——受光、背光反差减弱，不作高光留白和浓重阴影。

相同向光角度的若干个受光面，近前或作为主体对象时应予提亮以至留白，退后或作为次要造型者渐远渐灰。对于阴影部分，近前者最深，退后者渐远渐淡，以至等同背光面而不作阴影。

以下例举几种常见类型的具体程式。希望读者不仅能反复训练，熟记套路，更要体会规律，把握原则，以期灵活运用于千变万化的实务造型中。

## 4.1 体块类型

在各长方体概约笔法的基本光影基础上，根据远近、主次的虚实要求，逐一进行深化处理。凡纵、横向延伸显著的形体，其受光面均应做浅灰渐变，表现体量感。

图 4-1，先按形体的受背光阴影关系，做出各长方体的概约表现。

图 4-2，各长方体受光面的深化。左侧形体远退，向远侧做浅灰渐变；中间形体由上至下做浅灰渐变，显示其高耸，并衬托出位于最前方留白的雨棚；右侧形体近前，大部留白，仅在底部略加浅灰。

图 4-3，各长方体背光、阴影部分的深化。中间形体的背光面，自顶廓沿明暗交界线局部叠加中灰；雨棚左端、下方门洞内阴影处，以及右侧形体落影上端，局部叠加深灰；强化形体明暗对比。画面中心位置的对比加强，形体为实；两侧，尤其远侧的对比减弱，形体为虚。

长方体的远近虚实渐是一种基本的变程式,通用于各种建筑形体。下列各种类型中凡套用此式的部分不再赘述。

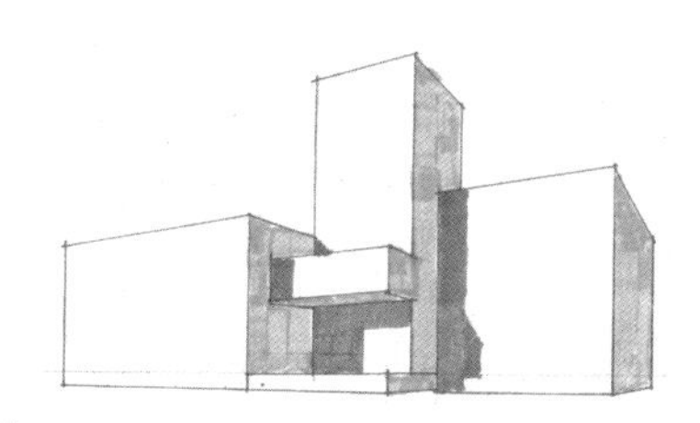
图 4-1

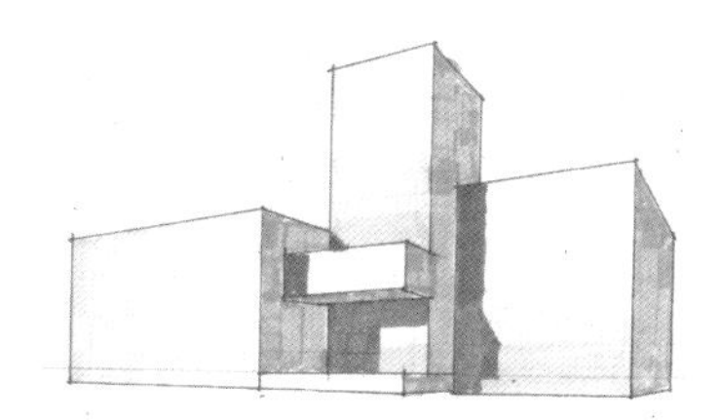
图 4-2

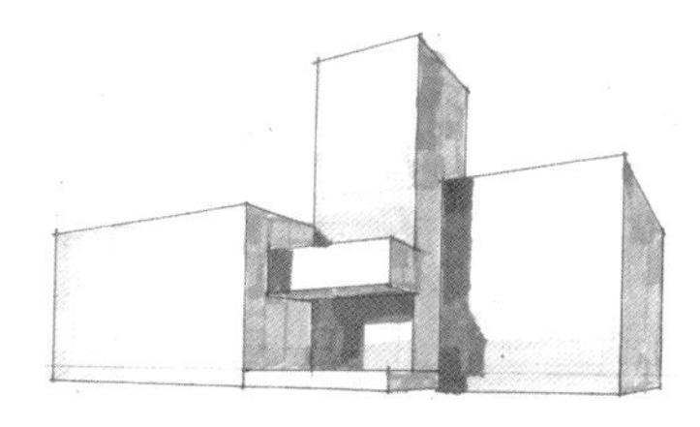
图 4-3

## 4.2 门头类型

此例侧重于一系列平行表面之间的虚实处理。受光面近处留白、远处渐灰；背光面、阴影则近处加深，形成远近虚实和主次对比关系。

图 4–4，先按形体的受光、背光、阴影关系，做出各长方体的概约表现。

图 4–5，区分各受光面，中间形体最近，基本留白；其后衬以大面积浅灰并做左右、上下渐变；左右内凹局部最远，加浅灰两度。注意两处细节：其一中间形体立柱中部略加浅灰，以免较大的纵向体量均匀单调；其二平台地面局部补加浅灰，以衬托台阶正面的留白。

图 4–6，深化暗部。中间形体背光面的顶部叠加中灰；其向后落影范围的右上角、下方左右局部，叠加深灰，由此强化中心形体的明暗对比。由于后部形体的右端尺度较大，起伏明显，宜略作深化处理，但强度应弱于中心。若后部形体并无特色，可不予深化。

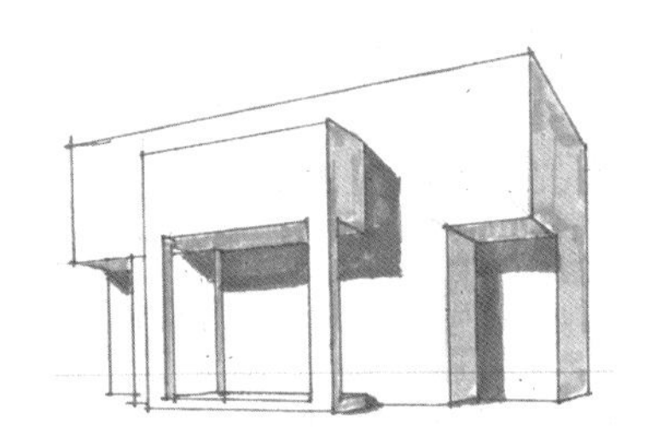
图 4–4

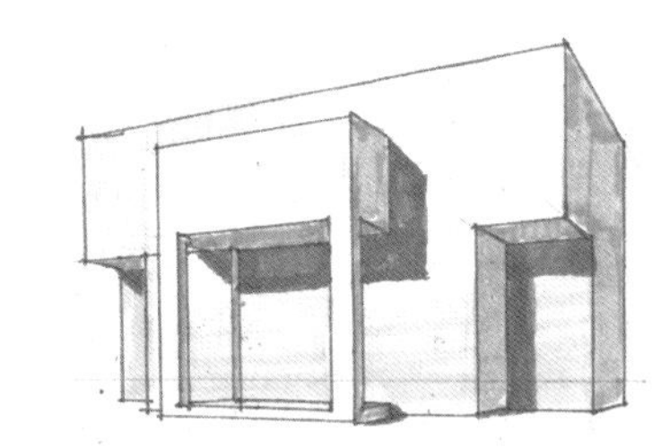
图 4–5

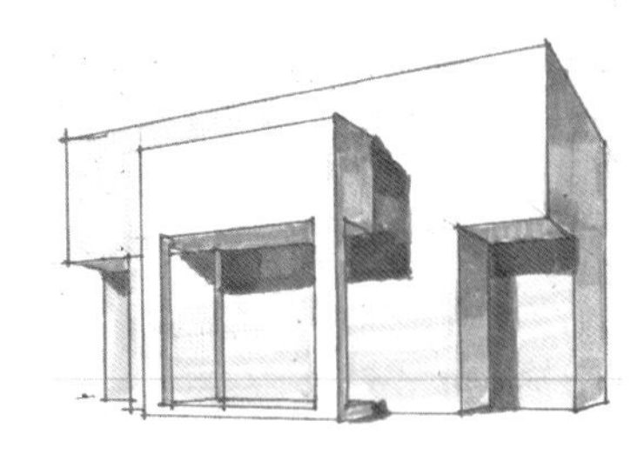
图 4–6

## 4.3 亭柱类型

此例侧重表达毗邻表面之间的相互衬托、对比。

如图 4–7 作基本光影。此时顶棚与侧面均为背光中灰，台阶正面与地面均为留白，尚无区分。

图 4–8 以浅灰深化受光面时，立柱下部浅灰与地面留白得以区分；台阶正面浅灰与地面留白得以区分。

图 4–9 以中灰深化背光面时，右侧背光面自上而下渐叠中灰二度，与顶棚面得以区分；左前立柱顶端局部中灰二度，与顶棚面得以区分。

此外，台阶侧面前端略叠中灰二度，立柱落影前缘强化等，均属通用的渐变程式。

## 4.4 坡顶类型

坡顶的素描关系首先在于墙、顶区分，而后是坡面的受光、背光的差异。虽然实际上坡面的受光多于墙面，但因其饰材明度常低于墙面，故采取顶深、墙浅的表达。若遇饰材情形相反时，则应墙深而顶浅。总之应明确区分墙、顶的明暗差别。

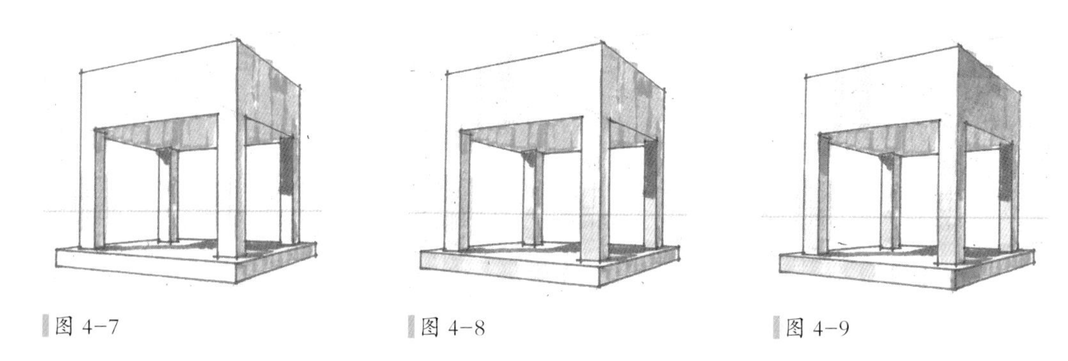

图 4-7　图 4-8　图 4-9

图 4-10 是基本程式。墙受光留白对应顶受光浅灰，墙背光浅灰对应顶背光中灰，若墙背光中灰则顶背光中灰局部二度，顶始终要比墙深一级。封檐板留白或浅灰，檐下顶棚中灰，借深灰阴影衬托，使檐口明亮、条带贯通特征鲜明。

随后作受光墙面的远近虚实处理，见图 4-11；再作背光墙面的局部深化，见图 4-12。

至于坡面的深化处理，一般留待彩铅上色阶段，结合饰材纹理排线综合表达。

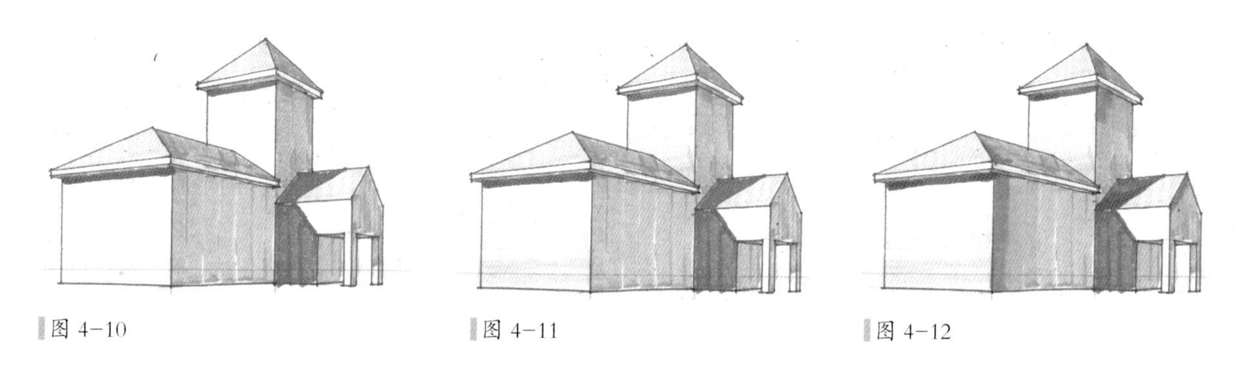

图 4-10　图 4-11　图 4-12

## 4.5　圆柱类型

建筑的圆柱、圆弧立面上常有不同饰材并置构图，表现技法需要区分这些饰材的光影特征。前文“2.3.2 圆柱体”中已经介绍了亚光、光泽、镜面三种质地圆柱面的明暗程式，在此仅需将不同技法施加于不同部位，即可实现材质区分。

图 4-13，先以浅灰变频渐变，整体作亚光圆柱程式。由于尺度较大，应使过渡尽量细腻。

图 4-14，选择玻璃窗带部位，作浅灰、中灰竖条带，略呈上浅下深。此概约笔法，对于远景、组群或建筑局部圆弧造型，已能达成窗墙对比，何况彩铅上色还将增进表现效果。过分响亮则喧宾夺主。

图 4-15，在上图基础上扩大反差，丰富条带，增加窗檐阴影，意在彰显造型的主体地位。

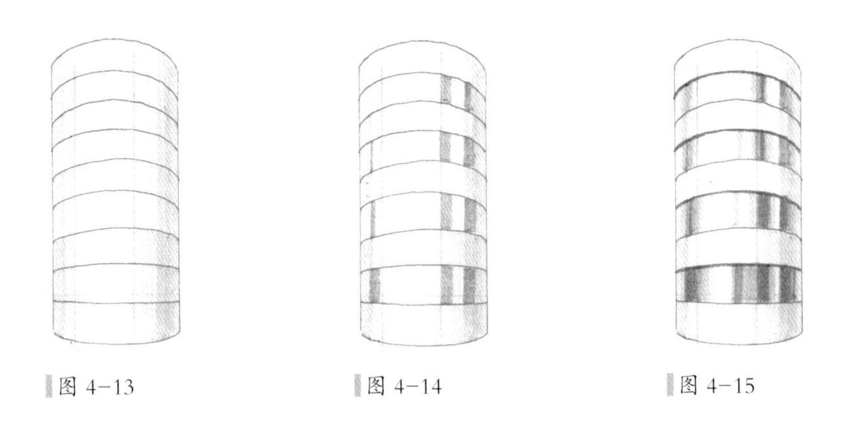

图 4-13　　图 4-14　　图 4-15

## 4.6　阳台类型

阳台的明暗关系有两个基本特征：其一是阳台的内、外墙面对比，外凸亮而内凹暗；其二是落影与顶棚的对比，深浓落影反衬中灰顶棚表现反光。阳台随立面前后错落时，尚需处理系列平行表面的远近虚实。

如图 4-16，先做出各长方体的概约光影。阳台外墙面留白，内墙面浅灰，区分凹凸关系。

中段弧形窗、墙，以浅灰变频渐变表达圆柱光影效果，窗、墙明暗条带的位置、强度均略有错位，以利两者区分。此例墙面较重、窗上较淡，亦可作相反处理。

图 4-17，立面有前后两排平行的阳台，其外墙受光面应做远近虚实处理。左右端后排阳台的外墙先满铺浅灰，再于左端下部渐叠浅灰二度；中间前排阳台上部留白，向下、向左渐叠浅灰。

图 4-18，深化背光、落影，相应加深阳台内凹墙面。具体操作为：①背光侧面自上而下叠中灰二度；②阳台内凹墙面自上而下叠浅灰二至三度，右下方局部直至中灰二度；③弧形窗添加浅灰、中灰竖条带，呈现镜面圆柱。

如此使全局立体感更强，突显凹凸起伏的形体特征。

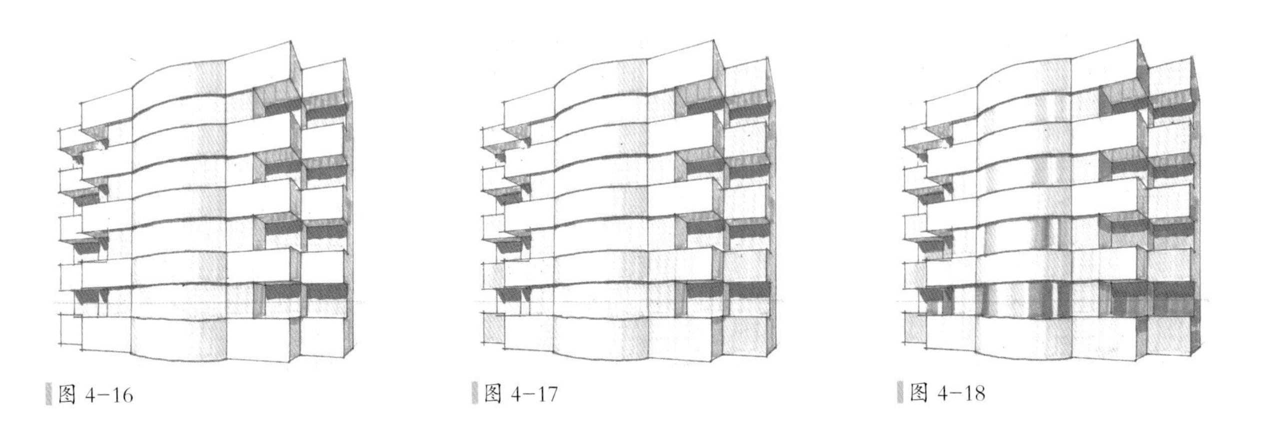

图 4-16　　图 4-17　　图 4-18

# 5 饰面材质

区分材质对于大多数设计都是必不可少的，最普通的就是窗墙对比——玻璃窗镜面强烈，涂料墙亚光柔和。亚光墙面操作至简，是必须掌握的缺省程式；圆柱镜面笔法最繁，但表现效果强烈，值得练习；铝材之类光泽墙面，难度介于两者之间，先学镜面之后，只需化繁为简；砖石、条板、瓦面等属于特例，适宜现用现学；窗墙对比随处可见，且多变化，应作为必备技法。

## 5.1 亚光墙面

在“4.1 体块类型”小节中，除圆柱类型之外，示例材质均为亚光墙面。现沿用该节中的形体，其光影程式请参照前文，此处仅介绍彩铅上色环节，侧重色彩的受光、背光变化。

图 5-1 以红色为固有色，笔触轻重对应马克深浅。顶棚通常不上墙面固有色。凡暖调固有色，顶棚、阴影均叠蓝色。

图 5-2 同形改用蓝色，蓝墙阴影应叠红呈紫；顶棚蓝、黄互叠微绿，显反光；地面略加光源黄色。

图 5-3 红、黄、蓝并用，红色较浓，黄、蓝轻线低彩。墙面较大，应做虚实变化：左浓右淡、下浓上淡；黄墙下部渐叠蓝色。黄墙暗部整体橙色，转角、底面局部叠蓝色。墙面浓影红、蓝互叠，凡阴影较大时应显周边冷、中间暖。

图5-4 此例汇集了前后、左右、上下的虚实变化，彩铅浓淡应充分配合各处的素描关系。中间蓝色体块的受光面，近雨棚上方叠红呈紫，衬托雨棚前突。雨棚淡黄，其暗部偏橙。

图 5-5 墙、顶固有色分别是橙色、红色，檐口白色。此例左、中体块的受光面，橙墙顶部叠加光源黄色，丰富了单色形体的观感，并引导视线向上观察坡顶特色。屋面笔触顺沿瓦缝走向，或全部顺沿，或先排斜线、叠加顺沿；屋面远近区分浓淡，左侧前突宜浓，右侧远退最弱；屋面暗部转角叠蓝呈紫；需要强化材质时，可加蓝线稍示瓦缝。

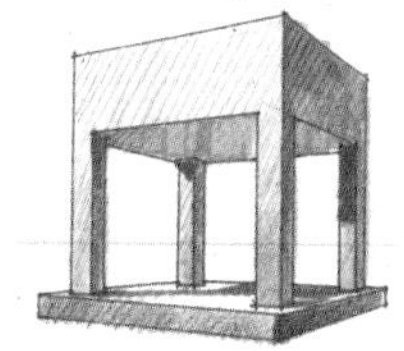
图 5-1

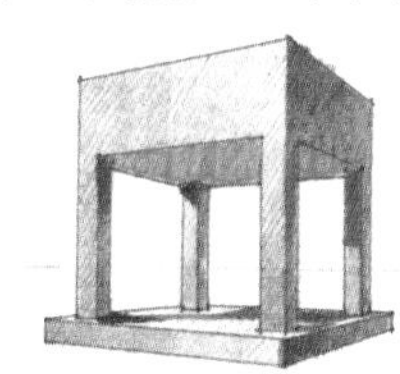
图 5-2

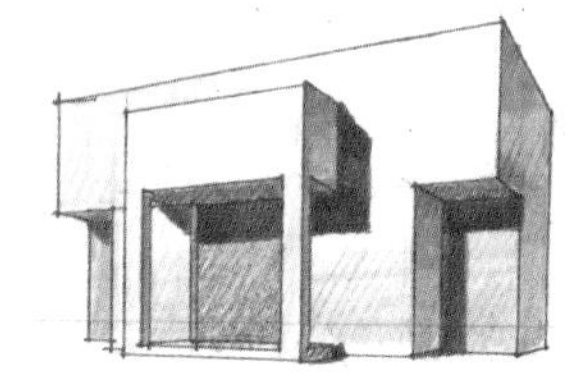
图 5-3

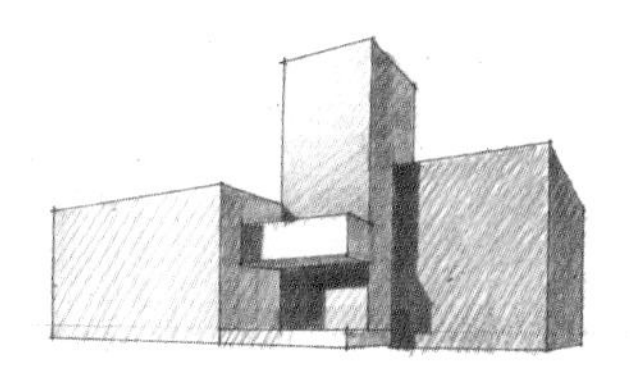
图 5-4

图 5-5

## 5.2 玻璃镜面

镜面反差响亮，变化剧烈；引人注目，活跃画面。教程以全墙镜面为例，便于充分揭示其明暗、色彩变化规律。镜面在圆柱上，呈现出条带交替的鲜明特征；而平面上主要体现为快速剧烈渐变。色彩方面，正侧、上下映射天空不同部位，应予区分变化；底部映射深暗街景。

镜中映像比天色黯淡，需铺垫马克灰色之后，再画彩铅天色。配景画天则只用彩铅，不用灰马，参见下章“6.1天空”。

### 5.2.1 纵向镜面

镜面映射的范围大于正常视野，纵向涵盖了天空从穹顶湛蓝到地坪暖白的大幅度变化。

图 5-6 为灰马铺垫，左右示例两种不同画法。左列先分受光、背光，再作天空变化。亮面映射低空，暗面叠加天空的全程变化。右列正面映射天空全程变化，侧面逆向渐变，使两墙反差互衬。

左列上幅左墙中灰竖笔满铺；右墙自顶而下，浅灰横笔渐变至 1/3 高度处留白；底部中灰横条。下幅左墙自顶而下，叠加中灰横笔变频渐变，底部加中灰横条；右墙底部中灰局部竖笔二度，略示街景内容。此画法受光、背光区分明确，侧重表现建筑立体感。

右列上幅左墙自顶而下，从一半高度处，由留白横笔渐变至浅灰；右墙自顶而下，中灰横笔变频渐变至 1/3 高度处留白；底部中灰横条。下幅左墙底部加中灰横条；右墙自中灰露白处，顺接浅灰横笔渐变至半高处留白；底部深化同左列。此画法充分展示映射变化，侧重表现镜面质感。

图 5-7 为彩铅上色。左列上幅满铺蓝色，仅对应马克深浅，作笔触浓淡变化。此法快速简便。下幅先铺蓝色，随后于右墙下部轻叠黄色，于底部横条叠加暗红。镜面叠黄偏绿，利于区别天空。

右列上幅两墙均作叠黄偏绿。充分显示出不同角度下映射天空的色调变化。下幅左墙叠红偏紫，右墙于下部先叠黄、再叠红，呈现霞光。

### 5.2.2 横向镜面

横向镜面主要表达左右、远近变化。近处视线正对，透射多而色深；远处视线倾斜，反射多而色浅。若同时表达左右、上下变化，需将竖笔的几度横向渐变，分别错位重叠，形成纵向变化。

图 5-8 左列先分明暗，正面表达远近变化为主。右列正面同时表达左右、上下变化。

左列上幅侧墙竖笔中灰；正墙竖笔浅灰，由近向远变频渐变至留白；顶部起笔时留白，强化转角；底部街景

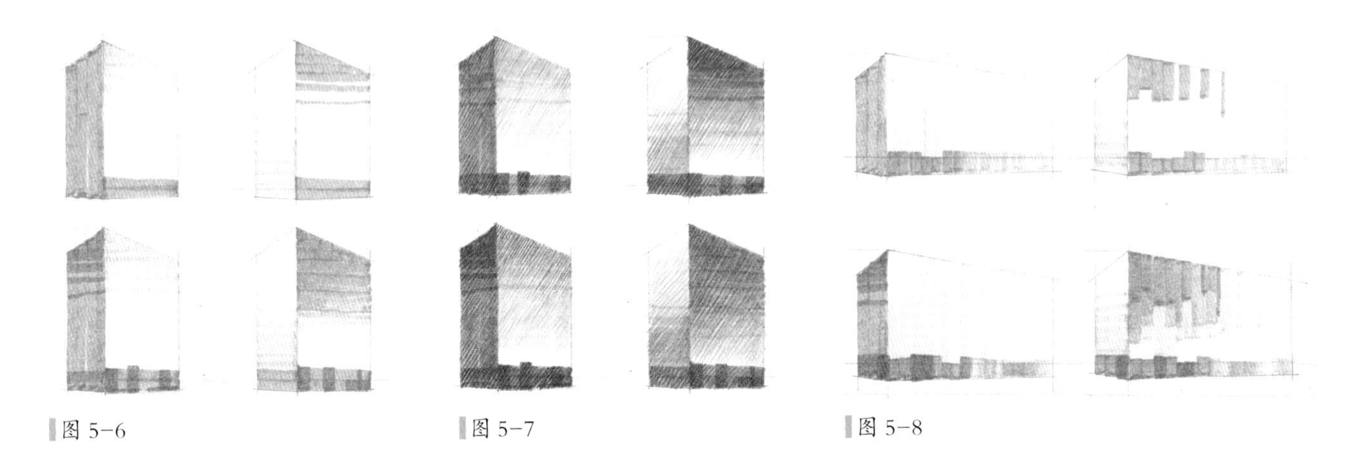

图 5-6　图 5-7　图 5-8

近段中灰，远段浅灰，此处采用竖笔便于衔接。下幅侧墙顶叠中灰渐变，底加中灰横条；正墙底部街景局部中灰、浅灰深化。此法只做横向远近渐变，技法简单。若左右墙面明暗互换，仍可沿用此法，将正墙作自中灰、至浅灰、至留白的连续渐变。

右列上幅侧墙自半高作浅灰渐变；正墙自转角起始至一半长度，作中灰竖笔变频渐变，笔触下端错落，约止于 1/3 高度；底部街景同左列上幅。下幅侧墙底加中灰横条；正墙以自浅灰竖笔顺接中灰笔触，两度错位重叠，柔化、扩展原有渐变，形成从左上最近、到右下最远，自中灰、至浅灰、至留白的连续变化；底部街景深化同左列下幅。此法同时操作两向渐变，难度很大。需要反复练习，以使衔接顺畅。

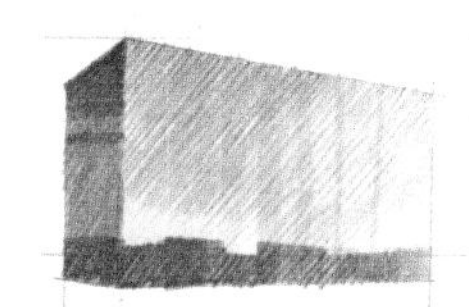

图 5-9

图 5-9 彩铅上色。左列上幅侧面满铺蓝色；正面自左上至右下浓淡渐变，左顶角特重，1/3 高度以下轻至留白；底部街景处笔触浓淡对应马克深浅。下幅正面半高以下轻叠黄色，底部横条叠加暗红；侧面顶、底加重。

右列上幅两墙均作叠黄偏绿，正面上蓝下黄，侧面上黄下蓝，相向渐变互衬。

下幅正面在蓝、黄渐变基础上，叠加浓重红、橙表现霞光，整体深暗；侧面微绿浅淡。反差响亮。

### 5.2.3 圆柱镜面

“2.3.2 圆柱体”小节和“4.1 体块类型”中关于圆柱体的部分，都已涉及圆柱镜面的条带交替特征，故此处光影程式从略，只关注彩铅上色步骤。

图 5-10 与前文相似，但增加了底部街景竖笔，和镜面构造格线。

图 5-11 以彩铅蓝色铺陈灰马条带范围，两端重中间轻，两深色条带尤需加重；排线尽量细密、均匀，避免粗糙笔触破坏平滑质感；注意保持两深色条带之间的狭窄留白，若不慎侵染时，务必以橡皮擦白。

图 5-12 于各条带中间部位叠加黄色；叠黄可扩展轻染留白部位，但需保留最亮处的纯白高光；底部街景红、蓝互叠。

图 5-13 添加天空背景。对照彩铅的纯蓝，镜面蓝色叠灰黯淡，恰显真实材质。此例天有霞色，故于条带中部稍叠红、橙。

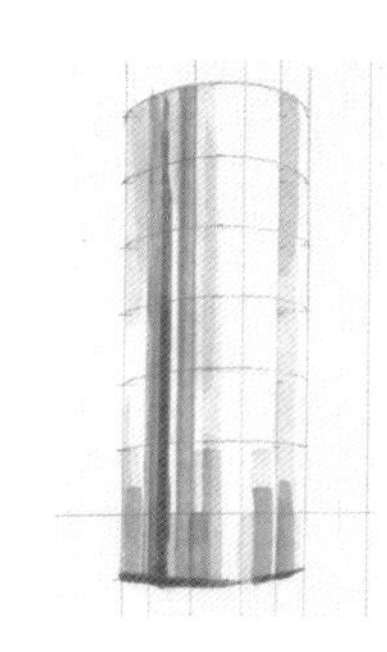

图 5-10

图 5-11

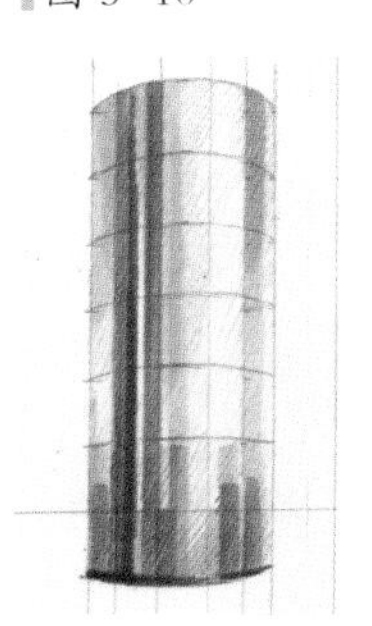

图 5-12

图 5-13

### 5.2.4 玻璃内透

窗口玻璃若未经镀膜，且位置不高、视线正对时，并无镜面反射，而呈内透状态。此时建筑下层窗口应透见中灰偏绿，当内衬窗帘或紧贴梁柱时，局部亮浅；底层窗口深灰阴影，偶尔透见室内“亮斑”；高处及远侧仍有反射，可转接为镜面画法。

图5-14为建筑窗口局部，梁柱窗帘处浅，透见内部处深，并加斜向光带表达玻璃光泽。光带范围内柱、帘处留白，内透处浅灰一度；光带以外柱、帘浅灰一度、内透浅灰二度。下两层内透加深以稳定构图，同时衬托出透见的顶棚灯具。

图 5-15 满铺蓝色，配合马克深浅变化用笔浓淡。图 5-16 于光带和梁柱窗帘部位轻叠黄色，使其呈蛋清与绿灰色。底层内景叠橙转暖。

图 5-14

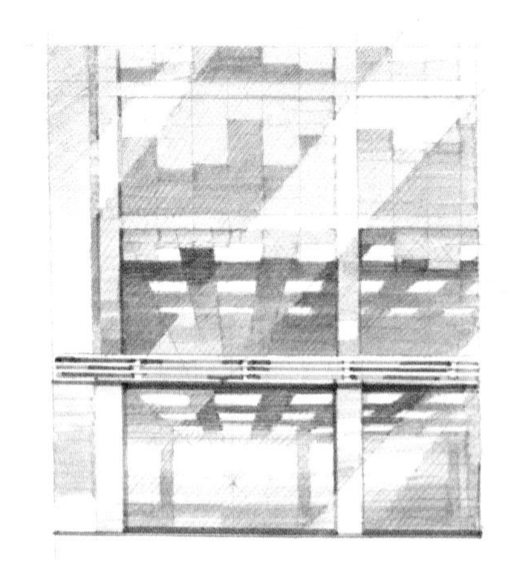

图 5-15

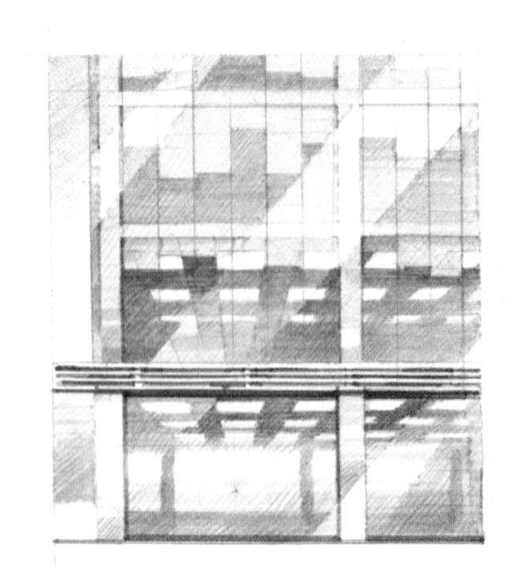

图 5-16

## 5.3 窗墙对比

立面构图有窗、墙组合时，必须区分两者强弱，形成材质对比。切勿两强对峙，干扰混淆。通常窗玻璃以镜面程式强化，墙面以亚光程式弱化。若墙面饰以砖石、条板，需要强化表现时，则应减弱玻璃的光影、色彩变化，可选用上节“5.2.1 纵向镜面”和“5.2.2 横向镜面”示例中左上幅最概略的表现程式。

窗洞勾影只是个细小环节，但于窗、墙对比却属点睛之笔。尤当画面浅淡时，仅此一步，即显造型。

### 5.3.1 离散窗洞

将离散的窗洞视作整体玻璃墙面，就能套用上节的镜面程式。与整体镜面相比，逐个窗洞铺陈灰马明暗时，渐变操作灵活方便，但比较费时。当实体墙面色彩深浓时，可将靠近的窗洞当作整体，满铺灰马明暗，提升效率。

后续加重实墙，即可遮盖窗间预铺的灰马笔色。

图 5-17 左幅正面天空映射的变化方式类似图 5-8 右列下幅。上部各窗以浅灰马克逐一叠加渐变，横向排线或顺沿透视方向；下部落地窗中灰马克纵横叠加，二层局部窗口略加中灰，使街景变化生动。侧面背光，先以中灰竖笔满铺，再自顶侧二度叠加墙体，强化转角，并留出一度的窗口，形成暗部窗、墙较弱反差。

右幅正面临近窗洞作整体渐变，排线顺沿透视方向；底层窗口中灰纵横叠加。侧面窗口反向渐变，使右上转角窗口正面暗而侧面亮，反差互衬。

图 5-18 两幅正侧窗口均作彩铅蓝色渐变，浓淡对应灰马深浅，街景暗部尤需加重。左幅侧面满铺蓝色。图 5-19 两个窗口亮部轻叠黄色。

图 5-20 作实体墙面色彩。左幅示例红砖饰材，正面以彩铅红色顺沿透视方向排线，线间留出均匀缝隙，以示构造纹理；自左上至右下，逐渐加重力度；最后，于各窗洞左、上边沿作阴影勾线，以深蓝彩铅倚尺绘制，右顶角最重，向远渐轻。侧墙仅作常规斜排线。底层窗洞近处略叠红色。

右幅墙面饰材深灰。两面均由马克中灰至浅灰，自右顶角向左下侧，作连续渐变；笔触纵向，数度重叠；实墙可不加彩铅，表达纯灰特征。凡深灰或黑色形体，且尺度较大者，不宜整体如实深暗，应局部画深，而后向周围快速渐变褪浅。最后作各窗洞边沿的阴影勾线。此例墙深之处玻璃清澈，窗深之处墙体转亮，窗、墙反差互衬。

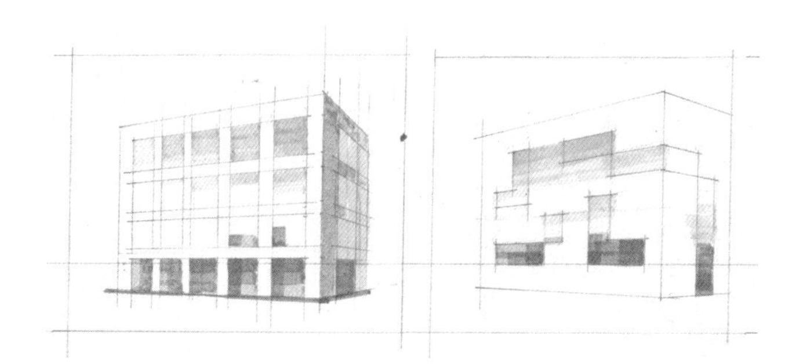

图 5-17

图 5-18

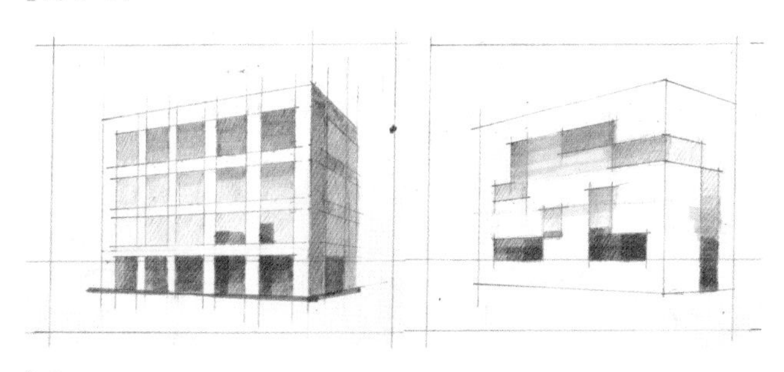

图 5-19

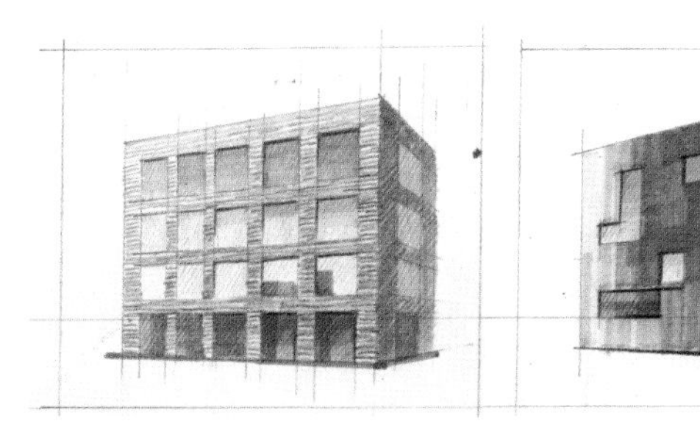

图 5-20

图 5-21 添加了天空背景，窗口更显透明。右幅正面底部的实墙略加红色，与窗冷暖对比。

### 5.3.2 纵横窗带

窗口连续形成条带时，除套用前例处理之外，常添加光带手法，丰富变化，打破连续长窗的单调感。

图5-22，先以铅笔作斜向光带稿线。整墙二、三条带，宽窄不同；斜线宜近 60° ，但略有差异；倾斜方向应与立面透视走向相反。

左幅窗带错位竖列，构图特征鲜明。为保障图案识别，窗、墙之间应作整体深浅对比：正面窗深墙浅、侧面窗浅墙深。如此明暗处理压缩了玻璃深浅变化的幅度。采用光带手法，借由规则的节奏韵律，可使窗上较弱反差彰显突出，维持应有的表现力。

图中正面先将全部窗带满铺浅灰；然后选取某两斜线之间的范围，叠加二度；隔开一条斜线，再做叠加，由此形成光影交替的斜向条带。光带之外，图案转折处也可酌情叠加；近窗可叠三度，表达远近虚实。侧面中灰满铺之后，实墙二度叠加，转角略予强化。

右幅整体光影设置类似前例左幅。正面上层窗带浅灰竖笔，对应光带作留白、一度、二度变化；横向窗带上的笔触，无需严格对齐光带斜向稿线；下层窗带映射街景，自中灰至浅灰至留白，形成较大反差；下部光带仅需大致走向，不必对位。侧面类似前例，在此从略。

图 5-23 两幅正面窗带彩铅浓淡对应灰马深浅。左幅为衬浅淡实墙，窗带满铺蓝色；右幅则有高光留白，街景加重。两幅侧面均满铺蓝色，不分窗墙。

图 5-24 左幅正面实墙微叠蓝、黄；右下窗内轻叠红色，略示街景。侧面中部窗内轻叠黄色。

右幅正面窗带高光轻叠黄色。正侧实墙叠加橙色，正面远近渐变，侧面平涂。

图 5-21

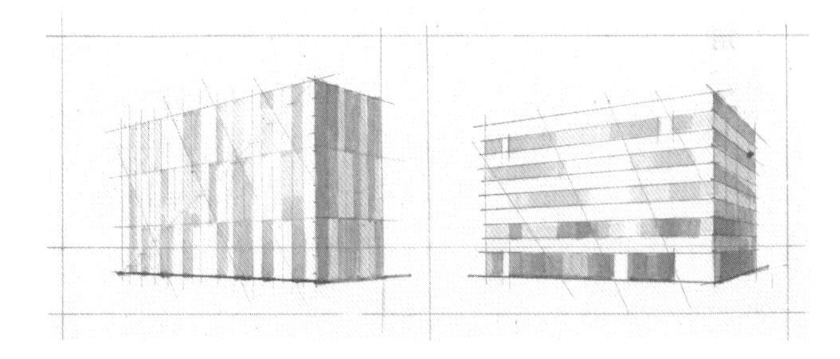

图 5-22

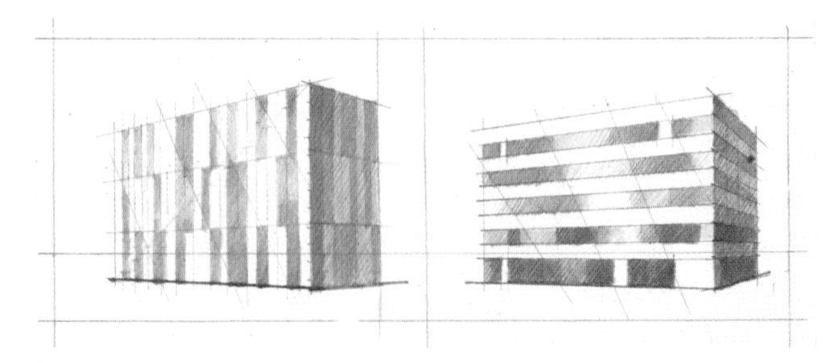

图 5-23

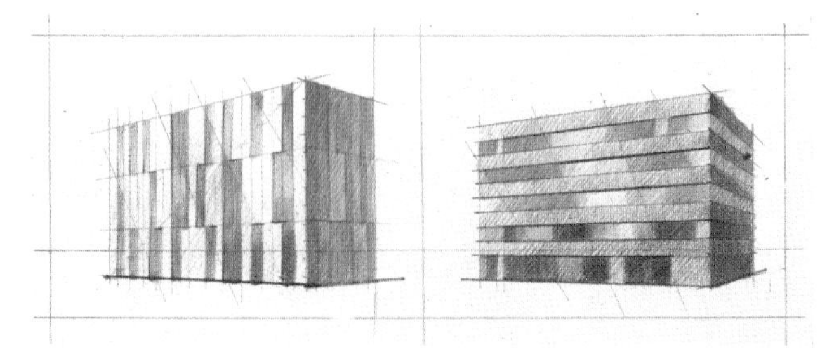

图 5-24

## 5.4 光泽墙面

金属板、釉面砖之类饰材具有适度光泽，表现不足或过度，容易混淆于亚光材质或镜面，因此需用光带手法，以节奏韵律的变化来表现微弱光泽。

图 5-25 上幅为光泽弧墙局部。先以浅灰竖笔作较弱的圆柱面光影表达，随后在光带的暗条范围内，二度叠加柱面渐变。右下角墙裙加深较多以稳定构图，故未严格对应光带斜线。

墙板的侧面暗部整体上比正面深，但于上段顶角留白、衬托正面最深处；上两段底部加重，扩大与正面的反差，这些暗部的细节变化同样表现了材质的光泽特性。

窗带由留白至浅灰三度，上沿加深灰窄条阴影。对照窗、墙，强弱分明，而弱中亦有表现力。

下幅平直墙面仅光带留白，其余部分沿用亚光墙面的远近、上下渐变。因墙面被光带分为几段，可于各段分别制作顺沿透视的横笔渐变。

图 5-26 对应灰马深浅轻叠蓝色，光带留白。光泽墙板多为浅灰色，应略作蓝、橙互叠，勿显纯灰。

图 5-27 再于灰马较浅处轻叠橙色，略侵染光带区域，但仍留部分纯白。

图 5-28 添加蓝天、绿树，玻璃叠蓝。对照前后两图，浓艳色彩削弱了墙板的蓝、橙，使整体更趋向灰色观感。

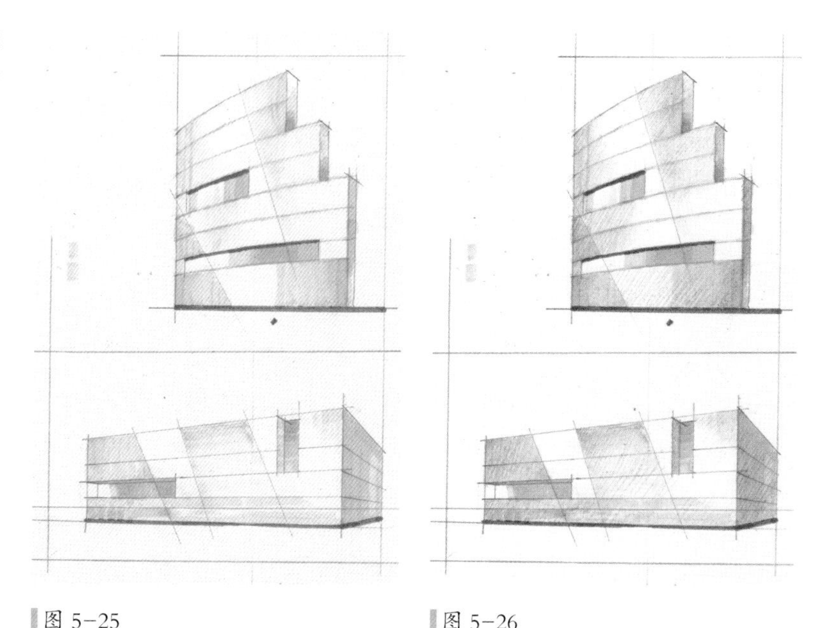

图 5-25　　图 5-26

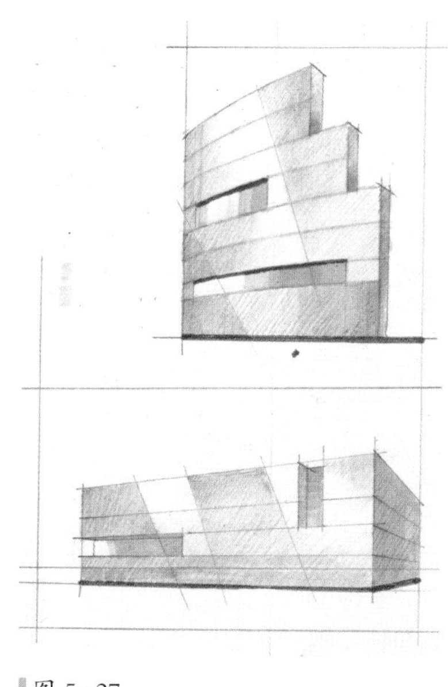

图 5-27

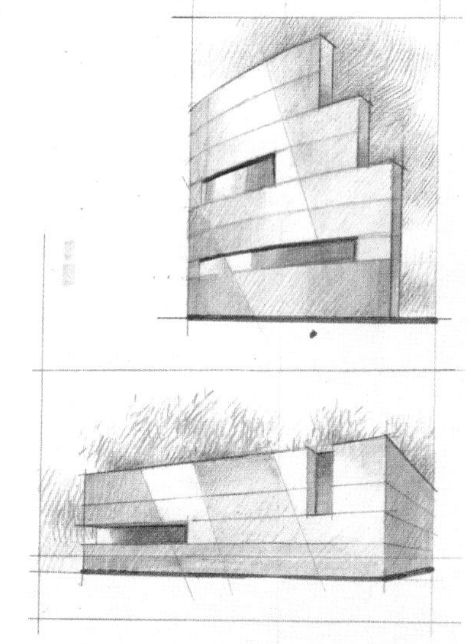

图 5-28

## 5.5 砖石板瓦

表现建筑整体中的砖、石、板、瓦，仅需彩铅排线做出构造纹理，如同“5.3.1 离散窗洞”一节中图 5–20 的砖墙示例。此处介绍的细部笔法专用于局部近景或室内界面等占幅较大的造型，中、远景慎用。

构造纹理、起伏落影、块材色差，此三项是砖、石、板、瓦共通的表现特征。

### 5.5.1 砖墙

图 5–29 上部砖墙，勒脚砌石。铅笔起稿、顺沿透视方向、倚尺作划分辅助线，上部砌砖三皮一线，下部砌石每皮一线；再作两道光带斜线。

浅灰马克做格栅状条带，留白表示砖石上部亮面，灰条表示下部暗面；砌石灰条较宽，于灰条下半二度叠加，以示砌石起伏大、暗部重；光带范围内，砌砖灰条基本断开、少量贯通，砌石的上皮灰条不加二度；右侧墙体暗面满铺中灰，边角加强。

图 5–30 上部砌砖灰条内，散选局部位置二度叠加，以示色差；叠加条带的起止位置应各层错落，勿呈上下通缝；叠加数量少于整体的 1/3，近多远少，随机分布，避免规则、虚假；光带范围内基本不作叠加。

下部砌石先以浅灰窄线竖笔作出石块分格；再以中灰窄线、局部加深近处石块的纵横分格线，横线起止对齐石块边界、中间略有断续，纵线仅点画转角缝隙；中灰叠加散布近前，数量要少；最后散选近处某些石块，于二度灰条内，局部叠加三度浅灰，形成色差。

进行暗部叠加、色差叠加时，应随时观察画面效果。以整体近实远虚、细节随机变化为目标，根据既有局面，制定下步操作，即时调整完善。

图 5–31 彩铅橙色满铺砖墙部分，整体近浓远淡，对应灰马二度部位加重力度；光带范围内明显浅淡；黄色轻铺砌石部分。

图 5–32 砖墙同色、石块异色叠加色差。砖墙部分，沿灰马条带叠画橙色长线条，二度部位加重或复叠；砌石部分，选取近前石块的灰条暗部，或轻叠橙色，或轻叠青色。

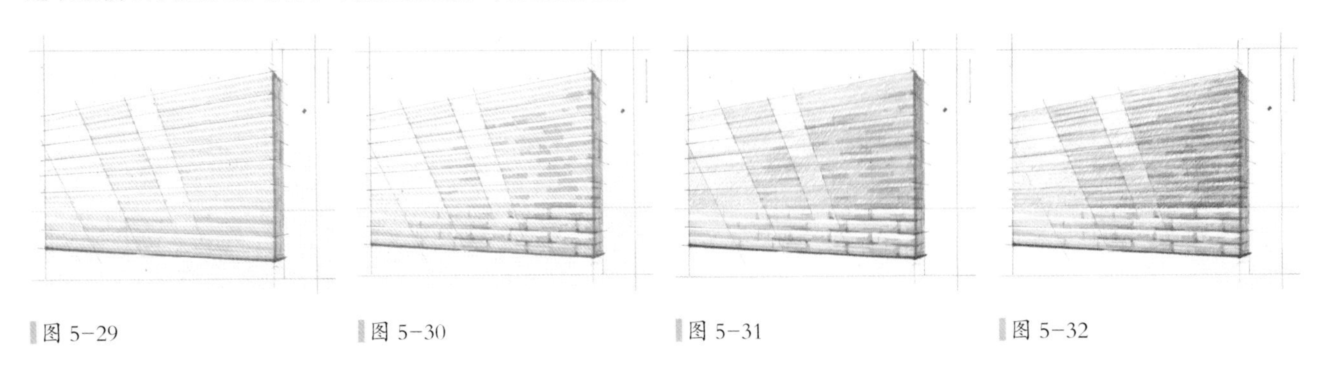

图 5–29　图 5–30　图 5–31　图 5–32

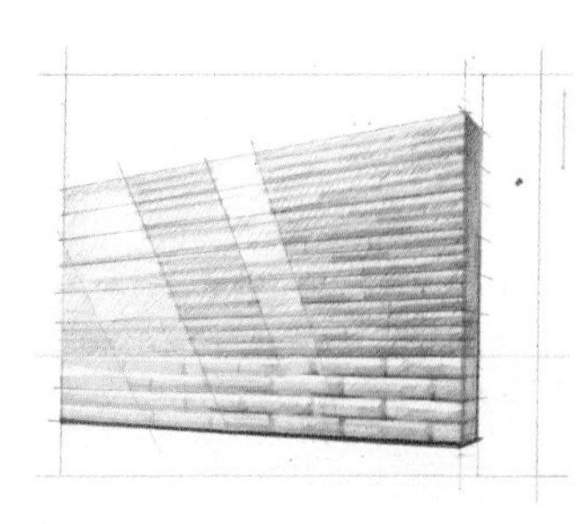

图 5-33

图 5-33 蓝色叠加深化暗部。砖墙局部勾缝，以深蓝彩铅倚尺划线；右下密、左上疏；横缝为主，竖缝极少且淡；向左远退处整墙轻染蓝色，以示虚化（此步多为后期修整手法）。砌石中灰格缝叠加深蓝勾线；近前某些石块局部散叠蓝色，表达石面的粗糙起伏。

### 5.5.2 石墙

图 5-34 上部扁条砌石，勒脚大块乱石。铅笔起稿作透视方向辅助线。

浅灰马克细线，砌石部分呈格栅状，画出每皮砌石横格线；可先作较大间距格线，再内插致密；徒手划线略有曲折、错位，恰似条石规格偏差。乱石宜参照实景勾略轮廓；近前石形多不规整，纵横错落，各石外廓留有间隙；远处基本矩形，不留间隙。

图 5-35 上部砌石散作局部浅灰条带，约占总量一半；宽度或单皮或两三皮，长短各异，最长不超过整体一半；起止位置彼此错落，勿呈通缝；近前局部叠加二度，少于总量 1/3。

下部乱石逐一叠加浅灰暗部；留出左上，右下连片；近前右边竖向可叠二度，强化受、背光反差，一半以远不作二度；各石间隙先满铺浅灰，再以中灰窄线、沿右下外廓断续散勾阴影，近多远少，一半以远渐至不作。

图 5-36 丰富层次。上部砌石在二度条带基础上，再少量叠加浅灰三度，扩大色差。下部散选近前较大石块，于暗部的中下位置，叠加浅灰二度，体现乱石表面的起伏特征。沿墙底部叠加浅灰贯通长条，近侧一笔、远侧两笔宽度，使近侧下皮石块、远侧整墙底部渐变灰暗。

图 5-37 深化暗影。于砌石横格线上，局部散叠中灰细线；宜选近前留白石条的下方；叠线不宜过多、过长；结合横线起止，可局部加绘竖格短线。于乱石阴影窄线上，近前和底边，局部叠加深灰。墙地交接处加深灰窄条落影，向远转接中灰。

图 5-38 彩铅上色与砖墙示例基本相同。图 5-39 于乱石阴影上叠加蓝色。本例特

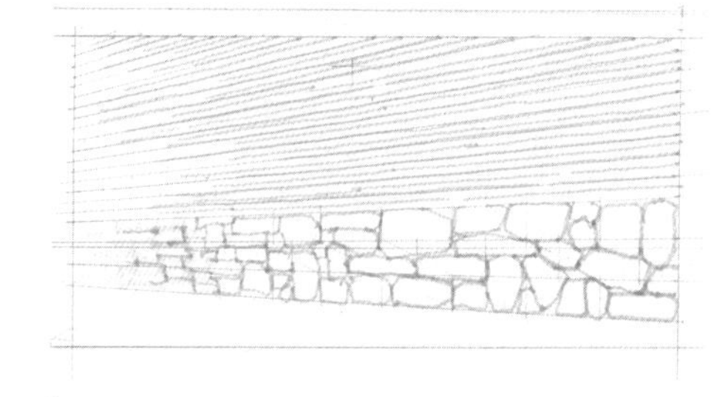

图 5-34

图 5-35

图 5-36

图 5-37

点在于色差大、彩度高，绘制时容易过分强调差异，失去统一。为此应加强固有色铺陈这个首要环节，而对叠色变化应多加节制，避免其反客为主，颠覆了材质的整体基调。

### 5.5.3 板条墙

马克笔的条带状笔触特别适宜绘制各种板条状饰材。顺沿分格走向排线，局部二度制造色差，这两项沿用了砖石墙面中的笔法，但无起伏、间隙，更为简便。格线应以墨线倚尺绘制。

图 5-40 中的板条部分，马克浅灰沿格排线，二度色差，简洁明快；仅需注意整体上下、远近的深浅变化；当饰板走向改变时，交接部位两侧的板条，应呈现深浅反差，彼此互衬。图中格栅部分，浅灰窄线倚尺绘制缝隙暗部，再局部叠加中灰窄线；中灰窄线的位置，端部宜对齐交接线，中段宜呈斜向光带状；格栅亮条留白。

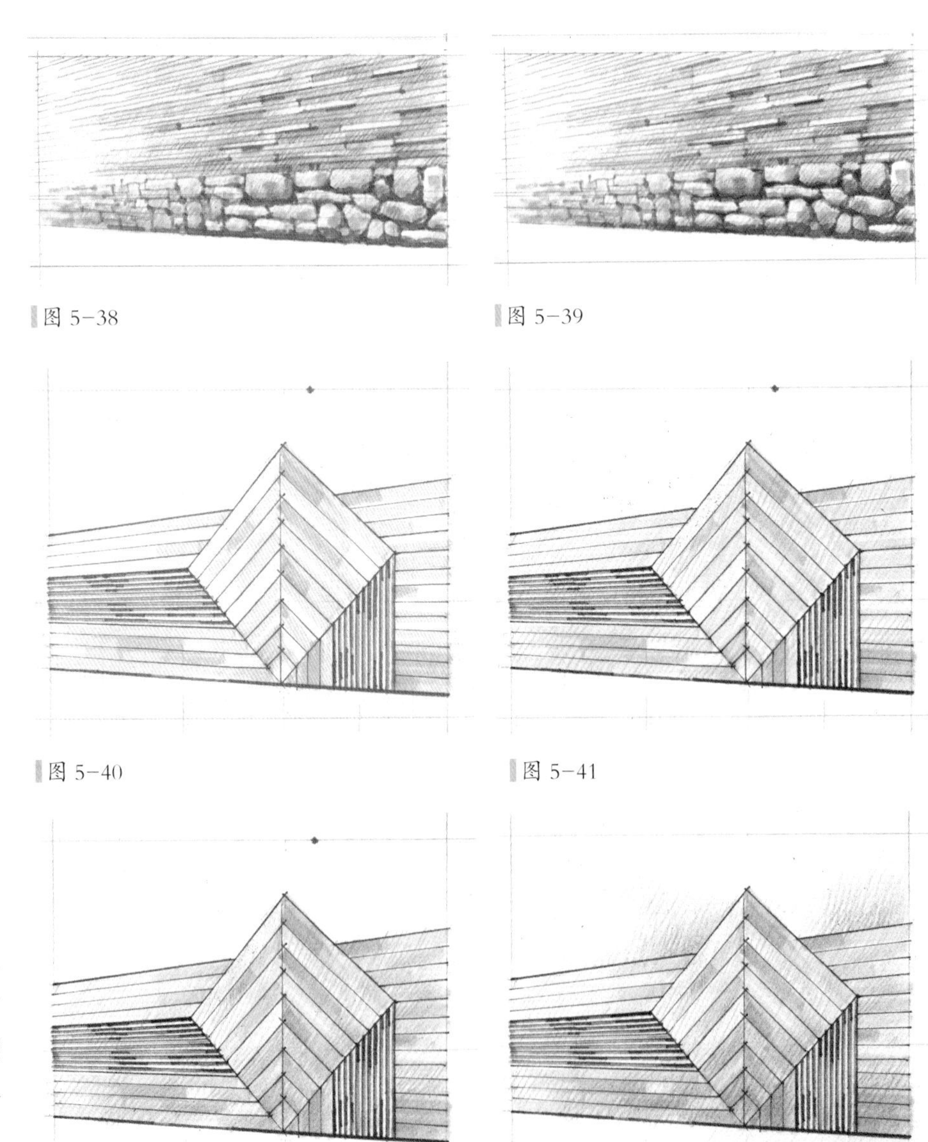

图 5-38

图 5-39

图 5-40

图 5-41

图 5-42

图 5-43

图5-41整体铺陈固有色。此例板条设为橙色，可示木、石、锈铁等饰材。格栅微蓝，示白色合金。图 5-42 板条于色差部分进行同色叠加。格栅缝隙处，深蓝彩铅倚尺，沿留白亮条底边绘线。图 5-43 添加蓝天衬托橙色饰板。整体底部轻叠蓝色，显示体量，稳定构图。

### 5.5.4 瓦屋面

瓦面运用条带光影表达构造起伏。鉴于受光最多，材质略有光泽，常作光带表现。各种类型瓦材的起伏特征不同，具体笔法需作相应调整。图 5-44 示例左幅为金属瓦，中幅为平瓦，右幅为筒瓦。各幅均以铅笔稿做出两条光带的位置。

中幅为平瓦，先以浅灰马克窄线，沿横向分格统长绘线，再于光带的暗部叠加二度；中灰马克窄线顺檐口统长绘线，纵墙近前和山墙段中灰二度加深；山墙中灰竖笔平涂。

左幅金属瓦，先以浅灰马克沿纵向分格排线，留白条带略窄于灰条；再于光带暗部叠加二度窄线，加线靠左紧贴亮条，示瓦脊侧面背光，留出浅灰一度部分为瓦底面；檐口、山墙同前处理。

右幅筒瓦也以浅灰纵向排线，但留白条带略宽于灰条；光带暗部叠加二度窄线，加线靠右紧贴毗邻亮条，示筒瓦圆柱之由浅渐深；檐口尺寸较大时可勾线留白作瓦当、滴水，较小时可简化为连续波折线，随后加中灰落影衬出圆弧造型；山墙同前处理。

图 5-45 整体铺陈固有色。此例平瓦、筒瓦设为橙色，金属瓦为蓝色。灰马暗部彩铅相应加浓。

图 5-46 橙色瓦面衬以蓝天，墙面添加红砖饰材。蓝色瓦面衬以橙色树叶，墙面以浅灰马克加浅蓝彩铅，作起伏构造的金属墙板。

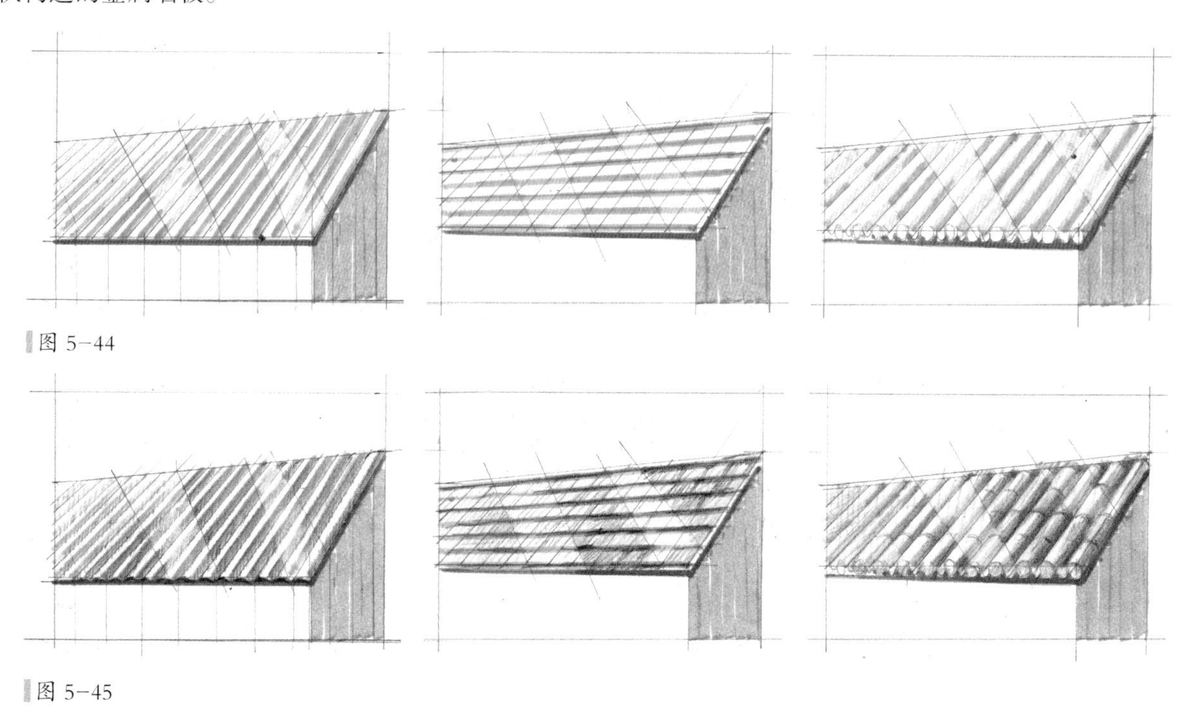

图 5-44

图 5-45

图 5-46

# 6 环境配景

一幅画面中能够用到的配景也就两三种而已，本章列举众多项目，只因为某些特定的场景氛围确实需要各类配景的渲染烘托。初学者应先学少量必备项目，比如天空、远树、路面之类，以期绘出主体之后，略添些许，即能收获一幅完整画面。更多配景内容可留待日后现学现用。

## 6.1 天空

建筑画面必有天空范围，但并非都要表现。蓝色天空多用于衬托建筑天际线；异色天空多表现彩霞、云层，渲染场景氛围；若无确切目的，可以不画或弱化。天空只用彩铅，不铺灰马。彩铅长排线行行相接，力求平滑“无痕”，因此天空绘制常可用作彩铅笔触的练习题材。

### 6.1.1 纵向渐变

天空包含了纵向大幅度的色彩变化，从穹顶到地坪，由顶部浓郁湛蓝，渐变为中部浅淡天蓝，再到下部透亮的蛋青色，直至地坪处灰白偏暖。这种顶浓、中淡、下暖的全程模式虽仅见于朝、晚的晴空，但教程以此为例，取其色彩典型、变化充分。

图6–1左幅自上而下，彩铅钴蓝色长排线，逐行由浓渐淡，下部1/3范围笔触极轻；中部以下轻叠淡黄，下部渐重；中部蓝、黄互叠应呈蛋青色，蓝、黄均需浅淡，避免浓绿失真。

右幅顶部1/4范围叠加群青色，逐行由浓渐淡；底部1/4范围叠加橙色，逐行由淡渐浓。

钴蓝、群青为首选。若未配此两色，也可代之以天蓝、青莲。底部叠橙专示云霞，一般场景可以省略。

小窍门：画完之后，用纸巾轻轻擦抹，可使排线笔触模糊，画面观感柔和。

### 6.1.2 擦云叠霞

图6–2左幅在前图基础上用橡皮擦出白云。上部大团高云宜参照图片造型；先擦出大致轮廓，再以橡皮尖角重擦云朵顶部、边廓，使高光洁白、其余朦胧，显现体积感；下部整体横条，贯通轻擦即可。

图 6–1

图 6–2

中幅先以群青沿云底轻排暗部，再稍叠红色，以示霞光；低云暗部范围扩大，叠红偏紫更多；下部橙、红叠成横条强化霞光；底部横条蓝、橙叠灰衬托丹霞。此例整体偏紫，画面绚烂。

右幅云朵、云层暗部和底部横条叠蓝增多、叠红减少，冷暖反差扩大，光感更强。

若蓝天无霞，云底暗部应仅用蓝、橙叠灰，不加红色。

### 6.1.3 建筑适配

相比与全程天空，局部衬蓝事半功倍，是更为常用的天空画法。

图 6-3 示例三种蓝天画法，适配不同的建筑主体。

左幅高层，蓝天横贯腰际，彰显塔楼高耸。自建筑外廓向两侧绘天，排线方向且接且转，左右延伸；近浓远淡，边界参差，使留白部分呈现云状；蓝天整体走向左高右低，恰与建筑正立面的透视走向相反，形成交叉构图。

图 6-3

右上幅建筑受光面浅色，蓝天衬托天际线。自左角向外延伸，顶部呈冠状环绕天际线，至右侧变淡，浅于建筑背光面，由此形成左高右低的连续蓝天条带；由于建筑低矮，天空高处不宜空旷，故再添一道较短条带。此例蓝天走向与前例相同，区别在于蓝天与建筑深浅互衬，此深彼浅、此浅彼深。

右下幅建筑坡顶上色，需使天浅而顶深。作全程天空，至建筑顶部天色已淡，不“抢”主体。

建筑顶深、色浓，务必弱化天空，切忌红瓦蓝天艳色并置，混淆主次虚实。

## 6.2 远景

建筑主体两侧必须绘制远景，切忌裸露地坪线。

远景的基本特征是：形廓模糊、连续成片；明度浅灰、反差微弱；色调偏冷，彩度较低。

图 6-4 列举了远景的三种典型内容：上幅楼群；中幅树林；下幅绿篱、行道树。

下幅远景与近景连续一体，应以光影、色彩区分远近虚实，此为街景表现之特色。

本图为远景的概约笔法，仅浅灰一度。画面主体清淡时概约即可。

上幅楼群宜作铅笔稿线，浅灰竖笔平涂。顺应主体建筑的受背光方向，将远景楼群一侧设为高光留白。

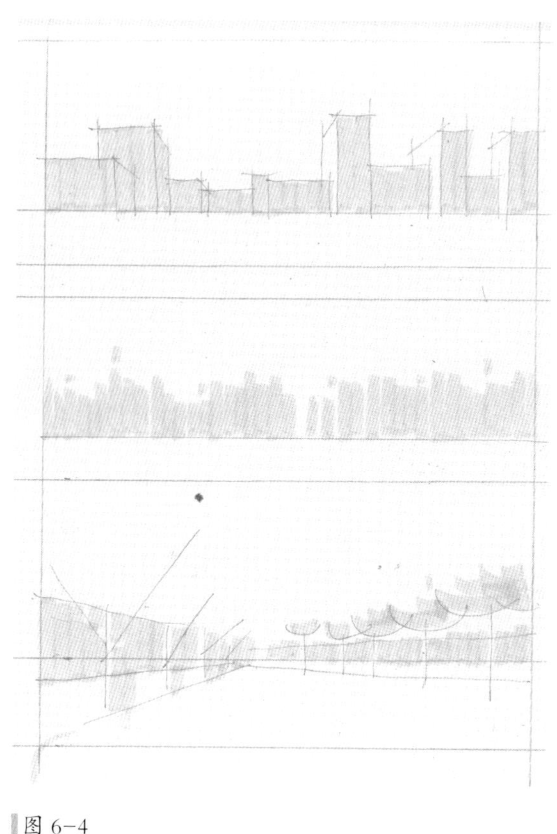

图 6-4

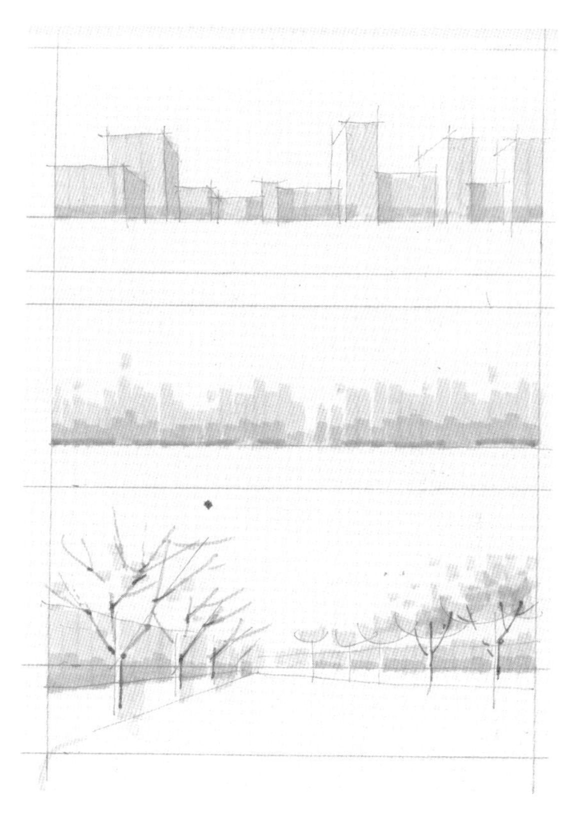

图 6-5

中幅树林也以浅灰竖笔平涂，顶端高低错落，略散加“漂浮”短线。排线大体连续，偶有间隙。

下幅铅笔稿线做出道路、绿篱和行道树顶廓位置。绿篱浅灰竖笔平涂，行道树树干留白；右侧行道树树冠下半球浅灰弧形笔触；左侧人行道作浅灰光影条带，衬托树干留白。

图 6-5 略加深化。上幅楼群另一侧背光叠加浅灰二度；局部落影浅灰二度；立面下沿叠横笔浅灰。

中幅树林半高以下叠加二度，顶端亦作错落，但幅度减小；沿地面作中灰窄条落影，基本贯通。

下幅深化远景之外，尚需“显露”出前景。绿篱 1/3 高度以下叠加二度；右侧树冠近前散叠方笔触，加深暗部；中灰细线绘制左右枝干，交接处略加深点；左树近前枝条上略叠浅灰方笔触。

图 6-6 彩铅轻排长线，勿浓艳。上幅楼群蓝、橙及互叠；中幅树林湖蓝；下幅绿篱、树、草先铺湖蓝，近前叠黄转绿；左树散叶中黄、地面落叶金黄。此例的叠色渐变应使近景绿草、黄叶逐渐显现。

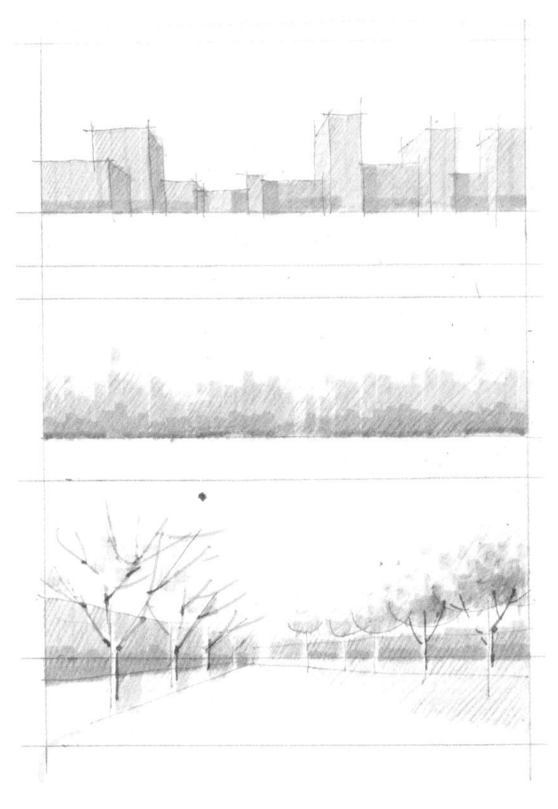

图 6-6

## 6.3 地面

本节将路、草、石、水等地面内容分别单项示例，均予充分表达。而实务构图中上述内容往往交错并存，届时应择一强化，其余减弱。

### 6.3.1 道路场地

道路、场地每图必备。正常视高时地面压缩扁平，道路、场地可不作区分，均以横向条带表达。而当视点较高，或顺沿街道时，场地表达范围扩大，应改用深浅互衬、远近渐变的方式。

**条带状笔法**

图 6-7 所示条带状笔法是最为普适的地面程式。地面横向条带衬托建筑竖向形体，利于稳定构图。

预作建筑体型及其基本光影。首先沿透视方向作深灰色贯通窄条，表达人行道侧边和道路远侧下弯弧面的暗部；条带与建筑底边之间留有间距，约等于窄条宽度，此间距表达建筑周边的人行区域或绿地。

图 6-8，第二步，在深灰窄条之下留白一二笔宽度，表达道路中间拱面的反光；宽度略显近大远小。遂作中灰色贯通条带，表达道路近侧下弯弧面转暗；此条带近大远小差别显著，近前约二三笔宽度。

图 6-9，第三步，在中灰条带上局部叠加倒影，中灰二度，对应建筑暗部位置。叠加笔触应横向顺应透视走向，勿竖笔下坠，形同桩脚。倒影应远少近多，控制总量，以免杂乱。

为深化近景细节，中灰条带的近侧可再添深灰细线。倒影笔触之间也可留有间隙，形成微弱光带。

注意：所有条带与留白必须顺沿透视方向。完全水平走向悖逆透视，虚假扭曲。

道路条带状笔法可归纳为“一黑、二白、三灰带”，便于记忆。一、二、三既是步骤，也是笔宽。

图 6-10 彩铅叠色。蓝、橙两色渐变互叠，远侧蓝、近侧橙，相向渐变；近侧倒影暗部再叠加蓝色；近侧画幅下角部位以轻排线充足边界，使构图饱满。

当背景材质无须明确表达，或偏于中性灰色时，蓝、橙渐变互叠是缺省配色方式。蓝、橙互叠整体呈灰，局部则有冷暖偏向，体现光源色、环境色，避免纯灰的生硬呆板。参见前文“2.4.5 画面色调关系”。

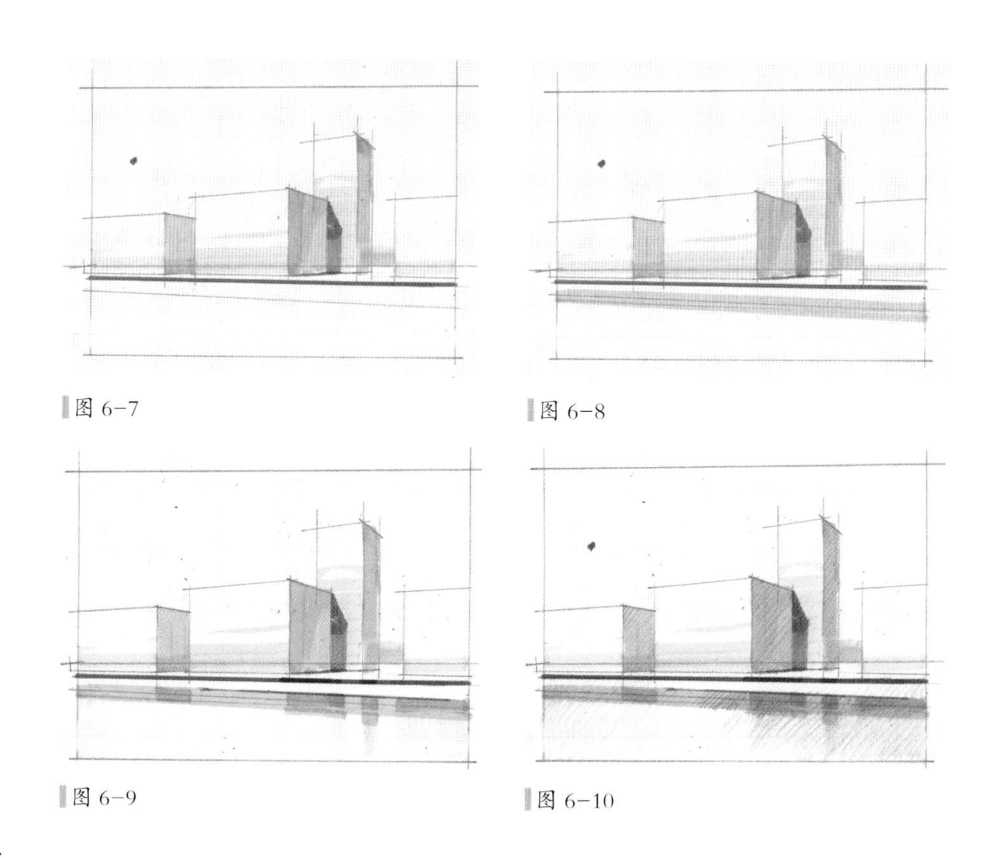

图 6-7　图 6-8

图 6-9　图 6-10

### 深浅互衬笔法

当视点较高，近侧道路、场地结构清晰，透视倾斜较大时，横向条带不再适用，应改换道路、场地深浅互衬的表达方式。图 6-11 中幅为路、场互衬方式，对照左幅的横向条带，体会两者的构图差异。

建筑周边场地留白为主；远侧略加浅灰倒影；近前转角留白突显。道路整体浅灰，排线顺沿透视；近前二度，

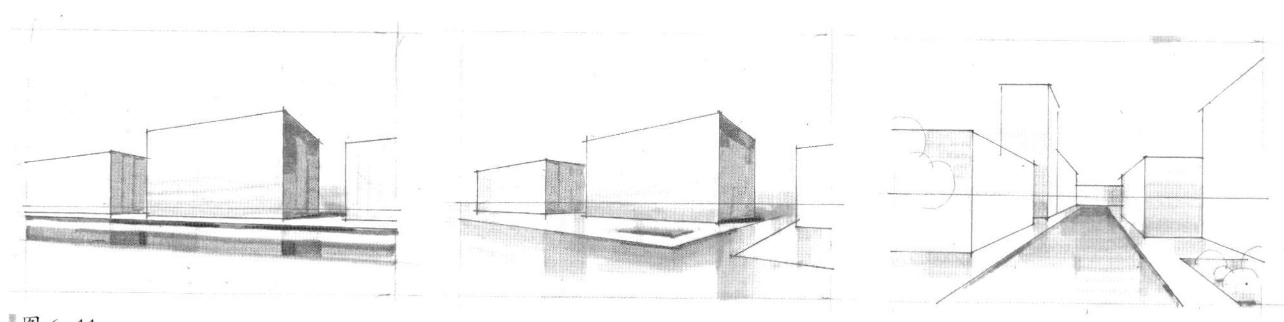

图 6-11

向下渐变至留白；倒影叠加二度，向下延伸，近影充足图边；右侧纵向道路的远处作留白光带，以示虚化远退。道路、场地交界线的近处加作中灰窄线。场地近前转角、面积较大处，宜增加景观细节，充实近景。

**远近渐变笔法**

顺沿街道观察时，应表现道路、场地的远近虚实。右幅街景道路以浅灰横笔连续渐变，远深近浅，至最前留白；对应两侧建筑暗部，叠加微弱倒影。两侧人行道留白为主，略加浅灰倒影。沿道路两侧作贯通窄线，近处叠加分段光影。此例道路远景最深，使尽端场景结构清晰。若需虚化尽端，可使道路中段最深，前后均渐变褪浅。

### 6.3.2 草坪

草坪绘制侧重彩铅，其色彩特征是远色淡而偏蓝，近色浓而偏黄。笔法为远处长排线不显笔触，近前短排线仿草形态。

如图 6-12 浅灰马克少许横条，表达草叶方向差异造成的色差。乔、灌底部的落影横条宜加两度并延展成树木阴影，注意所有形体在地面的落影均呈扁平横条状。

图 6-13 预作远景树林和中景灌木。草坪由远入近，先铺垫蓝色长排线，约 1/4 进深范围。

图 6-14 整体铺陈绿色长排线，近前一半进深范围叠加黄色。

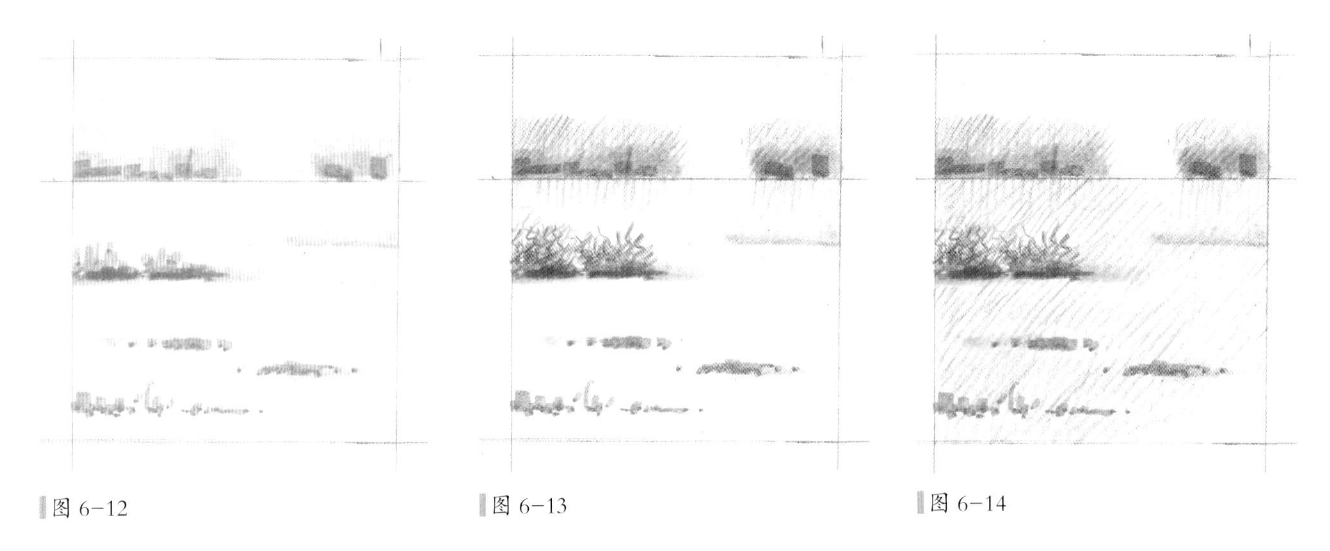

图 6-12　　图 6-13　　图 6-14

图 6-15 叠加绿色短排线，间隔成行；先对应浅灰马克横条，再内插增多；渐前渐重，前 1/3 进深范围笔触模拟草叶，待修整阶段可加勾墨线。

图 6-16 于马克横条处叠加蓝色暗部，灌木落影等暗部亦加蓝色。

图 6-17 示例有较多中景树木，构图的远近虚实与浓淡疏密更为显著。

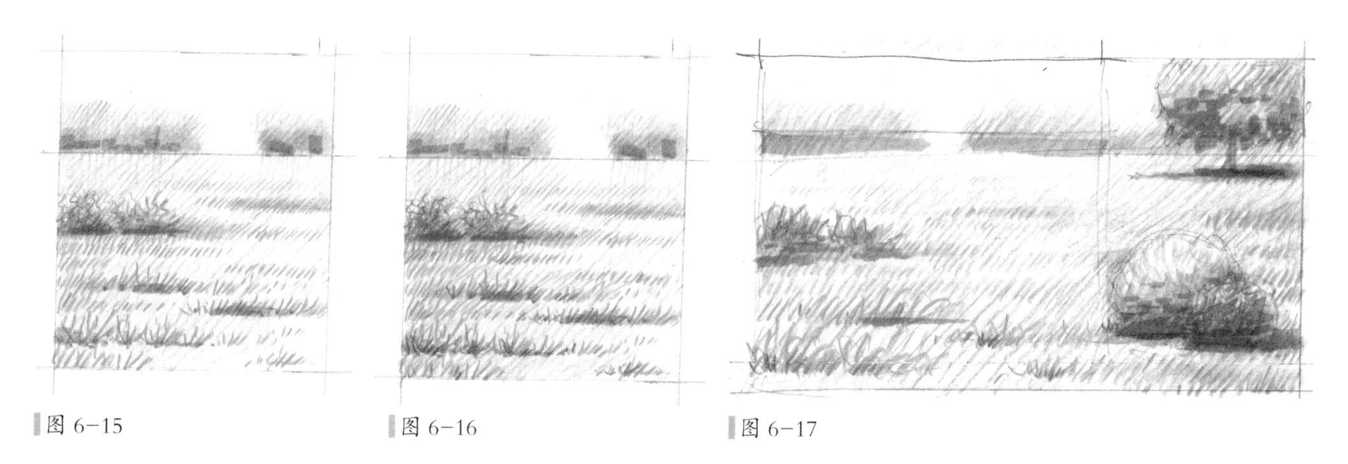

图 6-15　　图 6-16　　图 6-17

### 6.3.3　石径

勾线、阴影远虚近实，上色远淡近浓，配合色差强化纵深变化。

图 6-18 所示左卵石，右石板，铺设于草坪之间。卵石远景不勾线，中景略勾断续上弧轮廓，近景连续上弧勾线。石板远景不勾线，中景略勾断续横格线，偶加纵格线，近景连续横格线，纵格线渐近渐多，直至全部绘出。

图 6-19 卵石处中景马克浅灰断续横条，近景马克浅灰涂各卵石下半部，马克中灰散落叠加缝隙阴影，渐近渐多。石板处马克浅灰短横条作色差，中景横条量少而位置随意，近景横条量多并对应格线，偶加两度，马克中灰于近前散落叠加缝隙阴影。

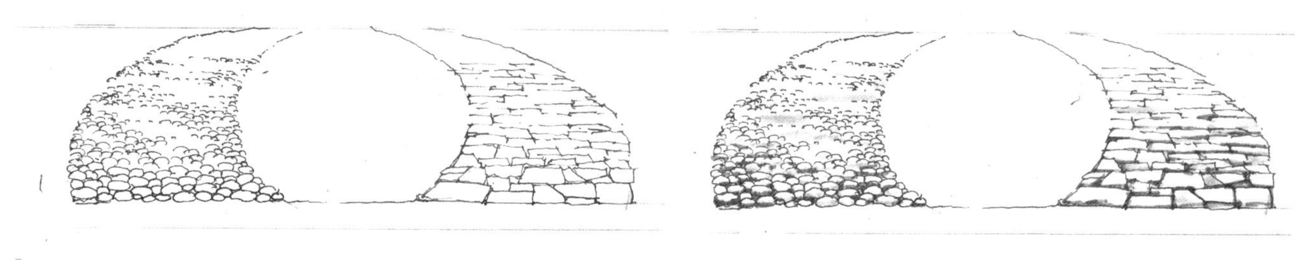

图 6-18　　图 6-19

图 6-20 石径的固有色实际彩度较低，示例特意提升彩度以利观察反差效果。卵石以黄色长排线铺底，远淡至于留白；马克浅灰处叠加橙色；近景暗部、阴影叠加深蓝；近前局部卵石高光留白或擦白。石板以橙色铺底，远景横线示分格；中景于马克浅灰处同色加浓，偶尔叠加红色；近景暗影叠加深蓝；局部石块或叠作蓝、红色差，或留白、擦白高光。

图 6-21 添加草坪形成色彩对比。交界边缘笔触略密。

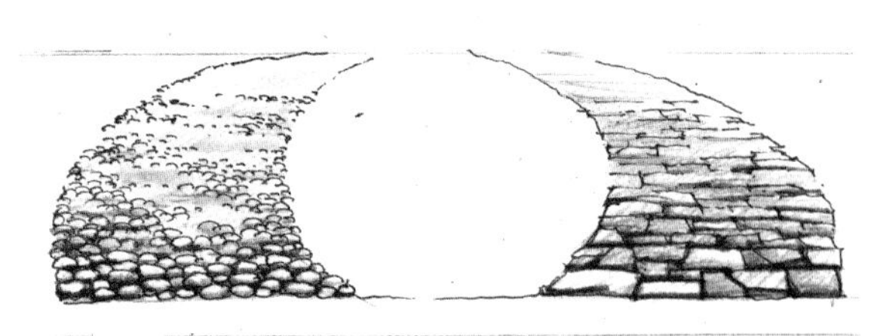

图 6-20

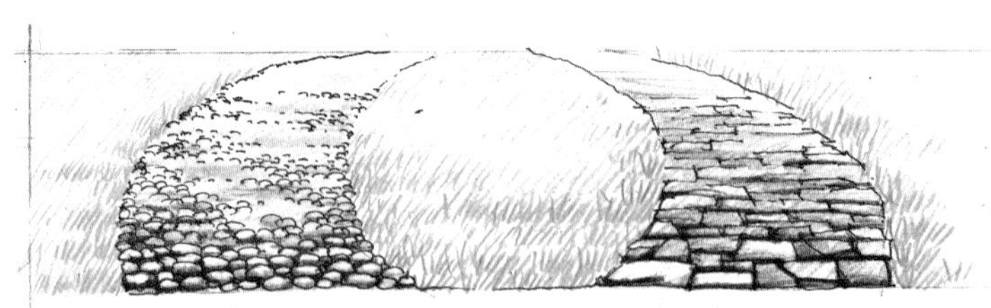

图 6-21

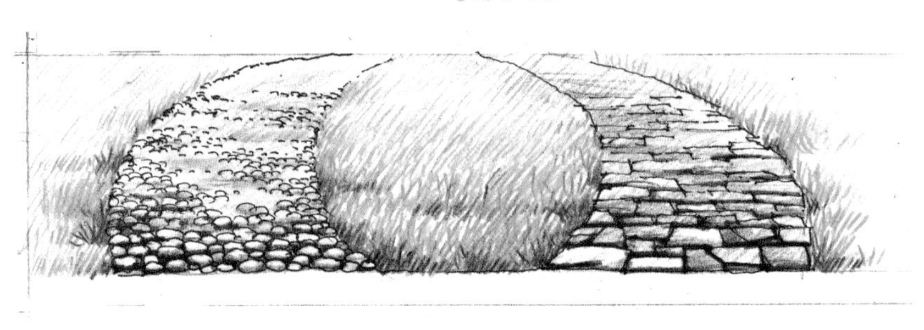

图 6-22

图 6-22 增加了草坪阴影与远近色差，反而观感凝重、草石混淆。故应侧重石径，草坪不宜多变。

### 6.3.4 水面

水面整体色彩类似天空，但略偏绿；远景反光浅淡，近景渐深；常见横向亮白光带。倒影是水面表现的重要特征。沿岸有窄条深影；远景低矮倒影连续而模糊；建筑倒影近岸清晰，离岸渐显波纹。

图 6-23 预作岸边树木与建筑，以及建筑倒影位置稿线。沿岸作马克中灰、深灰窄条深影。浅灰横向笔触，自岸边而下，先作贯通条带，而后留白一段，继作一笔贯通以限定留白区域，再作局部不贯通排线，重复一遍留白与不贯通排线。因幅面较大，故设两道光带，水面较窄时一道即可。

图 6-24 于近岸的贯通浅灰条带之上，叠加中灰短横线表达倒影。树影大致对位，建筑明确对位。留白以下，中灰横排线作建筑倒影；至第二道光带处改用窄线并留缝隙；再往下则以窄条短线表达倒影波纹。短线间距由密变疏，笔触由细变宽，最下（最近处）略呈弯弧。波纹范围应略超出建筑倒影位置线。

右侧较高树木的倒影以中灰短横线错落、松散表达。

图 6-25 深化建筑倒影。在建筑背光面的倒影范围内叠加中灰二度，上部宽笔略留缝隙，中部呈窄条短线。下部散选部分波纹叠加深灰，笔触宜呈弧状，侧重于中灰波纹之一端并短于中灰线段。深灰分布应上疏下密，错落分散。波纹左右，浅灰、中灰向两侧断续延伸，横条之间应留空隙。由此形成近景渐深并显波纹光带。

当画面整体清淡时，宜采用中灰三度代替深灰。

右侧树木相应叠加少量中灰二度。

图 6-26 彩铅长排线整体铺陈青色（湖蓝色），或蓝色之上轻叠绿色。留出光带，或后续橡皮擦白。

图 6-27 蓝色彩铅短排线加深倒影波纹，波影深处尤需加浓。树木倒影叠加绿色。

图 6-28 将上图横向重复并列，更强调倒影、波纹效果。

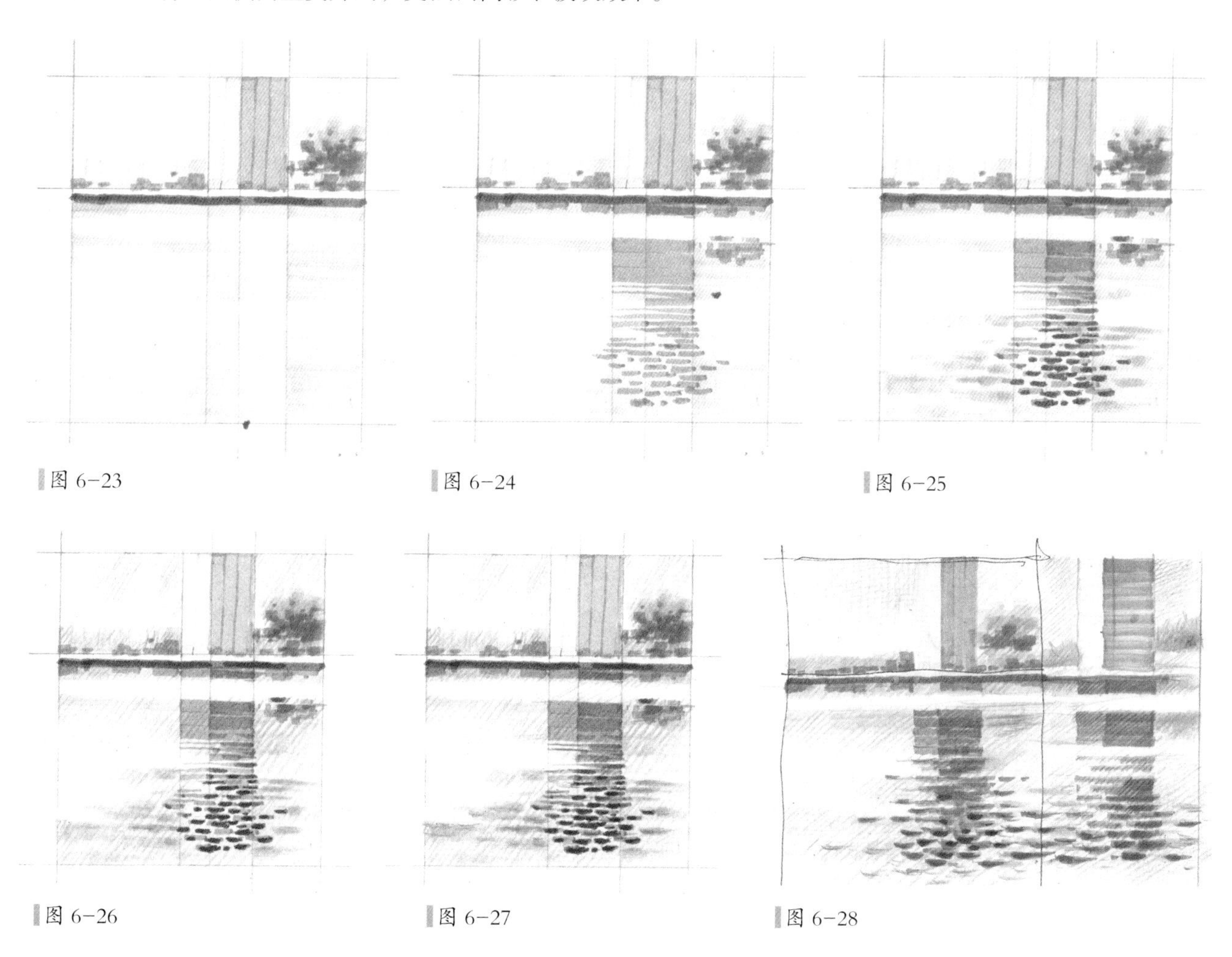

图 6-23　图 6-24　图 6-25

图 6-26　图 6-27　图 6-28

## 6.4　树木

树木有远中近景，远景浑然成林，不辨单株，属于虚化；近景局部勾叶，基本留白，趋于装饰化；唯独中景需要具象表达单株。树木尚有乔、灌之分，落叶、常青之分，作为配景只重形态，不拘品种。

本节先讲解中景树木的通用绘制方法，包括光影分析、叶冠笔触、色彩关系等三方面的基本程式。然后按照树木的体形特征，分别示例球形、卵形、伞形、塔形等典型树形的绘制步骤。最后介绍枝条、勾叶等特殊笔法。初学者宜先练习“6.4.1 基本程式”各例，理解、掌握通用笔法，及时付诸于画面应用；而将“6.4.2 各种树形”部分留待实务需要时现学现用。

示例树木均假设左上受光，实务绘制时，应注意光线方向与建筑的受光情形一致。

### 6.4.1 基本程式

#### 球体明暗

图 6-29 所示球体是一切树形的基本结构。左侧两幅马克浅灰区分明暗。鉴于后续彩铅笔触繁密，马克铺底仅需留白、浅灰两个层次，笔触也可竖向、弧线任选。

#### 绿叠黄蓝

第三幅，先以轻线满铺绿色（固有色），随后留出高光区域叠加二度，再于暗部重笔叠加三度。也可以直接凭借力度变化替代数度叠加。最右幅，于高光区域轻叠光源黄色，阴影区域重笔叠加蓝色。

#### 彩铅笔触

图 6-30 示例为彩铅画树的几种笔触效果。自左至右，第一幅斜向排线最为简便；第二幅“之”形连笔适合细碎小叶；第三幅半弧圈连笔多示阔叶或边缘散叶，笔触排列应呈现中心辐射状；末幅竖向波折线，常表达藤蔓垂条。

#### 方形笔触

图 6-31 说明各种具体树形都是由一系列球体组合衍生的，各部分的明暗关系均应遵循球体的光影模式。此图的重点是介绍马克笔的碎散的方形笔触。马克短线近似方形，或横扁或竖窄，可灵活表达叶簇姿态；方笔之间离合重叠，既方便刻画分散的球体光影，又容易调整疏密、融合整体观感，因此是普适于各种树形的基本笔触。

自左至右，第一个基本球体可表示远树；第二个完整球体应用了方笔触，可作为装饰性的行道树；第三幅形似众多小球碎散重叠，适合大多数乔木；末幅层叠诸球各自完整，表现园艺灌木。

图 6-32 各依固有色、光源色、环境色的分解步骤上色。黄绿、紫红、草绿是最常用的固有色，相应的光源色为橙黄、橙红、黄色，阴影可分别叠加暗红、蓝紫和蓝色。一般绿树阴影加暗红补色时显得深浓而坚实，加暗蓝则显虚柔而通透，应根据画面构图的需要来选择。

图 6-33 是在修整阶段添加墨线勾叶，尤其边缘散叶部分，强调树种特征。此时马克笔需多叠中灰阴影，以平衡浓重墨线。

图 6-29

图 6-30

图 6-31

图 6-32

图 6-33

图 6-34

### 6.4.2 各种树形

串形、卵形、伞形、塔形都是圆球的变体，其光影模式源自基本球体而有所发展；而上色步骤都沿承了上文的基本笔法。图 6-34 是各种树形明暗与基本球体的对照。以下逐一介绍绘制步骤。

**串形树**

如图 6-35 所示，串形树整体呈现大球，内部许多小球，大小不一，前后叠置。

左图铅笔稿线于大球界线内作各小球。先在中下部画出最靠前的较大小球，周围画几个次大的完整小球，然后于剩余部位添加较小的、被遮挡的球形。重叠小球的稿线也可完整画出，只要上色不混淆就行。

中图分别作各球的浅灰暗部。被遮球形原来的亮部“蒙上”了落影，球间透见的内部则全是暗影，这些部分都应涂上浅灰。树干、大枝也作浅灰。

右图深化，选择局部阴影区域叠加浅灰两度或中灰，表达缝隙之间的浓重阴影。叶冠间枝条多有落影，且形细难辨，需绘中灰细线；干枝近叶冠处也可稍加中灰落影。

图 6-35　　图 6-36

图 6-36 为上色步骤。左图轻线满铺。中图暗部叠加二度，浓影三度；左上“外露”数球高光加黄，右下及内部各球则不加黄。右图阴影区域重笔叠加蓝色，尤其要加重中灰缝隙的浓影。

**卵形树**

如图 6-37 所示，整体大球纵向拉伸呈卵形，并上尖下圆；内部小球均紧密叠置，顶端略尖。

左图铅笔稿线作各小球。绘制顺序为：先中轴后两侧，先下后上；叠置情形为：侧部被正前小球遮挡，底部被下面小球遮挡。

中图作各球浅灰暗部。各球尖顶未被遮挡，均亮部留白。树干浅灰。

右图作全局渐变叠加浅灰，上浅下深、左浅右深的全局渐变，体现整体大球的光影变化。右、下局部浓影叠加浅灰三度。

图 6-38 为上色步骤，用色同前例。

卵形树多用于杉、柏，故笔触宜取竖向短线，以示针叶特征。

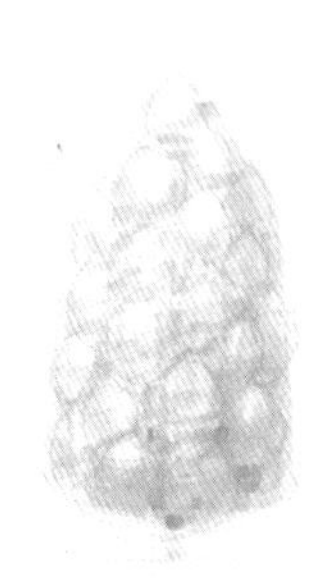

图 6-37

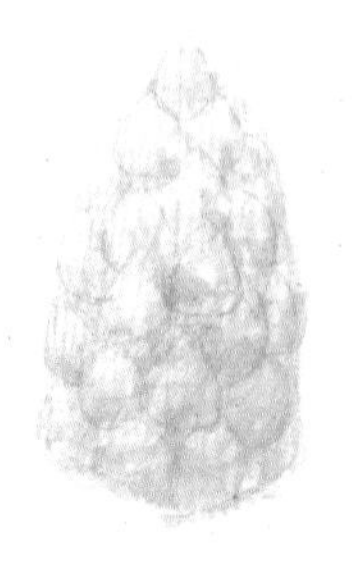

图 6-38

**伞形树**

如图 6-39 所示，外形亦取大圆，内部小球改作横扁梭形，分布避免规则对称；落影衬托上弧的亮部，呈伞花状。扶桑大木，如伞蔽日，适用此式。

左图作大球小伞稿线，勿齐守外圆。如图左上、右中留有空缺，右下略超出边界，形成错落动势。

梭形光影分布类似球形，仅压扁拉宽。中图暗部浅灰；右图叠加浓影、细枝，与串形树笔法相同。

图 6-40 选用橙色作为固有色。左图先上光源黄色；中图“之”形笔触满铺橙色；右图暗部阴影叠加暗红，局部深浓处加蓝。

此例采用“之”形笔触，便于浓淡叠加时，有随意自如的优势。上色一、二步骤可以互换，视个人习惯而定。

图 6-39

图 6-40

**塔形树**

图 6-41，整树体态锥形似塔，叶冠如层叠圆台串接，对称中略显左右参差。多见于雪松、水杉。光影特征是：各层叶冠类似圆柱体模式；层叠之处有横向条带阴影；整体锥形有上下、左右渐变。

左图铅笔稿线依次为中轴线；整体锥形的左右边线，两侧略有大小区分，顶角约 30° ；作五道横向划分线（酌情增减），其中顶段厚度最大，为下部各段的两倍；再作各层叶冠的左右边界线，使圆台顶边内收、底边外展至局部超出锥形边界，形成左右参差的动感。

中图先作各层叶冠的圆柱体光影：左沿边线一笔；右部 1/3 范围浅灰，笔触均顺圆台经向扇形排线。然后作横向条带阴影，于划分线上下各作一笔。线上一笔表示针叶末端散开，露出内部暗影；线下一笔表示上层叶冠在下层的落影。顶段锥形的左侧通常全部留白，以示高处受光强烈。

右图整体叠加浅灰二度，竖向笔触，呈现上浅下深、左浅右深。下部数层落影局部，叠加浅灰三度或中灰，对应于圆柱体明暗交界位置。末层底部以中灰窄线散作叶端悬垂，并加树干阴影。

图 6-42，上色三步骤的相同部分不再赘述。特点之一是竖向短线笔触，宜顺圆台经向呈扇形排列。之二是不加黄色，多叠蓝色，以明确针叶树种苍翠偏冷的观感，区别于其他草绿色树木。

图 6-41

图 6-42

### 条形树

图 6-43，全部枝条自主干向上辐射发散；叶傍枝茎、弯如舌条；外廓上弧下窄呈扇形。苏铁、椰枣属于此形，室内盆栽也较多运用。其光影顶亮底暗，分界明确，但明暗比例随角度不同而有差异。

左图铅笔稿线先作外廓扇形，以整体高度之半为中心，作发散状舌形枝条。各条略分宽窄，前缘尖角略坠，根部彼此遮叠。中心以上枝条长而上扬；中心以下枝条短而下垂。正对视线中间位置的枝条难以表达横向走势，可使之略偏一侧，以弧线轮廓反映其透视情形。

中图浅灰马克顺沿枝条走向作底部暗面。枝条位于树形上方两侧者暗部宽大；位于下方两侧者暗部窄小；位于树形顶部者暗部窄小；位于正对视线者基本留白。各枝条根部汇聚处暗部联成一体。树干、枝茎汇聚处均呈暗部，衬托正中留白枝条。

右图于根部、枝茎汇聚处叠加两至三度，正中几枝底下可叠中灰，以扩大前后纵深感。中心以下、整体外廓范围内，枝条之间加涂浅灰，表达阴影之中的后部枝叶。

图 6-44，此例彩铅采用短线垂直于枝条走向的排线笔触，模拟苏铁之类的叶脉纹理。中图叠加同样笔触，使纹理更显细腻。叠加蓝色时则用斜排线即可。右图于局部浓影处补加了暗红。

图 6-43

图 6-44

### 6.4.3 特殊笔法

#### 枝条树

上节树木表现均侧重叶冠，落叶乔木则侧重枝条。此时关键不在光影，而在线条。既要体现装饰美感，又要符合结构特征，还要表达类型差别。

初画枝条，极易杂乱无章，建议借鉴立面图中枝条树的刻板笔法。如图 6–45 所示步骤：左上先作顶廓弧线，高度可各处不同，主干、大枝顶足外廓；右上各处三道弧线将高度三分，遂于一、二道弧线区间内，每大枝左右各分出小枝（粗线示意当前操作）；中幅于二、三道弧线区间内，每小枝左右再分出细枝；下幅沿外廓局部加密细枝。此法分杈规则有序、枝条柔韧舒展，整体内疏外密，外廓齐整饱满。透视枝条不似立面刻板，多为内有交错、外不齐整，但先学规整，再求变化，比较稳健。

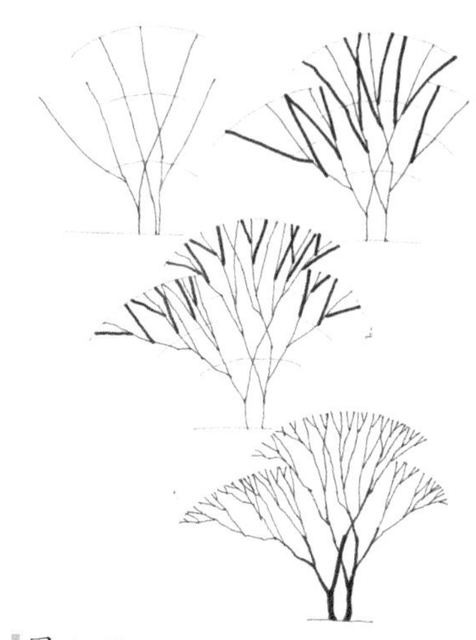

图 6–45

图 6–46 首先在外廓形态上区分类别。从左到右，球形多示行道树、扇形多示灌木、果树；塔形为针叶树；纵伸的伞形多是观赏性强的大树。主干、大枝也有差别：行道树主干较高、上部大枝汇聚；灌木根部分杈，干、枝排列横展；针叶树主干直升，众枝横悬；观赏大树主干分杈较低，大枝错落，各处高度不同。

本图为铅笔稿线，先作主干，再定外廓。画出大枝特征走向。

图 6–47 马克浅灰先描铅稿主干、大枝，再连续“即兴”画完全部细枝。枝间少量交错，外廓偶有突破。细枝尽量细线，主干、大枝逐渐加粗。马克枝条勾线时，应于运笔中连续转动角度，充分发挥其宽度变化灵活生动的特点。

图 6–46

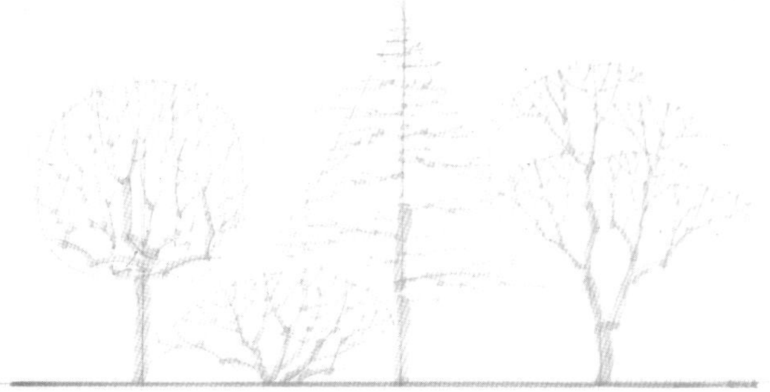

图 6–47

图 6-48 马克中灰加深局部细枝，尤其交接角点，加深者显实而靠前，浅者淡者虚而退后。大枝、主干的下部、右侧加添中灰细线、窄笔，以示阴影（假设左侧光线）。

图 6-49 彩铅于枝间散叠碎笔，多沿外廓，具装饰感。一、三幅用短排线，二、四幅用“之”形线。

图 6-48

图 6-49

**松散树**

“6.4.2 各种树形”所示案例结构紧密、造型规整，但现实中许多树木却是外形纵横扩展、叶冠离散分布的，属于典型树形的松散变体，表现时要结合枝条树的勾线笔法。

针对松散形树木，首先要参照实景图片，描摹独特姿态；然后对照所学程式，将实景叶冠归纳为某种类型；继而套用典型树形的光影程式，再加彩铅笔触刻画细节特征。

松散型以伞形的变体居多。图 6-50 所示仅左幅为球形变体，其他各幅都是伞形变体。

自左向右，第一幅以浅灰方笔塑造球体；球间散点碎叶；透见树枝；中灰勾略干、枝阴影；最大（近）球暗部略加中灰。此形可作高大观赏树木。

第二幅层叠扁平伞形，错落横展。浅灰竖笔铺垫连续暗部，衬托伞顶留白；叠加浅灰二度，表达暗部中微弱透见的伞形；中灰短竖笔，沿留白底边局部叠加，表达悬挑叶片之下的落影。此形宜作灌木。

第三幅中叶冠密集联片，形同大伞，整体左右舒展。此例表现花簇盛开，故伞形留白为主，伞底浅灰竖笔范围狭小；伞间多作枝条；干、枝多用中灰，以衬托浅色花簇。

图 6-50

第四幅众多伞形沿纵向分布，伞形略呈菱形。区分上下、前后：位于高处和中央者，大部受光留白，少量浅灰暗部；位于低处和侧旁者，满铺浅灰；中央竖杆密集成柱，以浅灰竖笔数度加深，半高以下叠加中灰窄笔，表达密杆，并衬托伞形。此形适作竹丛。

图 6–51 彩铅上色后各树特征更加明确。第一幅常规黄绿色调，“之”形笔触；第二幅暗部叠蓝较多，用半弧圈连笔；第三幅红色轻笔斜线，伞顶小碎笔表达花簇间隙（参见 11.1.2 整体花束），暗部略叠青色；第四幅受光部黄多绿少，低处、侧旁伞形和密杆暗影满叠青色，沿外廓用发散短线表达叶片。

图 6–52 于花簇、竹丛之后叠加彩铅天空，衬托鲜明。

图 6–51

图 6–52

**近景勾线**

近景细部清晰，宜参照实景图片，以墨线描摹枝叶形态；根据构图需要进行调整、简化，缩放尺寸；再转移到表现画幅上；整体细线绘制，局部加粗外廓；必要时可于底部暗影位置略加灰马或彩铅。

图 6–53 以具象临摹象征实景图片；图 6–54 示意在图片上加勾墨线；图 6–55 转移勾线，可简化细节、唯勾外廓；图 6–56 局部加粗，暗影灰马，少量彩铅。

图 6–53

图 6–54

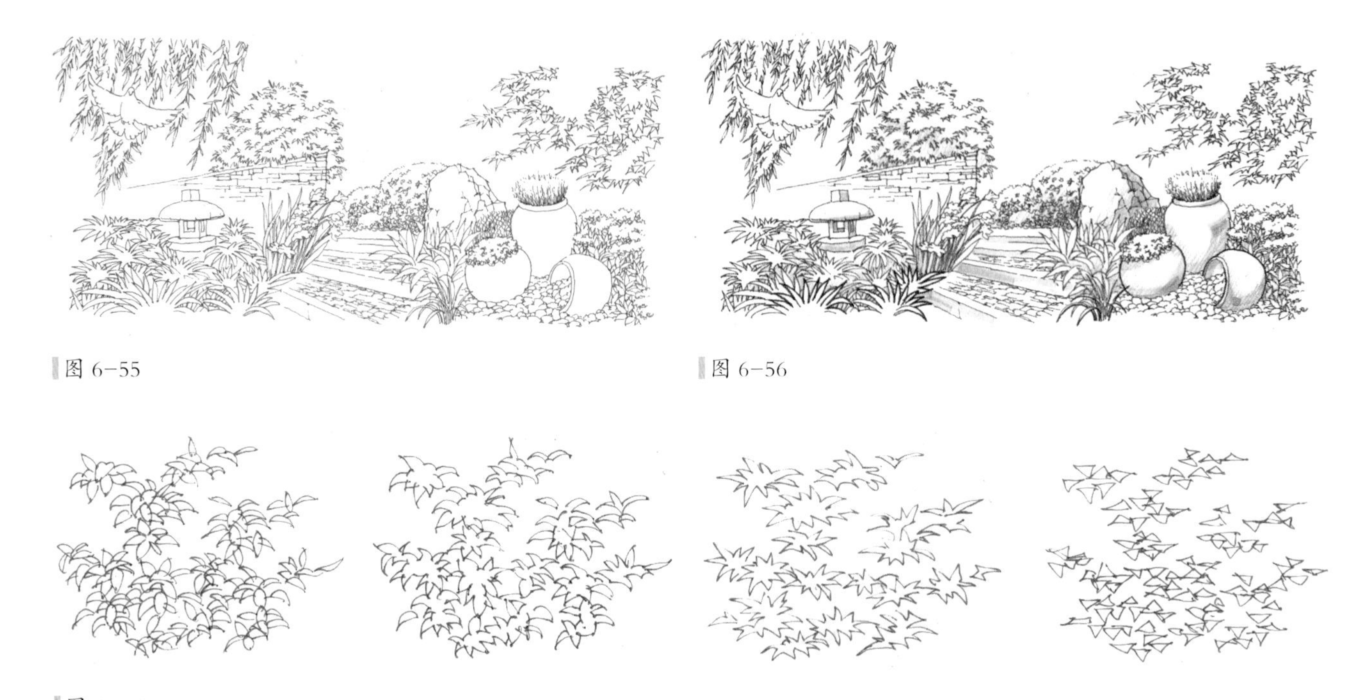

图 6-55

图 6-56

图 6-57

图 6-57 示例局部枝叶勾线的简化步骤，左幅勾出实景全部轮廓，第二幅仅勾外廓，第三幅以简化的爪状图形代替具象枝叶，末幅代之以三角图形。通常参照实景意在整体姿态，细部则宜取适配的简化图形，以利全图笔触的风格统一。

**参考室内配景**

某些灌木，以及盆栽、花卉等造型，若无适配图片参照时，可参阅室内篇“11 室内配景”中的相关内容，根据此类配景的形态规律，自主构图创作。

## 6.5 车辆

车辆的作用是表达车道与停车区域、体现建筑尺度和调整画面构图。

车辆造型应简练明确，表达类型特征，舍弃款式细节。形体方面要求尺度、比例真实，透视顺应建筑走向；素描方面要区分车窗、车身、车轮，光影方向与建筑一致；色彩方面应考虑整体构图需要，一般不宜浓重突显。

### 6.5.1 造型比例

图 6-58 是以小客车为例，根据各部分的大致比例，由长方体“切割、修整”出车辆造型。

第一幅图叠置两个长方体。总高度六等分，自上而下，两份顶厢、三份车身、一份底高；车长为总高度的三倍半，各分段线分别对应两轮前缘和顶厢；车宽等于总高度或略大。

第二幅图作车轮方形外廓，顶边位于车身半高；作车身前低后高之斜线，自顶厢至车头降去三分之一高度；作顶厢前后风挡斜面，前窗斜度较大，可延伸近前轮后缘。图中以粗线表示当前的“切割”操作。

第三幅顶厢两侧收缩、顶部变窄，相应调整前后窗边撑线；车身前后端上部内收，使保险杠外凸；车轮外廓修整成八边形，略示拱板、轮胎间隙和轮侧圆柱面。

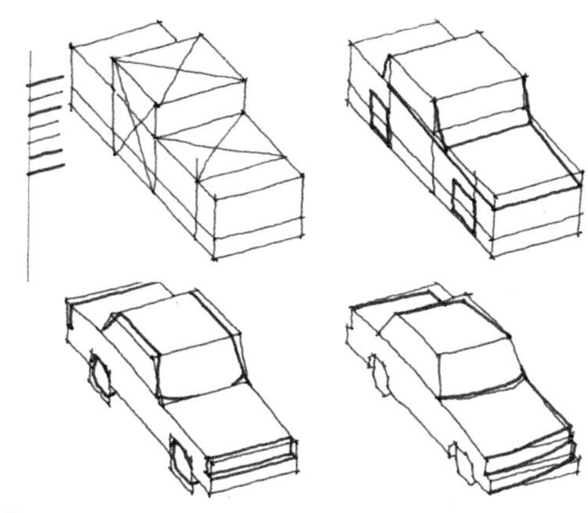
图 6-58

第四幅在完成基础上稍作透视线倾斜，体现近大远小，并使车头前缘略显弧状。

### 6.5.2 渐进步骤

#### 线框

图 6-59 下部四幅为小客车的不同角度，上部两幅为大巴和面包车。本图是铅笔形体线框，均以正常视高示例。小客车顶面接近视平线，大巴车窗略高于视平线，面包车车窗平分视平线。根据透视章节“3.9.4 视平线高度法”所述，确定车辆地面落点后，可按视高推演各部尺寸，仅需目测大致比例。

下部左上幅侧向正视，车身前低后高、首斜尾直，前窗斜度较大；车身横划三段、待后续区分明暗，上段前倾变窄，下段保险杠微凸；车轮作八边形，于透视中更易把握，轮轴方形；划出前后车灯位置。

右上幅前侧透视，形体正侧均呈透视斜线，“主观上”对准消失点，实际形体短小，略呈近大远小即可。此车为两厢型，厢尾应略低垂。侧看时另侧前轮应显露局部。左下幅同为前侧透视。右下幅后侧透视，车身尾部方直，后窗斜度较小。

上部左幅大巴近似长方体，仅风挡略斜，后视镜较大而前突，应予表达。

上部右幅面包车有“额头”和“鼻子”，应先作外围长方体，再分割内凹、修整造型。

#### 光影

图 6-60 以浅灰马克塑造整体光影。先看下部左上幅，车身横三段对应留白、浅灰一度、浅灰二度，车灯留白；顶厢框体浅灰一度，侧窗顶边留白，下接浅灰；前窗留白。

右上幅车身横三段相同，差别在于顶厢框体二度加深，强调此面背光，唯当构图所需时才有必要；车头前灯间散热格栅浅灰二度，衬托前厢留白顶面；保险杠下部三度加深。

左下幅侧重于正侧面的转角强化，顶厢前窗边框加深；车身前缘近转角处加深；车轮侧面（圆柱面）、左前

图 6-59

图 6-60

轮局部，均作二度加深。右下幅尾厢顶面、保险杠顶部窄条留白，其余同前。

上部左幅为标准长方体笔法：一面留白，一面浅灰，转角强化。右侧暗面唯前窗留白区分，向远虚化。各车轮浅灰二度。

上部右幅整体与左幅相似，但“额头”浅灰以衬风挡留白；格栅与保险杠浅灰，以衬“鼻子”留白。

**深化**

图6-61以中灰、深灰马克局部刻画车窗、车轮、底盘窄影和地面落影。车窗部分：侧窗玻璃中灰、深灰纵笔并置、至浅灰、至留白，形成光影条带；风挡玻璃由深灰至留白骤变，参照镜面圆柱模式，笔触应顺沿窗面倾斜；玻璃上沿可加中灰二度细线，强化与框体的反差。车轮部分：轮胎上半部加环状中灰，留出浅灰轮轴，再沿拱板与轮间凹缝加窄条深灰落影；底盘以深灰细线沿车身贯通；地面落影先以中灰涂满，再于车轮附近，或首尾部位叠加深灰窄条。落影极其扁平、细窄，侧视可见车底与落影之间尚有间隙。

**上色**

图 6-62 上色区分车窗、车身。窗玻璃整体青色，近前留白转浅处略加黄色。车身整体一色满铺，笔触浓淡轻重对应素描深浅。轮胎、落影或蓝、橙互叠，或不予上色。

下部左下幅车身固有色浅灰，应略作蓝、橙互叠，勿显纯灰。

**修整**

图 6-63 加勾墨线、明确形廓，可适量添加细节。

图 6-64 两车尺度较大，墨线起稿时细节略多，适应有实物参照的场合。

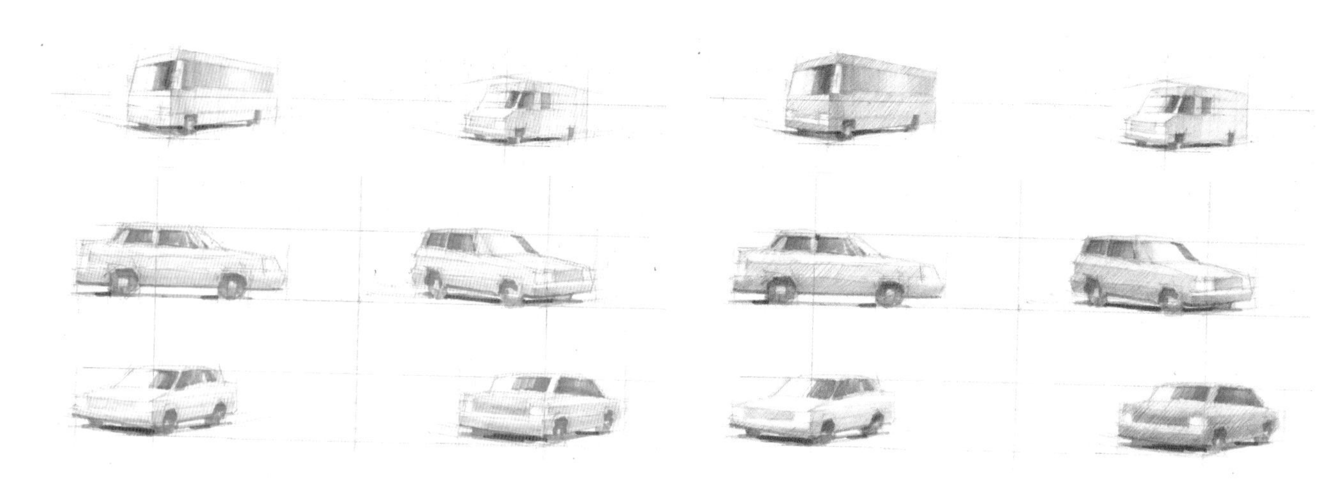

图 6-61

图 6-62

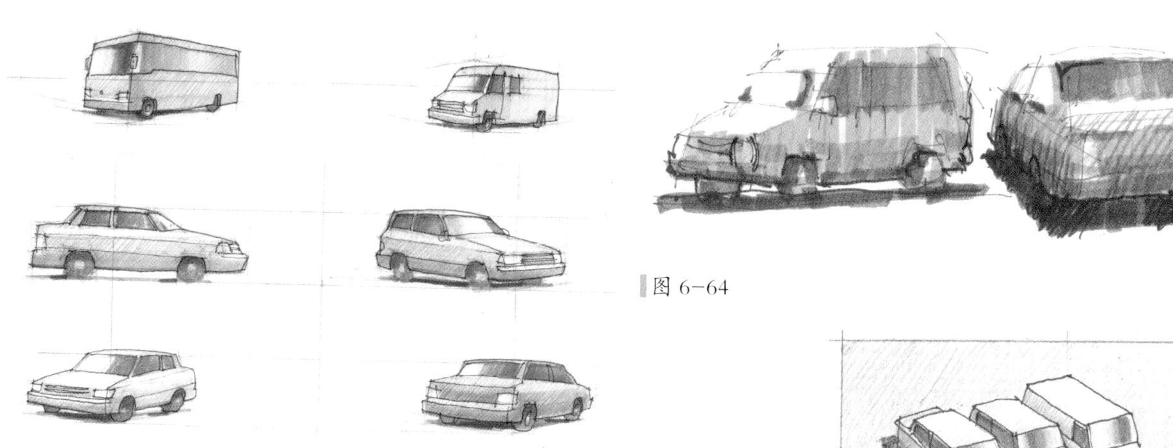

图 6-63

图 6-64

### 6.5.3 鸟瞰角度

图 6-65 示例为鸟瞰角度，与平点透视有三处不同。第一，顶面占比大，不宜纯白，应轻铺彩铅、自暗面边缘渐变至留白。第二，俯瞰窗深，玻璃整体中灰，仅风挡作留白高光。第三，地面落影边界明确，清晰衬托车底轮廓。

图 6-65

## 6.6 人物

人物的作用是表达人行流线，体现建筑尺度，烘托环境氛围。

太像与太不像都是缺陷。人物酷肖势必喧宾夺主；扭曲变形则有损画面美感。

配景人物应表现形体结构，舍弃容貌细节。要求比例准确、姿态合理，举止动势尽量符合场所功能。人物可以完全留白，或服装上色配合构图，面部、四肢仅在特殊需要时略涂暗部。

### 6.6.1 人物正、背面

#### 线框

图 6–66 绘制正、背面结构线框。首先划分各部位高宽比例，而后以几何形体的组合表达形廓。

左侧，将男性身高八等分，一份头部，三份躯干，四份腿部。取两份作为肩宽（最宽处），至胯略窄，脚部仅一份宽度。头宽半份，使呈纵长方形。

各部轮廓均以梯形为基础，肩部呈扁平的钝角三角形，双臂为直线或略呈内折线。正、背面唯一区别是外套胸襟的“V”字线。

右侧女性形体特征丰富，划分更需细致。先将身高等分三段，上一道等分线为腰部，下一道等分线为膝部。上段再作四等分线，第二线是肩，第三线是胸，肩、颈交接在第一、二线之间（头部同样是身高的八分之一）。中段再作三等分线，第一线是胯，第二线常作短裙下摆。宽度方面，以中段之 2/3 作为胯宽（最宽处），肩宽减为胯宽之 2/3，头部则为胯宽 1/3。双臂或折或曲，单线勾略。

各部轮廓为梯形与菱形的组合，其中头部完全菱形。

#### 光影

图 6–67 是正、背面人物的光影笔法。头发深灰，其余基本浅灰，影深处局部中灰。

男性正面头发仅作顶端窄线，背面头发至颈部结束，留出领口；上装正面留白，背面于胛骨（第二份中间）以下渐变至臀部留白；两臂正面上段涂色，背面下段涂色，表达弯曲时的受背光变化；腿部作下摆落影，正面少、背面多，选一侧下部涂色，表达弯曲背光。

女性正面头发冠状涂色留出面部，背面涂色留出颈部；上装正面自胸线到腰线平涂浅灰，胸线下可加一笔中灰以显挺拔，背面自胛骨（二、三线之间）到腰线平涂，胛骨下可叠一度以衬肩白；裙装正面留白，背面于臀部（略低于胯线）以下渐变至留白；腿部作裙摆窄影，可加中灰强化；小腿一侧上下涂色中间留白，另侧也可下端涂色，以示曲线光影。

#### 上色

图 6–68 是正、背面人物的上色。单色平涂整套服装，留白处用笔略轻。肌肤通常留白，偶尔需要上色时，也仅在正脸腮下、四肢暗部轻染橙色，慎勿满涂。

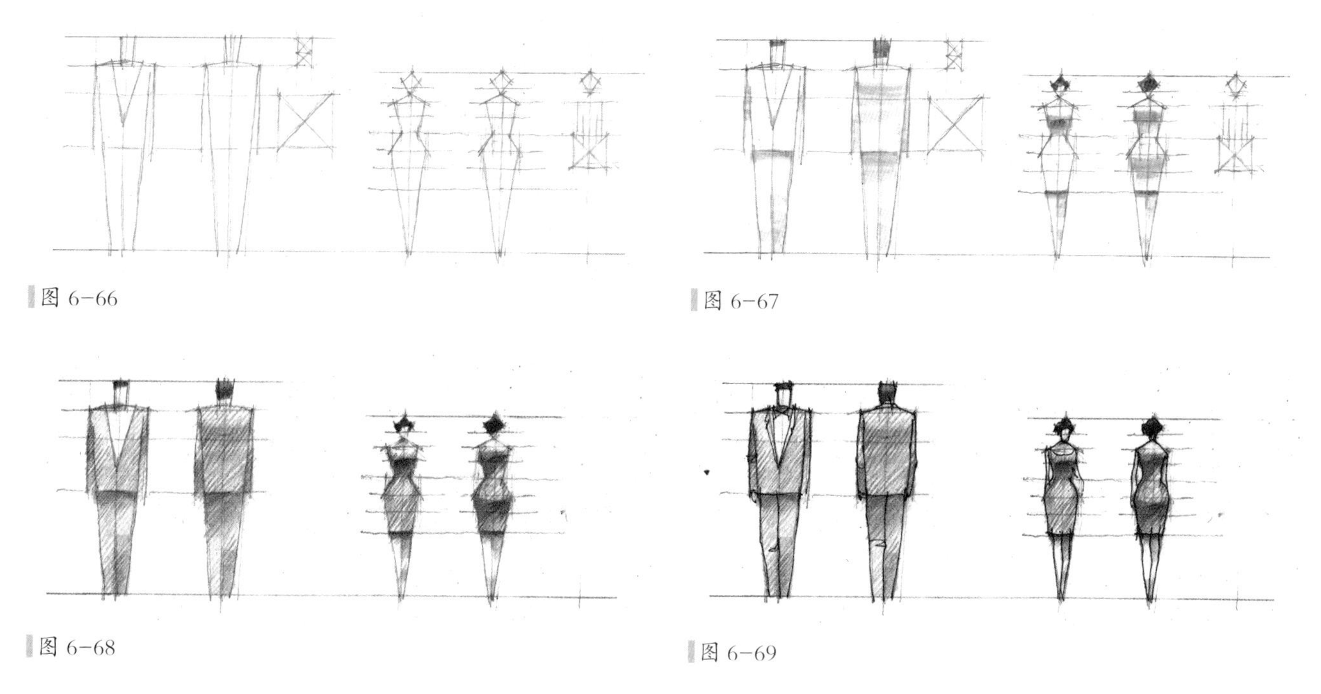

图 6-66

图 6-67

图 6-68

图 6-69

### 修整

图 6-69 墨线勾形时，可补充细节，增添生动。

## 6.6.2　人物侧面

### 线框

图 6-70 绘制人物侧面结构线框。男女各部位的高度划分与正、背面相同。男性取一份作为躯干厚度（宽度）；颈部至前胸作斜线；头部比例同前；双腿外展 30° 、左右对称，上宽下窄至尖角，膝部略弯折；脚部不画；手臂不画或后加。

女性头部方形与三角形组合，表示发髻；厚度方面先取上段之半作两条竖向辅助线，中轴对称；前胸齐于辅助线，背胛内收至辅助线与中轴线之间；腰厚占两辅助线间距之半，于中轴线呈前腹二后背一，显腰内凹；臀齐于后辅助线，胯于前辅助线略内收；双腿外展小于 30° ，上宽下窄，宜较男性更加纤细；膝略弯折，脚部不画；手臂不画或后加。

右侧是尺寸较小的结构线框。

### 光影

图 6-71 是侧面人物的光影笔法。同样头发深灰，其余浅灰，局部中灰。

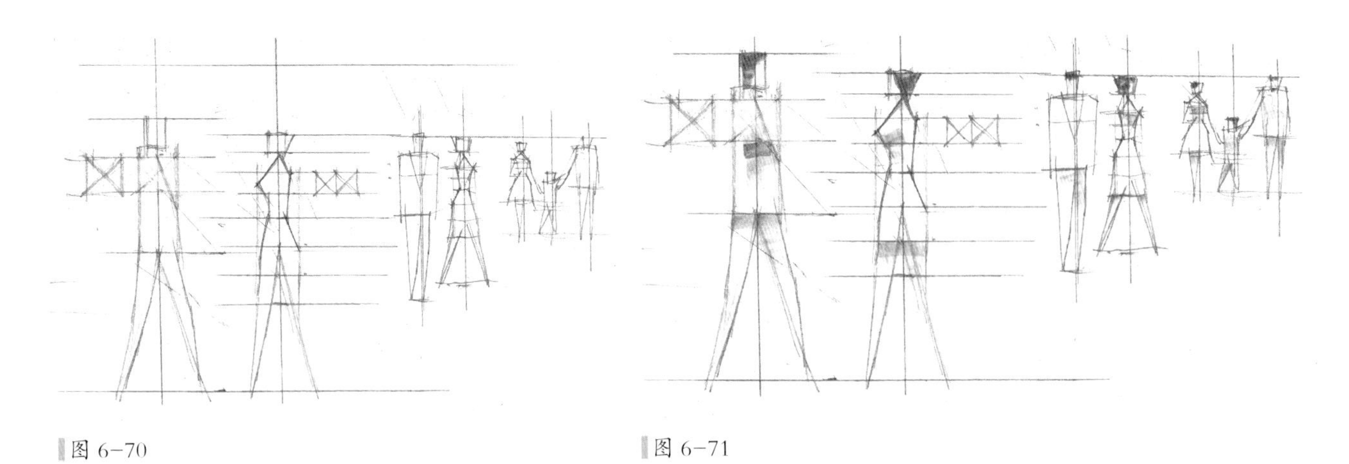

图 6-70　　图 6-71

男性头发顶端横窄笔沿后颅竖笔，接中灰至颈；上装基本留白，中段浅灰，臂弯下可加中灰；腿部作下摆落影，远侧上段、近侧下段涂浅灰，表达前后差别。

女性发髻连鬓呈倒三角形，接中灰至颈；颈部浅灰；裙装胸下一笔略呈上弧状，再横笔延伸至腰部，胸下可略点中灰，注意涂色至手臂位置应留白；裙摆下作浅灰两度落影，向远侧腿部延伸，另侧也可下端涂色。

**上色**

图 6-72 是侧面人物的上色。与正、背面的情况相似。

**修整**

图 6-73 增加了墨线勾形。

图 6-74 所示人物未作精确划分，结构较为松散。练熟了刻板的程式之后，常规的站、行姿态，即使不作划分也不至过分扭曲变形。

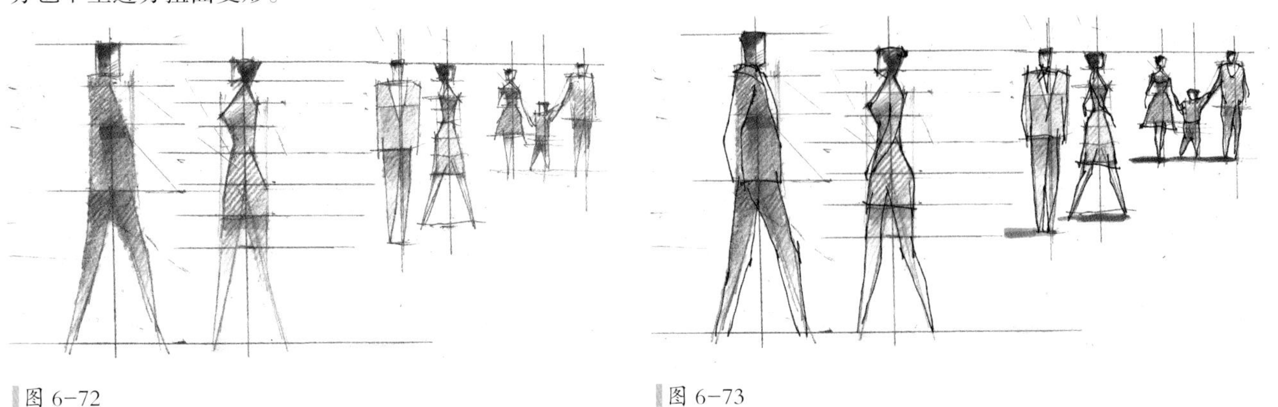

图 6-72　　图 6-73

图 6–74

## 6.6 特定动态

当场景需要人物具有特定动态时，可参照实景图片，先描摹姿势结构，再概括简化线框，之后按照教程完成光影、上色步骤。

图 6–75 以具象临摹象征实景图片，方便汇集示例。读者可将采集图片缩放至所需尺寸，彩色转成黑白打印，遂以透明纸张蒙覆描摹，概括简化后再转刻到白卡纸上。

图 6–76 在描摹后的简约线框之上，添加中灰、浅灰光影。线框部分尽量替换成几何形体，光影部分以程式为基础，适度融入实景特征，以期活跃生动。

图 6–75

图 6–76

# 7 建筑实务

学习了建筑光影、材质、配景诸程式，即能拼凑成一幅完整画面。但要达到良好的表现效果，必须经过恰当的构图处理。实务运用要求把握主题特征，选择适配程式；要求区分主次强弱，有所侧重、取舍。取舍取舍，重在于舍，舍而后得。

本章三节皆讨论取舍之法。场景分析例举四种典型模式，介绍表现程式的侧重；照片改画借助现实案例，训练对设计“亮点”的选择；创作指导点评学生实务，总结得失。

## 7.1 建筑场景分析

快速手绘用于表现草创方案，坚持一个声音说话，才能给人深刻印象。若诸多内容集体“亮相”，争夺视线，势必淹没核心创意；同时耗费笔墨，丧失了快速表现的意义。

场景分析以四种常用模式为例，选择表现的主要目标，针对其典型特征，套用适配的程式充分描绘，其余内容则均予弱化处理。

### 7.1.1 整体渐变模式

关注整体图底关系和远近虚实渐变，配合色调的冷暖互渗转换；弱化造型细节与局部材质变化。

#### 线条起伏例

墙面线条起伏形成的条带阴影不应过分刻画，以免干扰建筑形态的光影立体。应先作整体光影，再叠细部条带，坚持整体强而局部弱。尤其向远处渐变时，细部条带可虚化隐没。

图 7–1 所示古典建筑，具有繁复线条，切勿胶着于此。先以中灰区分光影，再二度叠加细部条带。受光面线条以浅灰入手，数度叠加渐深；视觉焦点处的洞口阴影可稍加中灰，其余则保持浅灰。背光面线条二度中灰，隐约虚化；横向远退时线条渐虚，纵向中段处线条渐虚。

图 7–2 首选蓝橙两色，冷暖对比；强调形体，弱化材质。补色互渗最能表现远近虚实。

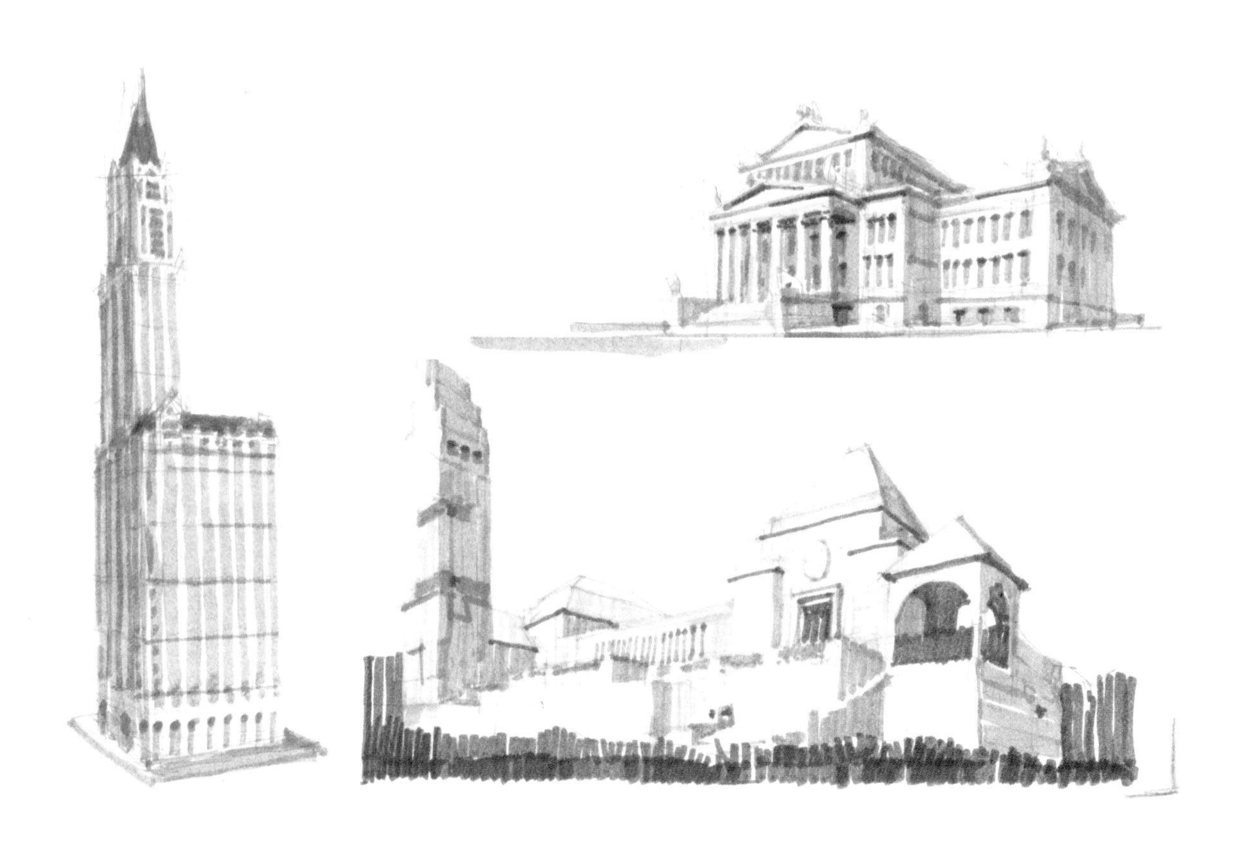

图 7-1

图 7–2

### 韵律窗墙例

窗玻璃光泽灵动，整体渐变时应侧重于玻璃的快速骤变。墙面设计的色彩需要如实表现，玻璃反光则无固定色彩，宜视墙色而定，作冷暖对比互衬。

图 7–3 首先区分实墙与玻璃的整体深浅，此例取墙深窗浅。墙面整体作远近柔和渐变；玻璃逐格作跳跃式骤变。近处窗洞与玻璃映像压深，中灰一、二度；远处所有反差渐弱，仅用浅灰。

图 7–4 的墙面材质为中性灰色，表现时应叠加环境色：近侧叠紫偏暖；渐远、及向下暗部叠蓝偏冷；叠蓝时窗、墙一体排线更利于虚化。玻璃映射的天空，多显地坪低处的云层暖色；上幅衬顶天空亦取蓝橙互叠之统一色调，以维持墙色主体地位。若换作下幅的蓝天，则侧重于表现墙色中灰沉稳的特点。

图 7-3

图 7-4

### 7.1.2 体积塑造模式

强化造型光影对比，充分展现素描层次；色彩与材质概约处理。

**体块堆积例**

立方体各面的明暗差异应居首位，远近、主次的虚实变化位居其次，细部与材质差异最弱。依此顺序分三步绘制，即先作明暗、再叠虚实、后加细节，先强后弱。

明暗绘制分为两个步骤。图 7–5 首先统一区分各面：诸立方体受光留白、侧光浅灰，底面中灰，落影深灰；背景中灰，衬托舱体。图 7–6 保留视觉焦点处的高光留白，其余部分叠加浅灰，形成上下、远近虚实变化；舱体窗口略加二度；周边与落影相应深化。

图 7–7 运用色彩冷暖稍作材质、细部表现，维持光影立体的主体地位。

图 7–5　　图 7–6　　图 7–7

**扭转错落例**

形体角度多变及有弧面转折时，各面的明暗变化须更细致、准确。为便于识别复杂形体，立面材质变化与烦琐细部应尽量弱化处理。

图 7-8，先明确区分各体块的受、背光明暗，后适度表达窗、墙条带的深浅差异。此例墙面扭转呈四种不同角度，对应于留白、浅灰、中灰、中灰二度，需要细致区分。

墙面圆弧转角应以纵向条带表达柱面特征；窗带圆弧内的纵条可适度加深，并与实墙错位。

所有底面暗部满铺中灰，而后二、三度叠加分段光影，以强化转折、边界等关键部位。

图 7-9，总体以蓝橙对比表达各面受背光的差异。底面叠黄呈绿，形成与墙面的显著区别。

图 7-8

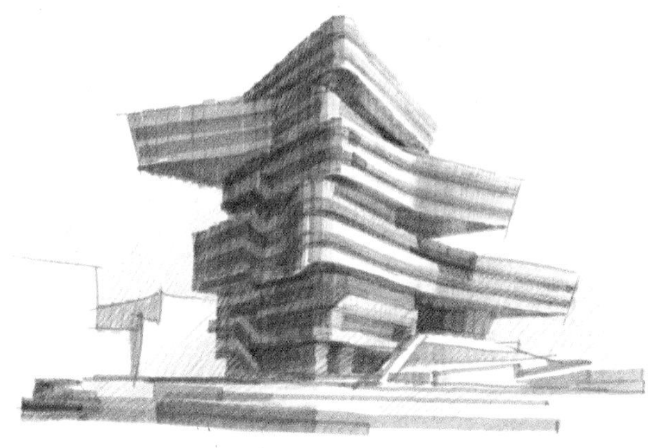

图 7-9

### 7.1.3 特殊材质模式

突出主材表现，夸张典型特征；弱化从属材质。

**幕墙镜面例**

玻璃幅面充足时，尽量展现全程天空变化。弧面处倚尺细致绘制竖向条带。镜面表现越充分，越需弱化其余界面，以维持“主旋律”。

图 7-10 的灰马排线，平面上力求连续，渐变细腻；柱面上力求精确，窄条齐整。

图 7-11 展现了统一基调下各处蓝色的差别：天空清纯，镜面铺垫灰马而浑浊；平镜叠橙偏紫，柱镜叠黄偏绿。

镜面之余尽量留白。环境树、草避免直接用绿，代以蓝黄相叠，不“抢”蓝色基调。

**砖石贴面例**

选择视觉中心部位，以灰马、彩铅的特殊排线笔触表达砖石构造，向边缘区域转变为常规笔触。色差处理同样应突出视觉中心，虚化边缘。

图 7-12 的灰马排线，在塑造光影的同时表达构造纹理，需要顺沿透视走向，倚尺绘制。此例为局部近景，宜适度表现线条起伏细部，可采用分段光影方式加深落影。

图 7-10

图 7-11

图 7-12

图 7-13

图 7-13 的蓝橙两色分别作为砖饰面和粉刷墙面的固有色。两者暗部都要叠入对方色彩，补色互混，降彩趋稳。砖面橙色顺透视排线表达纹理，叠加红线形成色差，叠加蓝线强化暗影。

视觉焦点处全部采用纹理排线，叠红、叠蓝加重力度；周围渐少叠加红、蓝；向远虚化则常规排线。

树木配景互叠偏橙，维持主材色调。

### 7.1.4 环境氛围模式

充分描绘环境，简约表现主体；赋予统一色调，形成图底互衬。

#### 景区小宅例

景观细节可以丰富，色彩则需统一。建筑材色简约，明暗加强，形成“建筑黑白环境灰”的图底关系。天际线、外轮廓等处，景观应联成一体衬托建筑。

图 7-14 的图底关系为：环绕建筑满衬浅灰景观；建筑落影浓重，景观反差微弱。

图 7-15 所示为蓝橙对比的主从色调。面砖的橙色作为主导，鲜艳突显；玻璃的蓝紫作为陪衬，叠橙而灰暗。远景山峦丛林叠蓝，衬托主调；近景草坪灌木叠橙，协同主调。

图 7-14

图 7-15

#### 轮廓衬托例

建筑外廓作为表现主题时，应强化形体与环境的明度、彩度差异。尤其天际轮廓线处，常以饱满色彩满铺衬托。

图 7-16 案例以张膜屋面和悬索弧架作为典型特征，玻璃压深衬托上部白顶，天空留白待彩铅饱满上色。

图 7-17 中，纯艳天空满衬屋面、弧架，作为主调；玻璃、墙面和树木、地坪均呈暖灰辅调，其蓝、橙互渗也与天空底部的冷暖渐变相呼应。

图 7-16

图 7-17

**主观色调例**

主观色调统一氛围，忽略固有色的差异，如此才能集中表现建筑的形体特征，和立面构图的材质对比。

图 7-18 案例侧重立面造型，窗墙条带和弧面形体最适合以素描光影方式表现。图中在柱面程式、虚实渐变、局部互衬等各方面，都有细致的层次区分。

图 7-19 的色彩处理则力求简约。蓝、橙互叠贯穿整体，天空亦然。

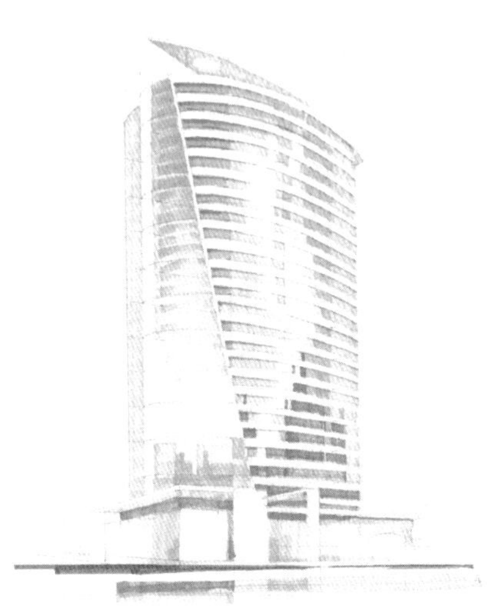

图 7-18

图 7-19

### 7.1.5 细部构造模式

构造形态尽量准确细致，侧重明暗反差和勾线白描。弱化材质、色彩。主观色调统一画面。

**线条构造例**

构件勾线留白，内部背衬灰马。内部透见形态宜隐约、虚化，避免干扰、混淆主体构件。

图 7-20 所示，外部构架完全留白。透见造型浅灰散叠。内部用笔断续，结构松散；由外缘向内反差渐弱，唯门洞处敞见的楼梯略实。图 7-21 中建筑外框叠透晚霞，统一色调更能衬显出构架通透的特征。

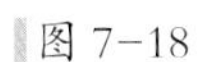

图 7-20

图 7-21

图 7-22 以灰马横线的间隙留白表现格栅，灰马层层叠加来描绘建筑的透见内景。内部阴影的加深应错落散布、隐约虚化。图 7-23 以浓艳色彩表达透见造型，而非淡化、虚化处理。这是针对此例特殊创意的变通手法。以内景造型为主调，构架蓝灰从属陪衬。格栅、梁柱之外满铺色彩，使留白背衬而醒目。

图 7-22

图 7-23

**块面构造例**

肌理起伏的明暗表现应尽量浅淡，始终弱于整体界面的光影反差。向远渐变时，起伏明暗虚化隐没。

图 7–24，自界面转折处，先作整体光影反差，向远渐变至留白。再以浅灰叠加，细腻表达起伏明暗的微弱层次，向远渐虚隐没。中灰窗洞，向远隐约至留白。

图 7–25，纯白材质应表现环境色的冷暖：明暗交界处偏蓝为冷，中下部偏橙为暖；向远蓝橙互叠。构造起伏处：上斜面受光偏暖；下斜面背光偏冷。天、地衬托白墙，上轻下重；宜中等力度铺色，过分浓艳有悖于该建筑轻盈、雅致的性格。

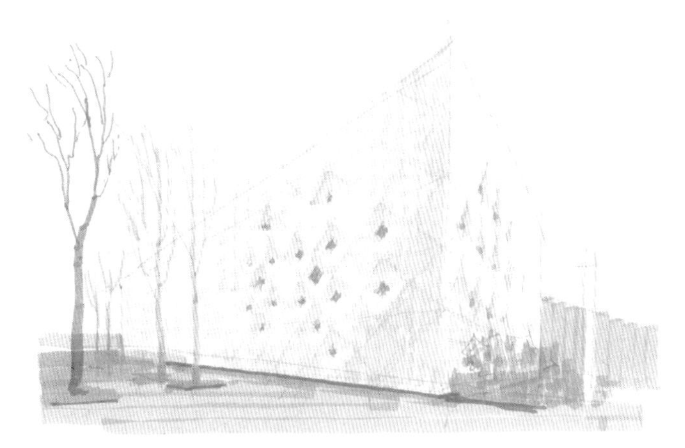

图 7–24

图 7–25

## 7.1.6 建筑场景例选

图 7–26、图 7–27 所示为灰色墙面赋予蓝、橙主观色调，进行整体渐变的案例。

图 7–26

图 7–27

图 7-28、图 7-29 所示为蓝天白墙图底衬托，强化形体虚实对比，突出局部色彩识别的案例。

图 7-30、图 7-31 案例复合了最常见的两种造型元素——阳台体型错落和窗墙虚实对比，典型实用。

图 7-32、图 7-33 案例镜面转折众多。同是平面一柱面的基本笔法，一旦错落叠置，就形成了丰富的观感变化。

图 7-28

图 7-29

图 7-30

图 7-31

图 7-32

图 7-33

图 7-34、图 7-35 案例要点之一是对墙面花砖、屋顶格架的细部简约表达，另一是对左侧挑檐和右侧屋架之下大片阴影的虚化、通透处理。

图 7-36、图 7-37 所示建筑满饰金属栅条，需倚尺绘线表达结构。灰马环节中，先满铺浅灰纵线，再局部叠加二度形成斜向光带，最后叠加短线三度、表达背后横向龙骨的暗影。同时还需注意左右之间的远近虚实。金属上色赋予黄紫对比，区别于天空背景。绿化偏黄，以协同画面色调。

图 7-34

图 7-35

图 7-36

图 7-37

图 7-38、图 7-39 案例中的外饰面结构纹理繁杂，切忌陷入写实描绘！灰马明暗处理时应先作整体柱面光影，再以交叉斜线表达网纹走向，最后碎笔散点示意透空结构。色彩配置可忽略材质固有色，以黄、橙光源色显现金属光泽，蓝紫色形成透空内部的纵深感。如此概约用笔、兼顾整体局部，方能应对复杂结构造型的快速表现。

图 7-38

图 7-39

## 7.2 建筑照片改画

照片改画有两项作用，一是借助现实案例的无限样式，训练程式运用，巩固所学技法；二是于案例建筑的诸多造型元素中寻找设计“亮点”，实施侧重表现。

参照现实案例，可以深化、丰富程式技法。示例程式毕竟数量有限、形式刻板，虽概括易学但失之生动、灵活。立足于程式的基础笔法，局部引入真实细节特征，可显著提升作品的感染力。读者宜将此类真实特征植入原有程式图库，逐渐形成自己的个性技法。

寻找“亮点”是考验眼力。一件作品的造型特征可以同时体现在体型、饰材、色彩，甚至是强烈的环境氛围方面，因此同一个场景完全可以做不同的侧重表现，这最终取决于设计师的创作意图。作为草创方案，必须限定“亮点”，果断取舍，学会用一个声音说话。

务必注意两种误区：一是将照片改画等同于照片临摹，不仅没有侧重、取舍，更放弃了既学程式，完全背离了教程目标；二是以机绘效果图代替实景照片，无法获取造型的真实信息，且画面已有构图处理，容易陷入定势，蜕变为对效果图的临摹。

### 7.2.1 重塑立体感

光影立体感要求建筑正面受光，侧面背光；阳光直射，落影鲜明。照片所现不符此情时，必须予以修正、重塑。图 7-40 所示照片中，建筑整体暗于天空，难分正，侧光影。改画正面置白、衬以蓝天。此例采用有色卡纸，最能衬显白色高光。

图 7-40

图 7-41 中的建筑体块交错，实墙堆积，更应强化明暗对比。阴天拍摄的建筑照片中，正侧墙面往往朦胧一片，务必改造成高光留白、阴影浓重的响亮画面。

### 7.2.2 强化图底衬托

增强图底反差利于识别建筑的整体形态。

图 7-42 右侧照片中天高云淡，与塔楼形体混淆。恰当的云天布局对于高层塔楼的天际轮廓十分关键。

图 7-43 示例中，坡屋顶与上部天空、下部墙面之间都应形成鲜明对比。改画左幅天浅、顶深、窗墙亮；右幅天深、顶浅、窗墙暗。

图 7-41

图 7-42

图 7-43

图 7-44 中弧墙深浅与天空浓淡相向互衬。入口镜面框套、玻璃雨棚与实墙之间的蓝橙对比，在立面上也成为一种图底衬托。

图纸上的颜色不会发亮，要表现出窗口的灯光效果，只能靠压深周围墙面来实现。图 7-45 所示墙面整体深于窗口，尤其近前特别压深，使灯光倍显明亮。图下横条说明了深灰边框是形成光感的关键。

图 7-44

图 7-45

### 7.2.3 套用材质程式

图 7-46 改画中的纹理细节夸张强硬，远超照片实际，如此方能明确表达饰材特征。

图 7-46

玻璃镜面是最常用的材质程式，但图 7-47 中的斜面镜像并不多见。改画选择此类题材，能够丰富程式的细节特征，增强画面感染力。

图 7-48 中塔楼正、侧面以偏绿、偏紫区分冷暖，是形成全玻璃建筑造型立体感的常用手法。

图 7-49 针对圆柱镜面的程式。塔楼高远，渐变柔晕；裙房近前，明暗骤变。

图 7-50 中的玻璃雨棚，主体反光留白、局部点缀亮丽环境色，使之清晰地突显于纷杂背景之前。

图 7-47

图 7-48

图 7-49

图 7-50

### 7.2.3 画面处理

图 7-51 照片中近景充斥视野，门洞黑暗生硬。改画的虚实处理，形成视觉焦点，门洞空透形成景深。

图 7-52 中沿岸楼群造型类似，强化远近虚实可以避免重复单调，更突显出大景深环境的空间美感。

建筑组群中前后叠置的部分，务必区分主次强弱。如图 7-53 所示，将次要部分大量勾线留白，既完整交代了现实环境的连续结构，又能集中表现设计主体的清晰造型，并可节省笔墨、方便快捷。

图 7-51

图 7-52

图 7-53

图 7-54 示例以场景环境主导主观色彩，特别适合于自身较少色彩、质感特征的框架、玻璃建筑。

而当建筑外饰色彩鲜明时，则宜强化其色彩倾向、提高彩度，并尽量使其他部分与其互补对比，形成材质配色主导的主观色彩。如图 7-55，依据金黄色金属饰面，将其余墙面处理成蓝紫，促成黄、紫互补。

图 7-54

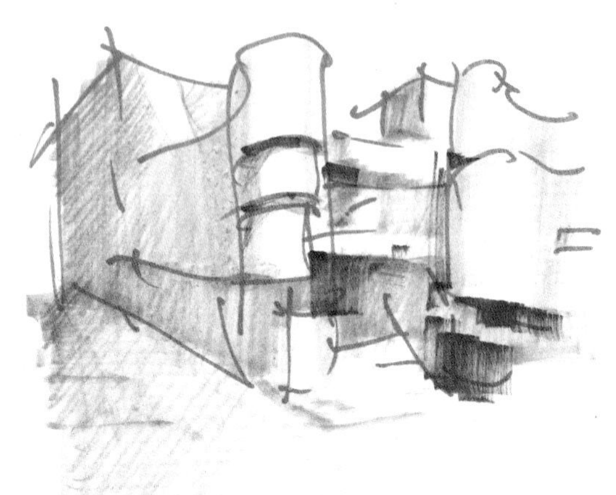

图 7-55

### 7.2.4 改画作业讲评

#### 侧重形体光影

图 7-56 明确区分正侧面，有效衬托图底关系，立面纹理形成远近虚实。

图 7-57 墙面受光、背光反差不足，天色与外廓混消。地面应呈横向延展。

图 7-56

图 7-57

图 7-58 光影、虚实充分，但黄色光带深于留白墙面，不真实。前景木栅应分正、侧明暗，并宜提艳，拉开远近差别。

图 7-59 多角度斜面缺乏细致区分，远处亮部宜弱化，不应留白。

图 7-60 设色利于识别材质，但柱面程式的光感不充分。

图 7-61 改画的形体结构比照片更加清晰，但环境表达过于简陋。右上幅图是辅导示范。

图 7-62 提亮暗部利于识别，但应叠蓝方显阴影。同学尝试彩色马克，暴露出冷暖变化的不足。

图 7-58

图 7-59

图 7-60

图 7-61

图 7-62

### 侧重对比衬托

图 7-63 整体反差鲜明，唯正面墙顶难以区分。右部所示为预作素描分析，为终稿提供参考。

图 7-63

图 7-64 蓝天已能衬出白顶，若再浓些效果更好。下半球光泽、色彩处理成功，笔触尚需柔晕。

图 7-65 图底衬托充分，云天走势合宜，塔顶加深恰当。可惜构图上重下轻，可压重右下角地面。

图 7-66 窗墙对比清晰。但墙砖色差分布规则、虚假，近地应偏灰勿艳。场地空旷，似未完成。

图 7-67 加强了窗墙对比，突出立面构图。底层玻璃应加入环境映射。配景形态宜借鉴照片。

图 7-64

图 7-68 天际轮廓得以显现，左墙映红呼应配景。惜用笔粗糙，枝条过深，树应左移。

图 7-65

图 7-66

图 7-67

图 7-68

### 侧重画面处理

图 7-69 局部刻画十分到位，但整体未作远近虚实。大屋面平涂无渐变，形同模型，没有体量感。

图 7-70 蓝橙两色确能区分材质，但无彩度变化、交混互渗，生硬单调。云天应呈右下斜走向。

图 7-71 蓝橙互渗、虚实处理较好。叠置树木应扩大明暗反差，或浅，或深于墙面，避免前后混淆。

图 7-72 蓝橙彩度均予弱化，利于关注造型结构。后部塔楼不易识别，可加重蓝天，并稍添勾线。

图 7-69

图 7-70

图 7-71

图 7-72

图 7-73 以墙面主导配色，画面氛围统一，但暗部不宜过艳。左侧树木可略加深，以衬托外廓。

图 7-74 墨线为主，略施浅灰，点缀艳色。钢笔淡彩风格，适宜表现具有大量结构形廓的组群场景。

图 7-75 纹理疏密同时表达了明暗、虚实。可压深正立面右端，加粗左侧前景勾线，以平衡构图。

图 7-73

图 7-74

图 7-75

## 7.3 建筑创作指导

课堂教学中，表现课程的最后阶段与设计课程相互配合，指导学生完成课程设计的表现制作。参加业余培训的同学常携带自己或单位的设计方案，在课堂上绘制表现作品。

实务创作展现了表现制作的完整过程，涵盖了技法操作的所有环节，是对学习效果的全面检验。由于融入了个人感情，主动性和投入程度都有提高。经过一学期的反复训练，基本笔法已趋熟练，有余力顾及画面的整体因素。此时讨论取舍，分析得失，是最佳时机。

图 7-76 所示为最初的素描稿。主要问题一是玻璃未映射环境，底层缺少暗部；二是正侧面、尤其转角部位反差不明显，三是地面条带对称、虚假，亦不足以支撑构图。

图 7-77 为素描稿调整；图 7-78 为色彩稿；图 7-79 是设计终稿。原以为加强对比能增进效果，可惜误用深灰过多，致使对比失衡、观感粗糙。须知马克笔效果强烈、难以修改，故宜渐进叠加，不可急于求成。请同学引以为训。

图 7-76

图 7-77

图 7-78

图 7-79

图 7-80 所示初稿中的建筑整体灰蒙一片，材质难辨。远树齐平无趣，地面浅淡不稳。

图 7-81 为素描修改示范，上述各方面均作了调整。图 7-82 为色彩示范，明确墙面材质；暗部叠蓝，并形成整体蓝、橙色调。图 7-83 是同学改进后的设计终稿。

图 7-84 案例为课程设计鸟瞰视图的初稿。环境的图底衬托在鸟瞰图中十分重要，此例北侧绿地虽能衬出建筑外廓，但边界分明的色块容易被理解为另一图形，干扰建筑造型的清晰表达。正确的画法是将周围环境联成一体，完整地背衬建筑主体；屋顶留白是鸟瞰图的基本程式，但全盘不做细节处理，显得单调、简陋；南侧场地需要适度表现，或描绘分割布局，或添加绿化景观，平衡构图。

图 7-85 的素描修改示范，满铺北侧环境，加深建筑及屋顶檐墙落影，并增补南场绿化。

图 7-86 色彩修改示范，环境绿化向北远退偏蓝，呈现整体蓝橙色调；屋顶局部稍加蓝色、区分体块远近；南场右下近景加粗勾线，形成景深、稳定构图。

图 7-80

图 7-81

图 7-82

图 7-83

图 7-84

图 7-85

图 7-86

图 7-87 是指导学生设计方案，进行造型比较的示意草图。同学随后绘制了一系列分析彩稿。

图 7-88 针对江浙民居风格形式，主体采用强化黑白反差、略施淡彩的手法，配景以纵向枝条衬托横展形体，画面清新、淡雅。

图 7-89 两例的上幅沿用民居风格，但侧重屋顶、墙面的色彩表达，氛围活跃。下幅尝试当代造型元素，立面亮丽配色；配景树木相应换作几何形体，与建筑风格相映成趣。

图 7-90 尝试运用主观色调，表现树隙透射朝阳、金黄辉映的画面。

图 7-87

图 7-88

图 7-89

图 7-90

图 7–91 两图为示范指导分析建筑组群的视点选择；图 7–92 为学生课程设计的最终视图。

图 7–93 是针对学生山地住宅的取景构图示范；图 7–94 为学生完成作业。主体结构、材质描绘充分，但环境衬托尚嫌不足，若右侧勾线树干、灌木的背后整体略作压深，则有利于扩大景深，并稳定构图。

图 7–91

图 7–92

图 7–93

图 7–94

图 7-95 为学生住宅作业，图底鲜明、干净利落。建议增加左右树木，避免空旷、孤立。此图最大问题在于形体转折各处的反差不显著，墙面渐变的方向不是加强，而是削弱了光影关系。这是关注笔触细节、而忽视整体效果的典型病例。

图 7-96 和图 7-97 所示为学生供职单位的设计实务，得益于其美术基础扎实，该作业在细部刻画、材质表达、色彩配置等方面均十分到位。针对此例所做的指导示范已编入上节内容，请参见“7.2.3 画面处理 ”中的图 7-53。

图 7-95

图 7-96

图 7-97

# 室内篇

# 8 室内光影

前文“1.4.1 造型明暗表现差异”中曾经谈到，由于室内界面是在围合空间中局部呈现的，其光影关系不拘泥于真实，而多灵活对比互衬。而家具、陈设则为独立实体，适宜塑造真实光影。

本章第一节首先介绍墙、顶、地基本界面的光影程式；第二节专述各种玻璃、镜面；第三节针对梁柱、构架、线脚等条带组件；第四节专项讨论界面的整体连续基调；最后第五节分别示例家具光影的五种典型类型。

## 8.1 界面光影

室内界面的光影处理有三项基本目标：一是在两界面转折处制造反差，以便识别空间形态；二是在大尺度延伸的界面上做连续渐变，体现远近虚实；三是在墙、顶、地之中选择其一，整体铺色形成连续基调，使众多散布的造型联合统一（单列于第四节）。其中界面饰材均假定为亚光匀质，光泽与纹理的表现手法则留待“9 界面组件”中逐一介绍。

### 8.1.1 墙面光影

图 8–1 所示为连续三个墙面的概约笔法。先作后墙面的左右渐变，再自转角向左右外侧分别作纵墙渐变。在左右转角处，根据后墙面的深浅，取纵墙深浅与之相反，形成转角反差，遂决定纵墙的渐变走向。如图后墙左角留白，则左纵墙渐变由深到浅；而后墙右角较深，故右纵墙渐变由浅到深。

此图仅以浅灰一度变频渐变，即实现了转角反差和远近虚实。这对于浅淡涂料的墙面已经足够，甚至不必运用马克，轻铺彩铅即可一步到位。

图 8–2 则在先前基础上叠加浅灰二度，适用于较深涂料或木、革饰面。左右纵墙上的笔触多叠加于下部，尤其右下方画幅边角部位，使画面上浅下深、构图稳定。

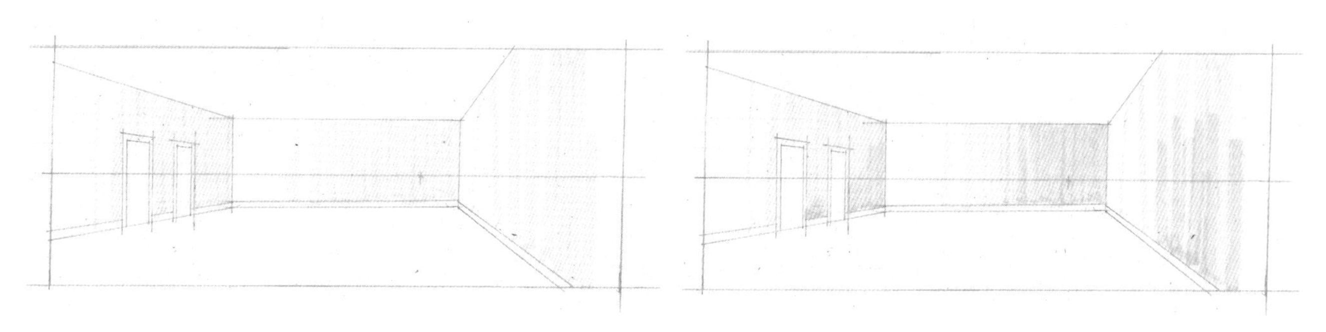

图 8–1

图 8–2

图 8–3 再于左右转折部位下方，和画幅边角部位，局部叠加浅灰三度，作为暗部。当室内置入家具、陈设时必然会遮挡墙面下方，形成暗部。

图 8-4 以分段光影笔法，浅灰、中灰条带叠加，增添踢脚和门套线，至此墙面光影全部完成。

墙面必须采用竖向排线。横向与透视方向冲突、混淆，若沿透视方向倾斜，则近大远小使得笔触汇聚重叠，难以均匀。当然这是仅就素描铺底而言的，当后续刻画细部时，局部笔触则多取顺沿铺材的透视方向。

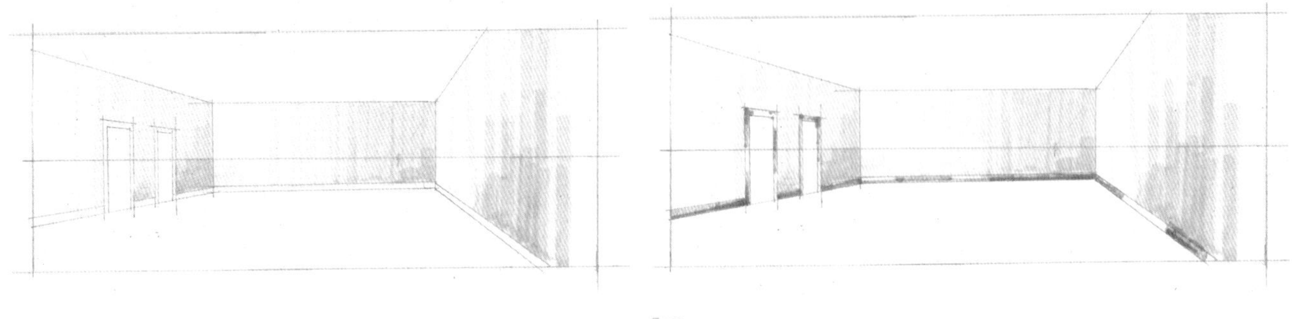

图 8-3

图 8-4

### 8.1.2 地面光影

图 8-5，对应立面光源设置倒影光带，光带部位留白，其余部分满铺浅灰。窗口、灯具是当然的光源，光泽饰面的门扇、立柱等也可形成光带。根据光源尺度与强弱不同，留白区域或贯通画面或只作小段。光源密集时光带近前宜联合成片，如图两窗比邻的情形。

图 8-6，对应家具、构件，或沿门窗、墙角设置阴影条带，自造型底边向下叠加浅灰渐变。向下延伸的范围视构图而定，一般不贯通整个地面。可作为阴影条带的“依据”很多，选择少量重点造型，以落影强化之，并由此活跃、平衡画面的构图。

图 8-7，整体地面自墙边由上至下，再叠浅灰渐变，表达远近虚实。叠加向下延伸的范围约为地面的 1/3。最后分段光影笔法，中灰窄笔做出踢脚线和家具底部收边。

地面必须采用横向排线。即使在两点透视中地面格缝倾斜时，也应保持横向排线，若沿透视方向倾斜，必然造成近大远小与平行笔触之间的矛盾。

### 8.1.3 顶面光影

顶面大多造型简洁、对比微弱，适宜整体留白。以下三种情况可以局部略加浅灰：其一，灯具、光檐需要突出而加背衬；其二，压低吊顶局部加灰以示高低区分；其三，墙面或整体画面浓重时，顶面侧角部位略加浅灰暗部，用以平衡画面构图。

顶面宜采用竖向排线。当浅灰范围较大时，可对应窗口、墙角，结合光带排列笔触，既显生动，又便于控制明暗过渡。

图 8-8 以浅灰一度局部表达压低吊顶。对应窗口留白，左侧竖向笔触变频渐变，不超过一半进深。一般吊顶的角部处理仅此即可。右侧需衬托灯光，浅灰范围较大。右侧横向笔触平涂铺底，便于后续叠加。笔触右上部位不到墙顶交界线，以便边缘虚化。

图 8-9 右侧一半范围以下叠加浅灰二度，再于光束周围叠加三度。叠加笔触左右分别对应窗边与墙角。观察局部暗顶向周围的过渡虚化。

图 8-10 暗顶棚单独出现时观感突兀，此幅添加了墙面浅灰、地面中灰之后，构图即显稳定。

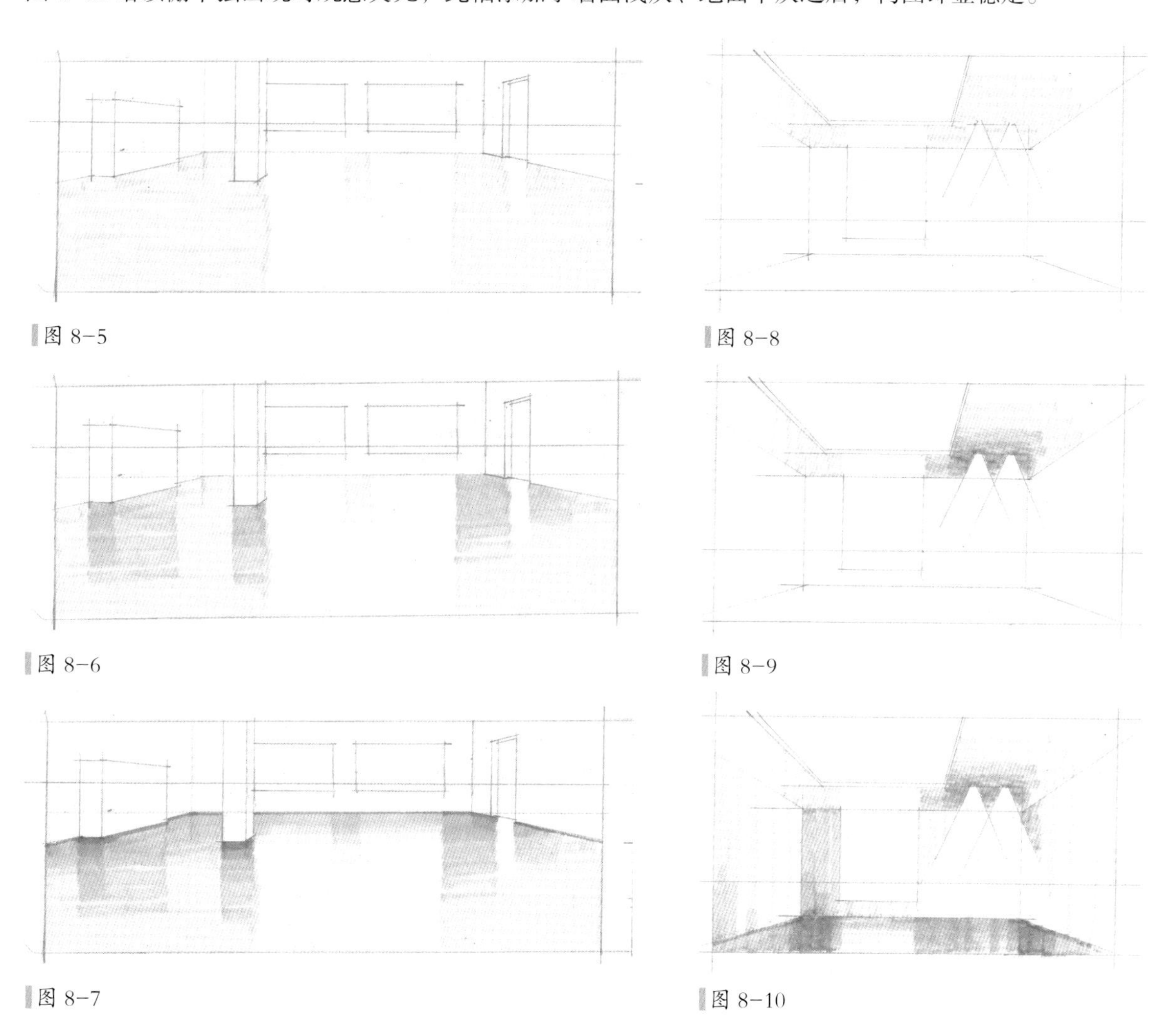

图 8-5

图 8-8

图 8-6

图 8-9

图 8-7

图 8-10

## 8.2 玻璃镜面

剧烈的明暗变化是镜面材质的素描特征，即使饰面尺寸微小，亦需由留白骤变至深。

玻璃、镜面的明暗骤变有三种表现方式——制作光带、整体渐变和分段光影。

光影条带是缺省的基本方式，其笔法是：反光留白、其余压深形成明暗交替条带，以此强化与其他材质的观感差异。光带的走向，纵面倾斜，横面垂直。地面、顶面和家具台面为水平放置，应作竖向光带；墙、柱和家具立面为垂直放置，应作斜向光带，如此程式旨在明确区分镜面的位置方向。

光带布局宜数量少、宽窄异、间距不等。斜向光带的走向宜接近 45°，并与造型透视线的倾斜方向相反。条带务必区分光影主次。通常深材暗多亮少；浅材亮多暗少。两者面积之比应超过两倍，切忌均等，形同格栅！

当弱化表现时，也可以不作光带，而呈整体渐变。当描绘小型条带状构件时，宜作分段光影，即沿构件走向，呈现明暗交替连续变化。分段光影的笔法在后续“8.3 构架、线脚”中将有更多运用。

### 8.2.1 水平镜面

图 8-11 所示水平玻璃镜面，浅灰宽笔竖排做出暗部，留白形成光带。先满铺一度，再沿顶边，于上部叠加二度，使暗部上下快速渐变。构件侧边中灰压深，以衬托表面光泽。通常家具顶面大量受光，应留白居多，暗部稀疏。

图 8-12 针对黑镜之类深色表面，采用暗多亮少的光带布局。

除玻璃镜面之外，地面、顶面材质光滑时，也常采用竖向光带笔法，请参阅前文。

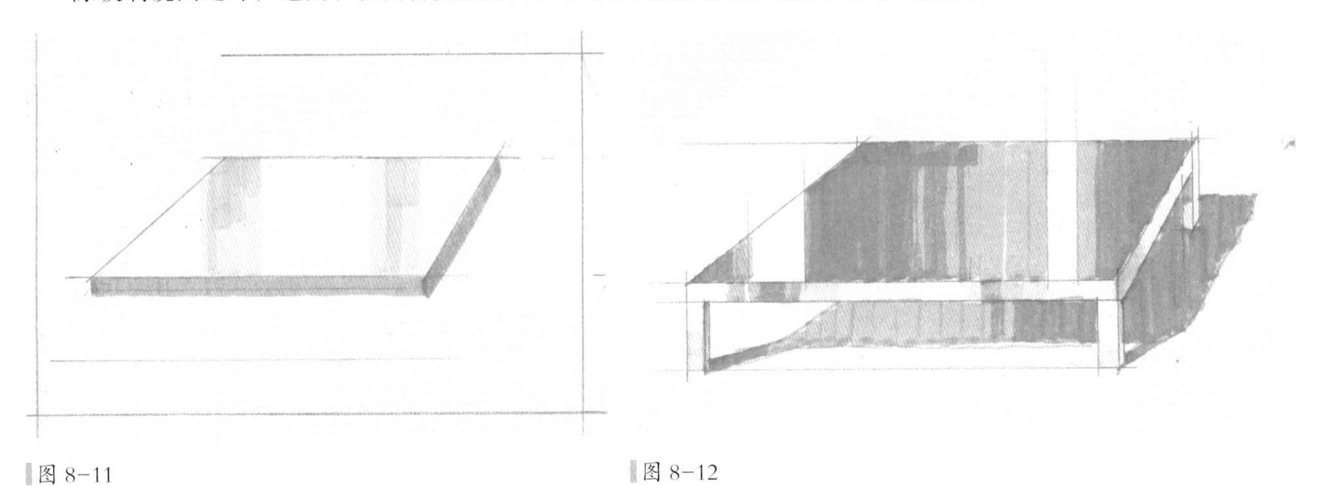

图 8-11

图 8-12

### 8.2.2 垂直镜面

图 8-13 所示为垂直玻璃镜面的三种明暗画法。

左边两幅光带留白，对比响亮，突显镜面光泽。左幅浅灰一度，右幅二度叠加，增强渐变力度。

第三幅先作整体渐变，第四幅二度叠加、衬出光带。此例反差柔弱，表达玻璃的隐约、虚幻。

右边两幅弱化表现。上下渐变二度叠加，不作光带。可作为后续添加玻璃透见、镜面映像的基础。

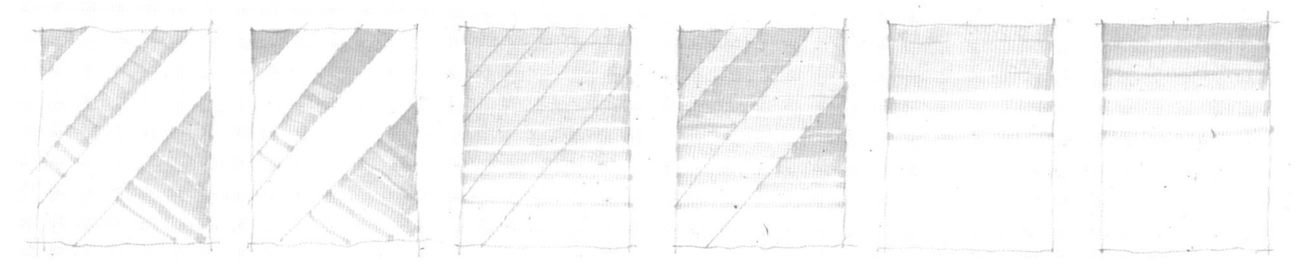

图 8-13

### 8.2.3 镜面构件

图 8-14 所示为常见的镜面构件造型。杆件部分依照“2.3.2 圆柱体”的光影程式，平板部分采用分段光影手法。浅灰一度，留出高光。其中右上造型，条带边框作分段光影，中间镶板则整体渐变，形成区分。

图 8-15 浅灰二度深化，局部中灰加强明暗交界、边角特征，以及正、侧面对比的立体感。

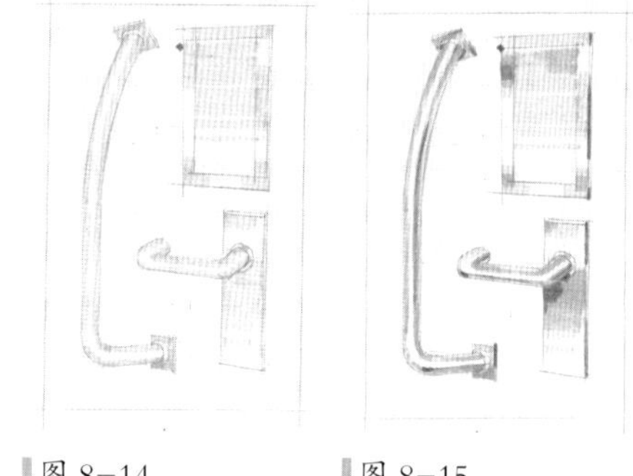

图 8-14　图 8-15

## 8.3 构架、线脚

梁柱、隔断均应区分正、侧明暗，以利识别空间结构，一般宽面宜亮、窄面宜暗。笔法方面，构架远景平涂，近景或连续渐变，或分段光影；线脚多以分段光影形成远近渐变。

分段光影的笔法是一段平涂、一段留白，灰白之间变频渐变。此时明暗变化的依据不是受光角度或远近关系，而是彼此之间的相互衬托。此法广泛适用于建筑、室内条带造型，是各种程式的基础笔法。

图 8-16 首先作中灰背光面，如图各立柱、壁柱的侧面（窄面），梁架的底面。梁架的倾斜底面则涂浅灰，区别于水平的底面。特别之处在于近景的分段光影：最前一跨的梁架底面、前两跨的立柱侧面，中灰之间留白，其位置对应相邻构件，表达映射光带。

而后用浅灰色作整体远近渐变。较远三跨梁、柱与墙面线脚均平涂浅灰。左墙踢脚线的浅灰条带向前贯通。中央吊顶由远到近作浅灰色变频渐变。

图 8-17 以浅灰色作前三跨梁、柱正面（宽面）的渐变，采用分段光影笔法。可先画最前跨构件，以此为依据再画后跨构件，前深则后浅，前浅则后深。唯其灵活多变，需以分段光影笔法应对。

图 8-18 进一步深化前景对比。叠加浅灰二度扩大各分段光影的反差；背光面窄条的末端和转折处局部略叠中灰二度；左墙踢脚线前部叠加浅灰分段光影。

图 8-19 补充地面之后，空间的远近虚实更加明显。

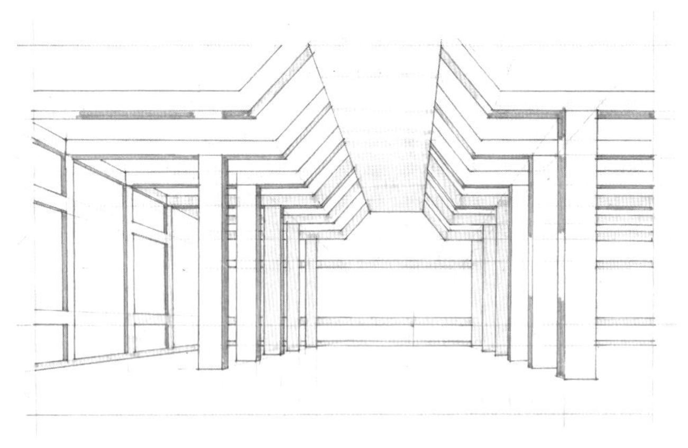

图 8-16

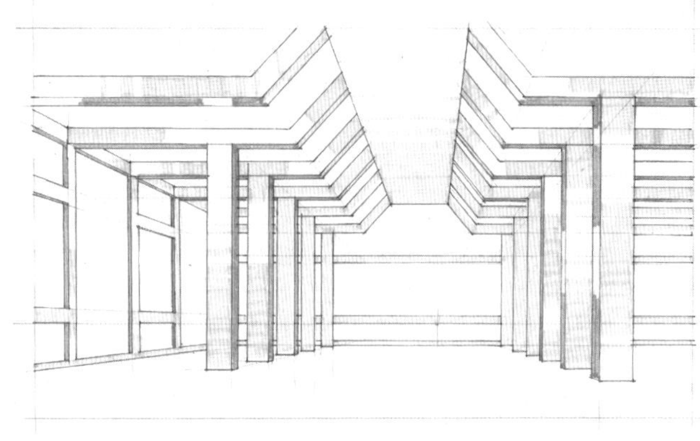

图 8-17

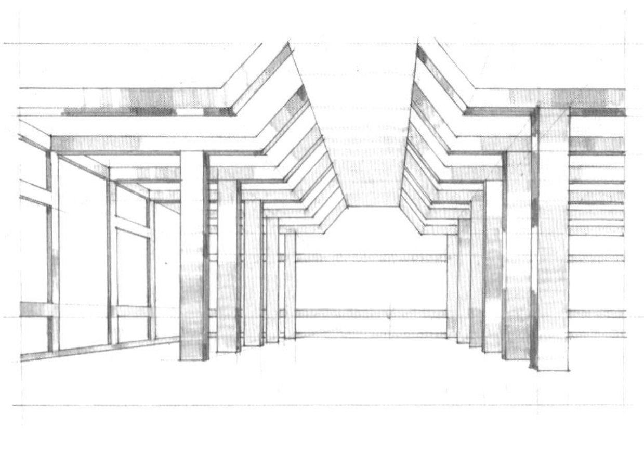

图 8-18

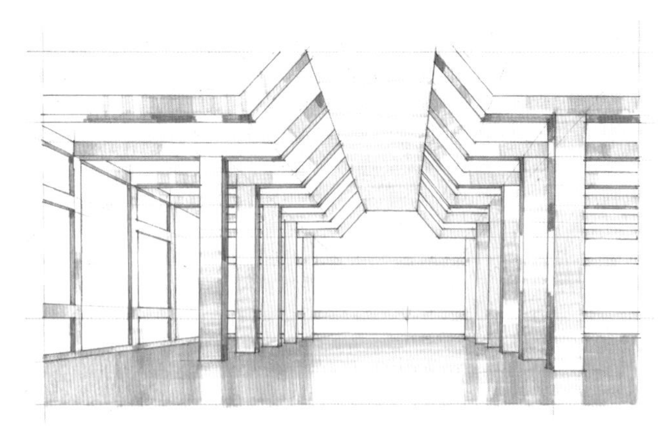

图 8-19

## 8.4 连续基调

设置一个中灰基调的连续色块，旨在联合分散造型，明确图底关系。

如图 8-20 设置地面连续基调，将分散的诸多家具联成整体，适用广泛，可作为缺省手法。此时墙面相应减弱呈现浅灰，顶面基本留白，形成地、顶、墙的黑、白、灰格局。

图 8-21 针对有若干墙面造型需要重点表现的情形，墙面连续基调可避免浓重造型过分突显、孤立。此时地面适度减弱呈现浅灰，顶面基本留白，形成墙、顶、地的黑、白、灰格局。

图 8-22 呈现整片暗顶棚，仅用于顶棚固有色深暗，同时又需要重点表现光束、灯带的情形。暗顶棚容易造成上重下轻、构图失衡，若同步加重地面，则整体观感愈加沉闷，务必慎用。

一般表现光束、灯带仅需加重局部顶棚。即使顶棚材质深暗，也往往只在局部区域如实画深，遂向周围快速渐变褪浅，直至留白。此处可在前景下部添设配景、陈设，加强细节勾线，平衡构图。

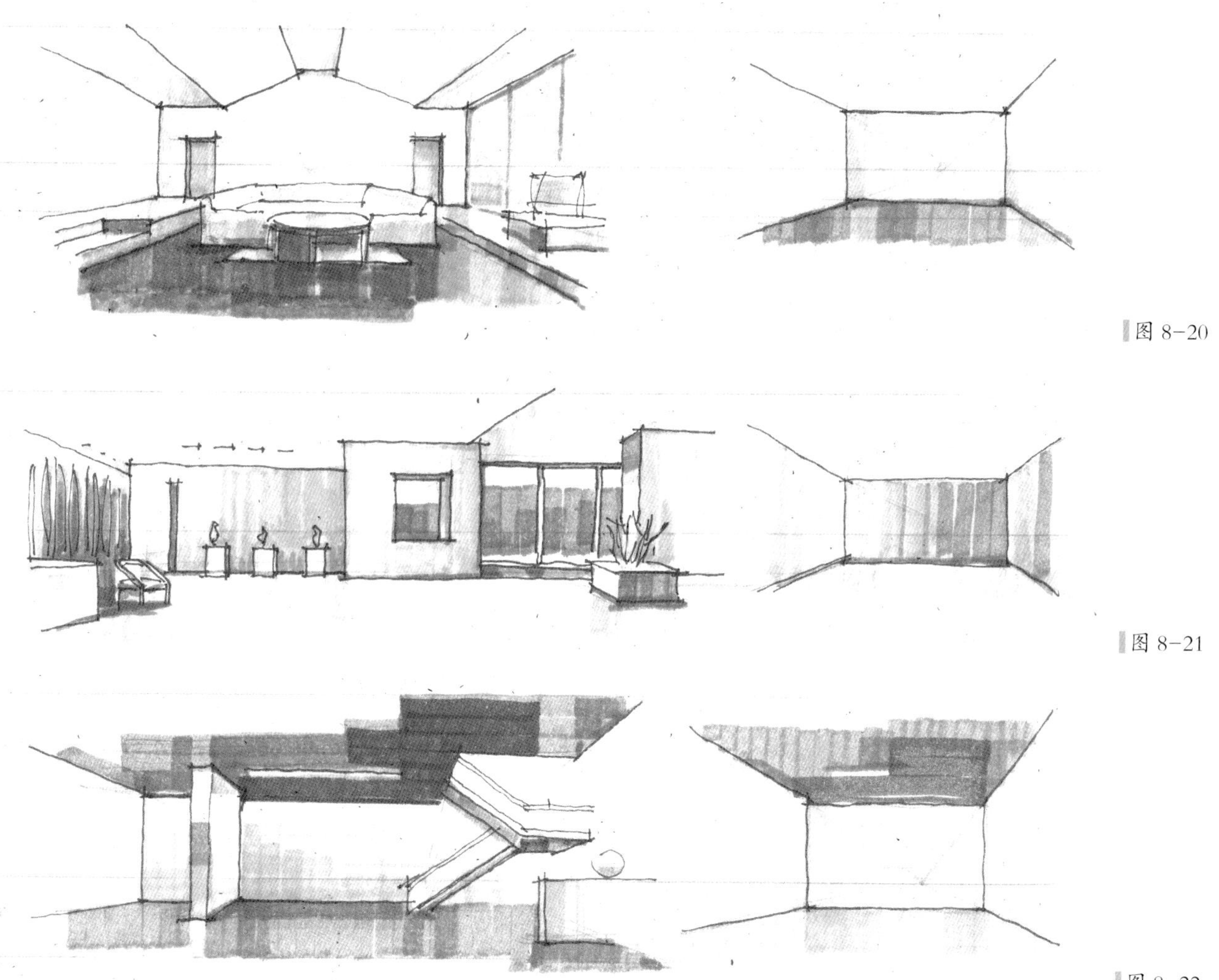

图 8-20

图 8-21

图 8-22

## 8.5 家具光影

家具、陈设的光影表达，在总体沿承几何形体笔法之外，尚有两处细部特征：其一，家具多有收边，条带与整体之间，或彼此深浅不同，或彼此反向渐变，以示区分；其二，家具顶面上常作浅灰倒影光带，需根据具体场景，选取“光影”依据，确定光带位置。

以下按照形体方圆，边棱软硬，带内凹部分，以及带玻璃镜面等类型特征，分别示例介绍。

### 8.5.1 方正类家具

图 8-23，在长方体概约笔法基础上，受光面叠加浅灰表达收边条带；顶面几笔浅灰光带对应上层柜体边沿；底边作深灰窄条阴影。

图 8-24，背光面叠加中灰表达收边条带；受光面底边条带局部叠加浅灰、中灰，形成分段光影。整体上相应深化背光面转角对比，受光面收边条带之下增加窄条阴影。

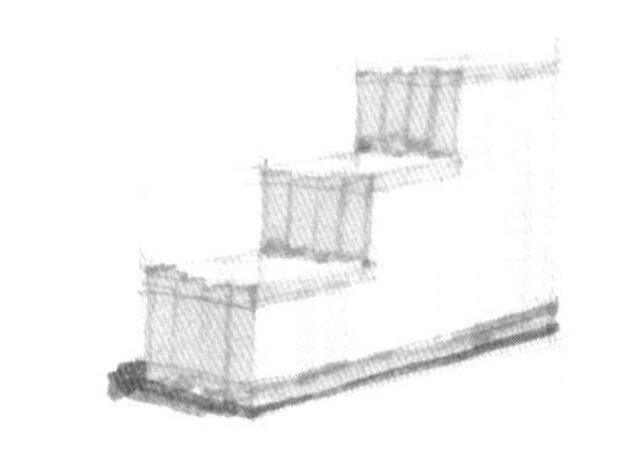

图 8-23

图 8-24

### 8.5.2 圆弧类家具

图 8-25 的形体，是平面连接左右半圆柱面，与单独的圆柱有所不同。中间平面由留白渐变浅灰，向左接浅灰表达圆柱后转，向右接圆柱基本笔法；方圆交界处叠加浅灰二度，衬托圆柱高光。以浅灰二度作收边条带，在圆柱高光附近断开留白，但略错开高光，留白范围应呈近大远小。

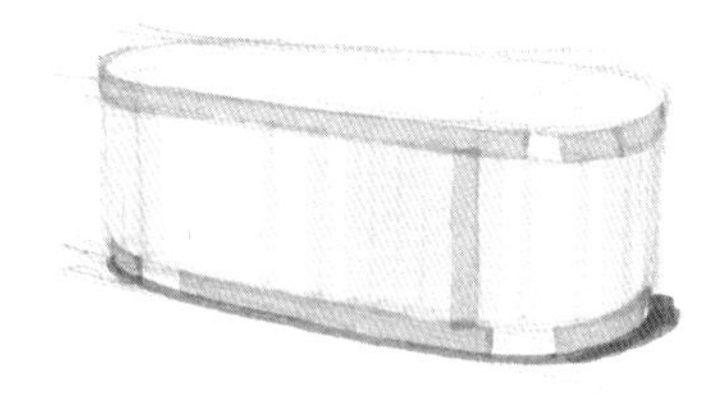

图 8-25

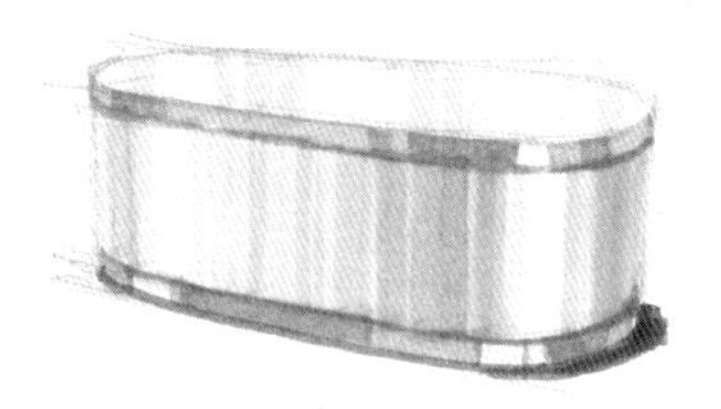

图 8-26

图 8-26 进一步扩大方、圆表面反差，以浅灰二、三度叠加渐变。收边条带叠加浅灰、中灰，形成分段光影，并使留白突显，强化弧面光泽。顶面浅灰竖条远多近少，使近处光感更强。

### 8.5.3 软边类家具

图 8-27 所示沙发式样简单，集中了软边造型的基本特征。如“2.3.5 倒角”所述，于边棱部位绘制一笔浅灰条带，使留白与暗部柔和过渡。靠背与坐垫间凹缝的阴影用中灰色，坐垫在地面的阴影用深灰色。注意观察坐垫底边落影的末端位置，形体下缘内转而落影略有向外延伸。

图 8-28，坐垫顶面的深化模式是远灰近白，自靠背凹缝阴影向前接出浅灰一、二笔。背光面沿形体转折线叠加中灰二度。由于坐垫背光面横向延伸较大，故于远侧补加两笔，呈现两头重中间轻的虚实变化。

阴影末端和转折处局部叠加深灰二度，活跃节奏感。

图 8-29 所示沙发有软垫与硬框之分。软垫处理同前，硬框如长方体笔法。垫、框两者应区分深浅，通常垫浅而框深。框底落影条带较前例略宽，留出浅灰轮脚，末端尖角转折，体现家具与地面有较大间隙。

图 8-30 的深化，在如前例处理之外，强调了坐垫前缘落在下框和靠垫落在背框的窄条阴影。沙发 L 形远段下框左侧特别加深，以衬托前段坐垫的留白。

图 8-31、图 8-32 所示为床垫的概约、深化笔法，与前例沙发不同之处在于：①床垫与下部框架区分深浅；②床垫顶面尺度比坐垫大，故接出浅灰深化的范围也相应扩大，并由此衬托出靠垫的留白。

图 8-33、图 8-34 的圆形床垫也适用于圆形坐垫。图 8-33 中床垫与下框两柱面以高光范围的大小相互区分；下框地面落影的两端呈圆弧，略超出框边，并且落影条带中间窄两侧宽，以示其透视变形。图 8-34 深化时应突出圆柱的明暗交界部位；顶面光带位置对应于靠背、靠垫的边沿。

### 8.5.4 内凹类家具

图 8-35 侧重内凹部分。首先所有凹洞内背板、侧板、搁板底面均平涂中灰，唯搁板顶面留白，搁板正面随大长方体之浅灰渐变留白；然后将凹洞内背板的落影叠加中灰二度，侧板的落影叠加中灰三度。清晰落影使凹洞内背板、侧板、搁板结构分明。搁板顶面高光，底面被落影衬托呈现反光。

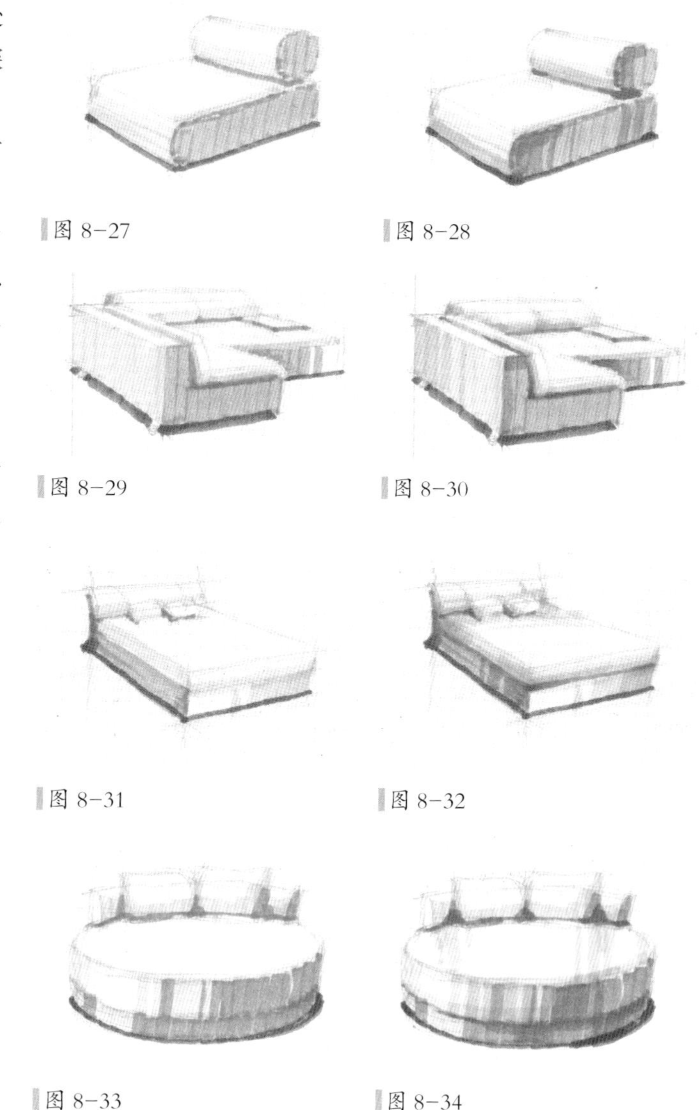

图 8-27

图 8-28

图 8-29

图 8-30

图 8-31

图 8-32

图 8-33

图 8-34

图 8-36 进一步加重落影，侧板向内加深，并于搁板正面下沿补加一笔深灰窄条。以上处理应呈远近虚实，如图各凹洞左上最强，右下最弱。大长方体的深化则类同前述方正类型。

图 8-35

图 8-36

### 8.5.5 镜面类家具

图 8-37 长方体及其内凹部分的表达如前各例，重点在于台面、立面、顶面三处的镜面光影程式。台面、顶面水平放置，应作竖向光带，立面垂直放置，应作斜向光带。概约表现时可仅作浅灰一度，留白光带。注意光带位置宜数量少、宽窄异、间距不等。

图 8-38 镜面条带深化时，竖向条带可任选浅灰一二处叠加，斜向条带则自上向下渐变。长方体深化相应作收边分段光影，背光强化转角反差，内凹阴影加重等。

图 8-39，图 8-40 是墙上镜面与立盆等类球形体的组合。设备造型不作为主体，通常概约表达即可。

图 8-39 镜面浅灰斜向条带向下留白；镜框作浅灰、留白交替分段光影；框侧背光加中灰窄条。立盆顶面与立柱高光留白，其余满铺浅灰，盆下球面明暗交界线与底边暗部，略加中灰。

图 8-40 镜面斜条自上向下叠加浅灰深化；立盆内凹部和盆下球面向两侧叠加浅灰渐变，类似圆柱程式，盆内凹右角略补中灰；立柱明暗交界线上下局部叠加浅灰二度。相应加强其他暗部、阴影。

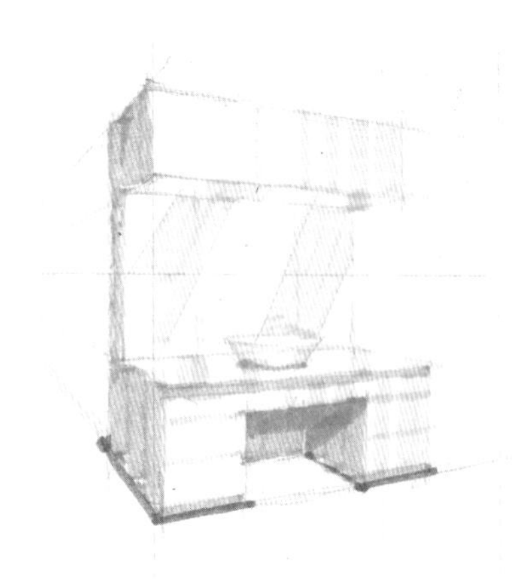

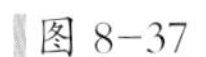

图 8-37

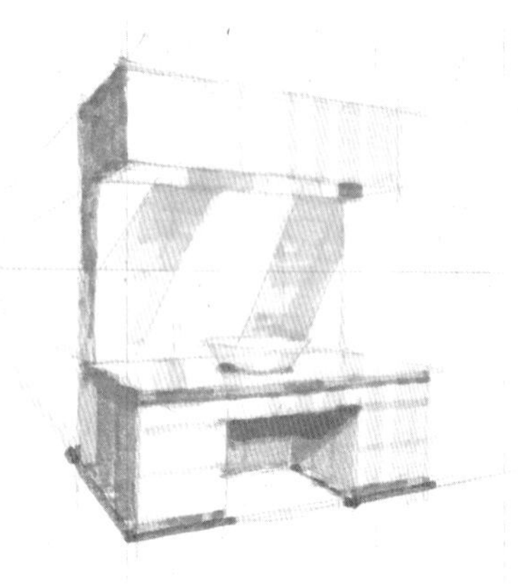

图 8-38

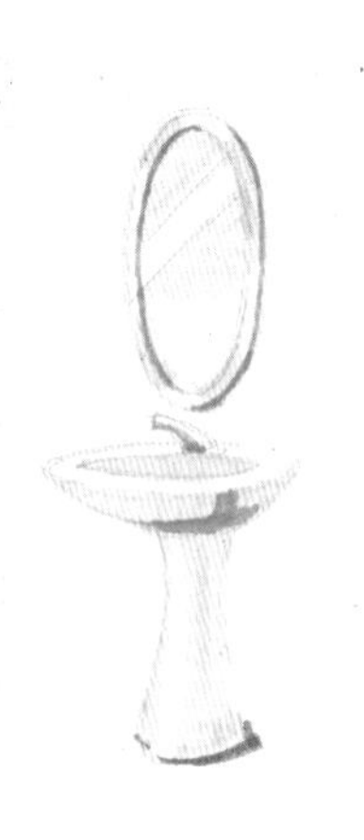

图 8-39

图 8-40

# 9 界面组件

## 9.1 普通墙面

普通墙面泛指涂料、墙纸、墙布等亚光材质的墙面。通常仅需表达结构明暗和整体色调，作为衬托重点装修的背景。此类墙面先作浅灰马克光影，再整体铺陈彩铅。色彩方面若暂无明确设计意向，可选蓝、黄两色作为缺省选项，反映空间结构明暗。

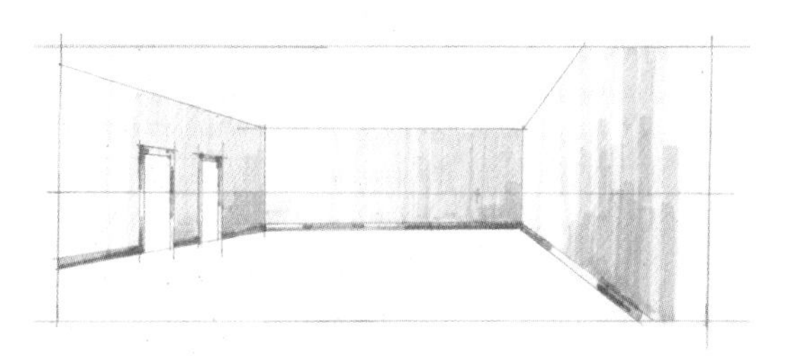
图 9–1

在“8.1.1 墙面光影”中图 8–4 灰马明暗的基础上，图 9–1 铺陈彩铅长排线，亮面铺黄、暗面铺蓝。图 9–2，于灰马暗部加浓蓝色彩铅。注意左右纵墙上灰马条带的露白处，叠加彩铅需对应条带位置。图 9–3，于顶棚右角略加蓝色，快速渐变褪白；于踢脚、门套处叠加橙色。

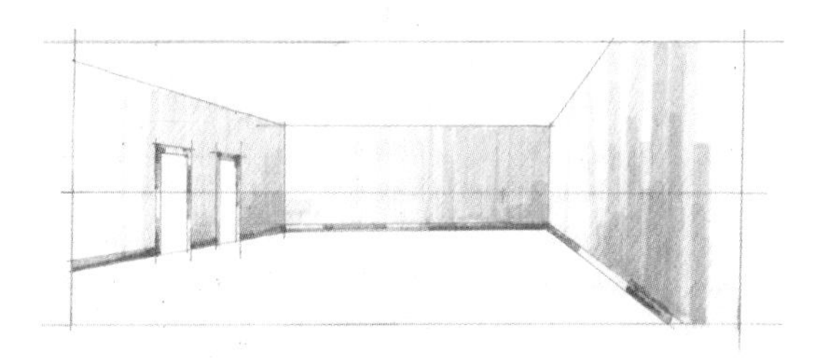
图 9–2

## 9.2 特殊墙面

饰以砖、石、木、革的墙面，处于中景、近景时，应作为重点装修，充分表达细部起伏与纹理特征。处于远景时，则相应弱化其明暗、色彩对比，直至虚化为普通墙面，仅略示分格线条即可。

图 9–4 示例木、石、砖、革四种材质。四幅均以铅笔稿线倚尺做出饰材格线，砖、木格线规整简单，可以省略或减少；随后以马克浅灰作光影、纹理。

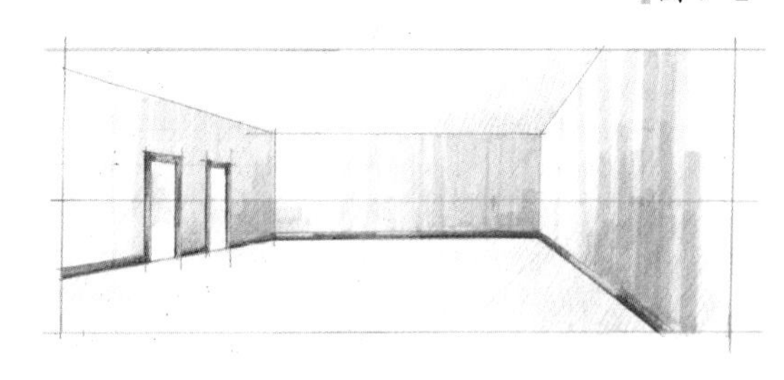
图 9–3

第一幅木饰面，浅灰马克竖向条带表达纹理。徒手排线略显自然弯曲；每笔留出间隙；条带上下、各笔宽窄、间隙大小均宜变化；偶有重叠而呈深色细纹。

第二幅砖条，浅灰马克横向条带表达纹理。倚尺等宽排线；每笔留出窄条间隙。

第三幅块石，浅灰马克逐块绘制。侧重色差，兼顾整体。整体上每块左上高光、右下暗部。局部则某些石块大量留白，仅右下边沿绘线；某些石块仅左上边沿留白，大部平涂浅灰。各石块宜深浅错落，彰显色差，其分布可依据整墙构图需要，此例为整体左上浅右下深。排线宜取横向，顺应上照光线形成的横向光影渐变。

最右幅皮革，浅灰马克逐块绘制；光影规则，变化整体。各菱形单元上部沿高光留白，其余浅灰平涂。排线宜顺沿菱形方向。

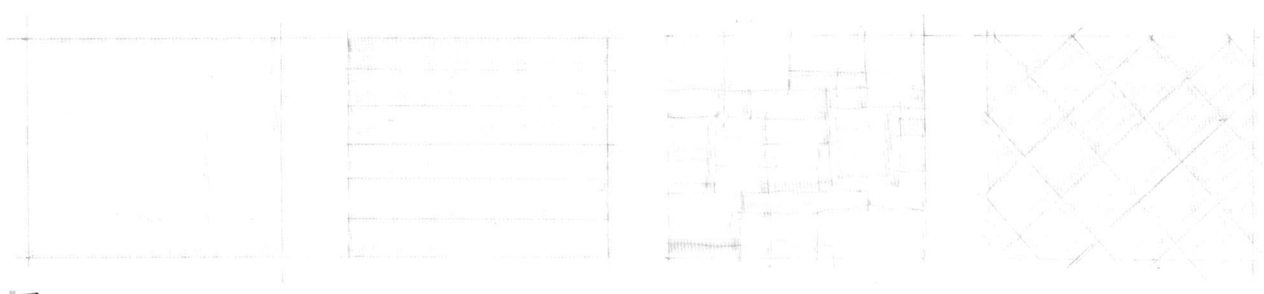

图 9-4

图 9-5 深化暗部。第一幅木饰面，浅灰竖条，对应一度条带，局部二度加深木纹。宽窄、弯曲可与先前错位，也可中间起止，不必都呈贯通；选择叠加，形成整体渐变；偶叠三度深色细纹，宜短且窄。

第二幅砖条，浅灰马克横条，对应一度条带，散选局部二度、三度做出色差。起止错落，勿上下通缝；根据构图需要，形成整体渐变；叠加运笔时注意避免侵损留白。

第三幅块石，于右下边沿叠加浅灰二度，至此形成高光、中间调、暗影三层次。视构图需要，选个别石块，除高光外整块再叠加一度，强化色差。

第四幅皮革，逐块叠加二度、三度，形成柔晕渐变。每块左、右上沿留白；中部叠加各块渐变；左、右下沿联成暗影。由此每块重复高光、中间调、暗影三层次，整体呈现上浅下深。

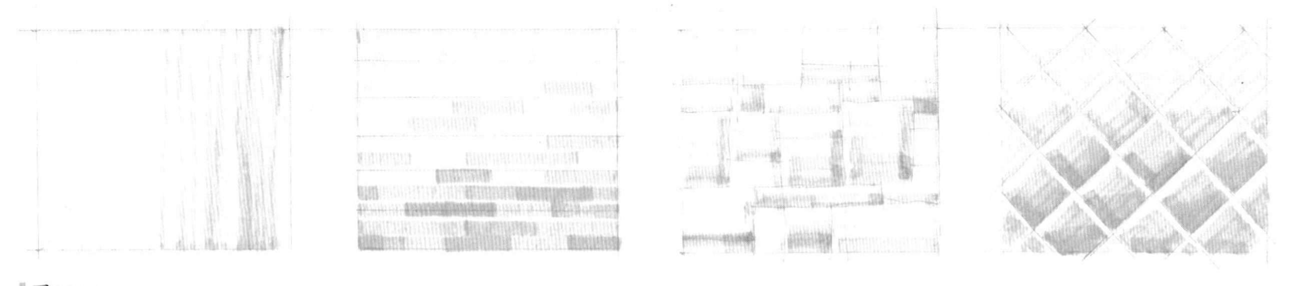

图 9-5

图 9-6 前两幅木饰、砖条，彩铅铺陈固有色。木饰用笔宜顺沿木纹竖向；砖条用笔长排线或横向均可。右侧两幅块石、皮革，尚需马克加深阴影。第三幅块石，中灰细线加勾各石下边沿、和右下角局部缝隙，上部一、二皮石块不做；第四幅皮革，中灰细线加勾各块左、右下沿，上部一、二排不做。

图 9-7 前两幅木饰、砖条，彩铅自左上至右下渐变加浓。右侧两幅彩铅长排线。第三幅块石宜逐块上色，以轻重、疏密区分色差；第四幅皮革宜整体铺陈，注意保持左、右上沿的留白，也可以后续擦白。

图 9-8 前两幅，木饰深色细纹、和砖条较暗色差部位，局部叠加红色；第三幅块石散选少量石块，分别轻叠红色、

图 9-6

图 9-7

图 9-8

蓝色，形成色差；第四幅皮革叠加红色，自上而下渐变加重，使整体色彩向下趋于饱和。

图 9–9 叠加蓝色深化暗部。第一幅木饰，于右侧上色浓重部位，以深蓝勾线绘制木纹；第二幅砖条，中部以下，于每皮下沿，以深蓝勾线绘制砖条落影，宜有断续、深浅变化；第三幅块石，沿中灰细线缝隙，及下部少量石块的右下边沿，叠加蓝色暗影；第四幅皮革，于左、右下沿暗影叠加蓝色。

砖、石、木、草画法，观感强烈，适用广泛。掌握此项，即能胜任绝大多数室内场景的装修表现。希望读者充分练习，烂熟于心。

图 9–9

## 9.3　地面纹理

### 9.3.1　地板地砖

前文“8.1.2 地面光影”已经介绍了运用倒影光带表达材质光泽、上下渐变表达远近虚实的灰马程式，此处继续进行色彩表现环节。在图 8–7 的灰马明暗基础上，图 9–10 叠加彩铅长排线。此例于地面左右同时演示了地板、地砖两种材质，以节省篇幅。

图 9–10 分别以蓝、橙两色，于地面两侧铺色，中间光带处渐变极浅而虚化两色差异。图 9–11 分别于灰马暗影处加重色彩，呈远浓近淡变化。图 9–12 分别以深红、深蓝彩铅倚尺勾线，绘制地板、地砖格缝。近实远虚；暗影和近前局部红、蓝互叠加深；地砖稍远处只做纵格、不画横线。地板部分的落影起始处，略叠蓝色加深。

格线向远时，透视压缩而密集，切勿如实画线，尤忌墨线！否则势必聚成浓影，远景趋前，损害构图。

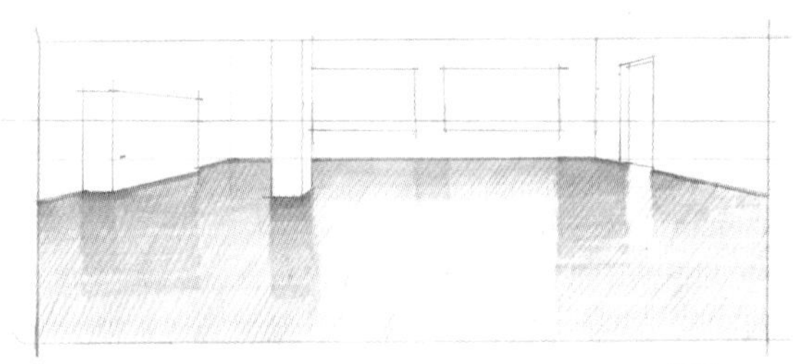

图 9–10

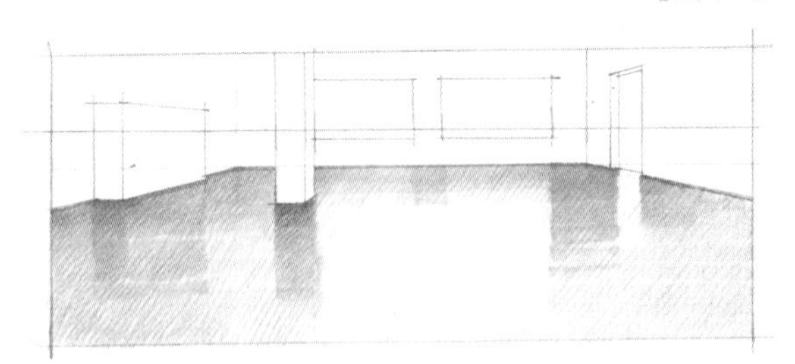

图 9–11

图 9–12

### 9.3.2　灰色地面

当地面材、色未及明确，或偏中性灰色，或需虚化表现时，可取蓝、橙两色，减弱饱和度，做类似示例的左右渐变互混。蓝、橙叠加整体呈灰，相向渐变又使局部冷暖偏转，是表现灰色对象的缺省配色方法。参见建筑篇之环境配景“6.3.1 道路场地”中图 6–10 的上色环节。

### 9.3.3 近景石纹

在地面及墙面的局部近景中，少量添加石材纹理，具有极强的表现力，增加画面细腻观感。

图 9-13，在已作立柱受、背光，和地面倒影的基础上，灰马添加石材纹理。立柱受光面以浅灰马克顺透视方向变化宽窄、轻排横纹，局部二度叠深；背光面换中灰马克排线，叠纹相对断续、稀少。地面浅灰马克，转笔改变宽窄，线面交织、散勾花纹；纹线汇集而呈块面处，以及地面倒影的部位，局部二度叠深。注意地面石纹的整体图案，顺应透视走向，纵向压缩、横向舒展。

图 9-14 铺陈固有色。立柱橙色，背光加重；地面黄色，向远渐弱；地面勾边局部高光留白。

图 9-15 叠加纹理。柱面以橙色彩铅顺沿纹理勾线；地面先将灰马部分覆盖橙色，再散选纹线围合的某些区域轻涂橙色，向远渐弱；最后于柱面暗部转角，和地面勾边等处叠加蓝色。

图 9-16 示例以大量细墨线取代灰马、制作石材纹理。在绘制砌石、卵石时，墨线方式更为常见。

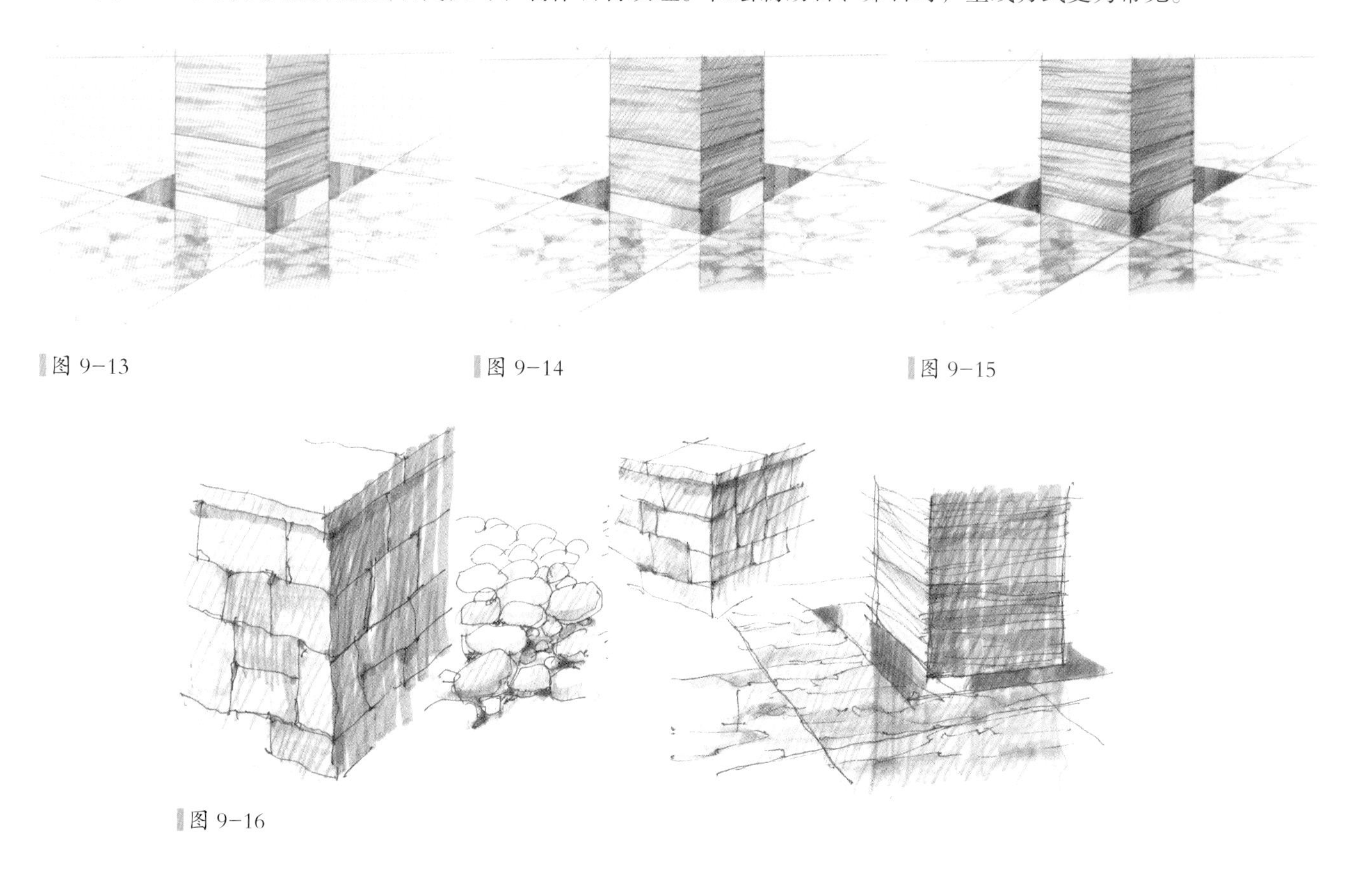

图 9-13

图 9-14

图 9-15

图 9-16

## 9.4 灯光

扩大明暗反差是表现灯光的必要条件。灯光是明亮的，而画面中唯有白纸最亮。周围压暗、中央留白，才能显现光斑。灯口、光斑中央部位，即使是霓虹艳色，也必须留白，而后向周围渐变为浅淡的光源颜色，再渐变或突变为环境暗部，渐变渲染柔和光晕；突变衬托强烈光斑。若误以艳色彩铅浓涂灯光，将与背景明暗接近、甚至更暗，显然违背日常观感。此法仅适于在留白基底上，作为一种概约的象征符号。

图 9-17 示例了扩散灯、射灯、槽灯三种基本灯光类型。扩散灯的光斑由内向外均匀柔晕；射灯光斑上下渐变，边缘突变；槽灯则一侧遮挡暗衬，另一侧自灯口向外均匀柔晕。

左上幅扩散光斑并无明确边界，需在背景墙面上，以不做灰马处理的方式预留大致区域；地面、踢脚的灰马底色对应灯具部位均渐变留白。右上幅射灯光斑边界明确，背景墙面、顶面的灰马底色于光斑范围留白；挂画为投光目标，宜全部留白。下幅槽灯，低层吊顶压暗，分段光影使中部留白，对应于顶灯；上顶棚和吊顶侧沿均受光留白；墙面上部受槽灯照射的部分应渐变至留白，由于竖排线难以纵向精确渐变，故添加铅笔稿线，截取上段留白。

图 9-18 光斑区域彩铅上色，自留白向外，轻叠黄色，而后渐加橙色。对于灯具本身，左上立灯和下幅顶灯，沿外廓稍加橙色暗部，使其区别于留白光斑。下幅吊顶侧沿以黄色、橙色作分段光影，使区别于留白光斑。

图 9-19 背景暗部铺陈墙、顶固有色。于各光晕渐变衔接处，固有色应淡化，并与光源色交融；右上于射灯光斑突变处，局部叠加蓝、紫色，衬托暖光；下幅低层吊顶整体橙色，示暖光晕染，暗部叠蓝，互混呈灰。

此例假设暖色灯光。若蓝、绿灯光，则相应由留白渐变为浅蓝、浅绿，再叠加蓝、紫色。

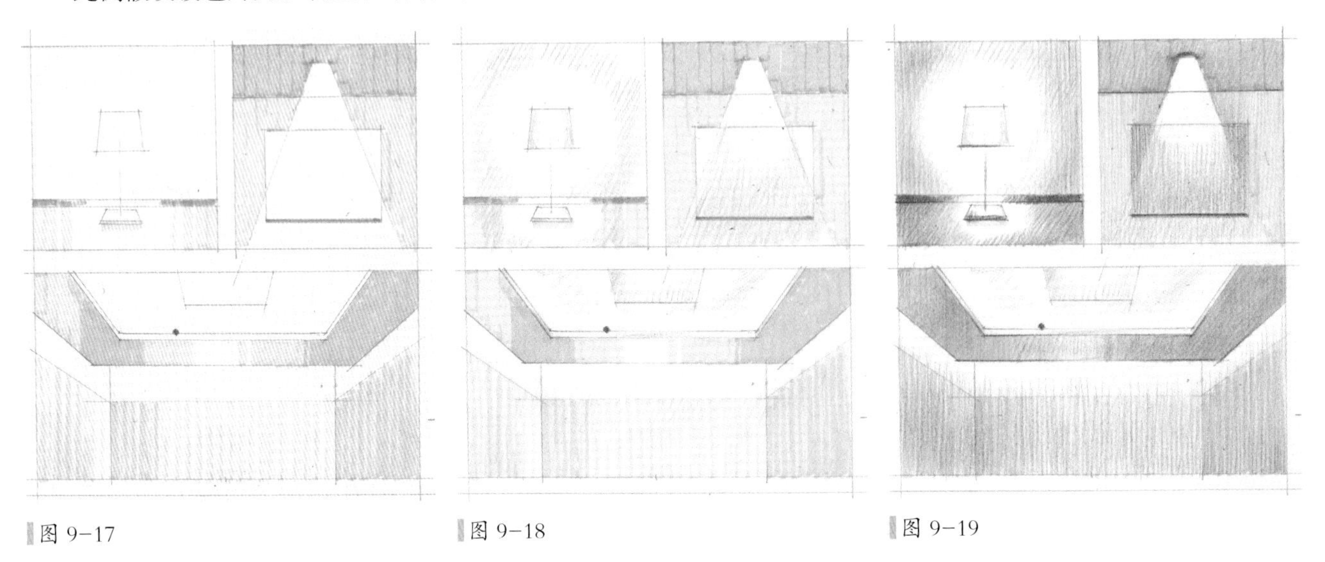

图 9-17　　图 9-18　　图 9-19

## 9.5 顶面

顶面造型简洁规整，常作弱化表现，参见“8.3 顶面光影”中的图 8-10。其上色可类似普通墙面，采用蓝、黄作为缺省配色，略示空间结构。遇到整片暗顶棚时，可用蓝、紫衬托橙、黄灯光，参见上节。

当顶面材质具有明显构造肌理时，应在近景区域适度精细表达，而后向远处渐变虚化。此处仅示例格栅顶棚的细部笔法，其他构架类造型可采取相似步骤。

图 9-20，中灰马克细线倚尺绘线。顺应透视走向；均等构造间距；一半以远，渐虚至留白。饰材间隙的暗部，中灰至远渐变接浅灰。

图 9-21，浅灰马克间隔填色，向远渐窄至细线，留白条带形成格栅。填色区域内，选取局部叠加浅灰二度，近前叠加中灰。叠加的范围，横格栅如同分段光影操作，纵格栅可预作扁弧线铅笔稿，表达侧照光晕。

图 9-22，彩铅黄色轻铺，示光源色；宜不均匀，以呈变化；向远渐至留白。

图 9-23，彩铅短排线，于灰马间隔暗部叠加蓝色，中灰处加重，向远渐至留白。

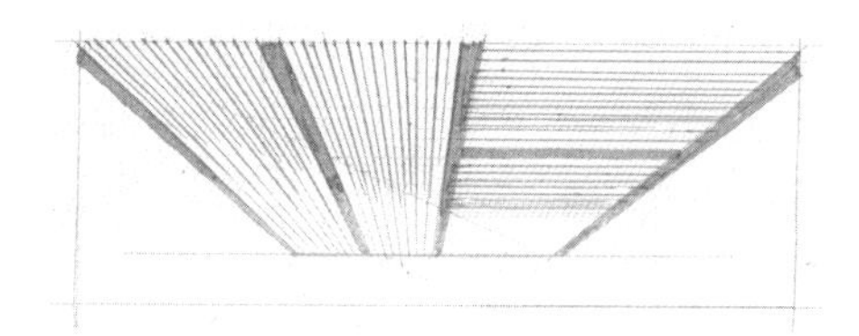
图 9-20

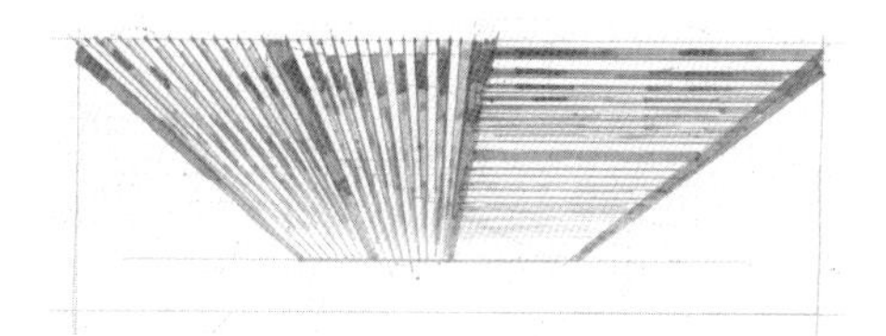
图 9-21

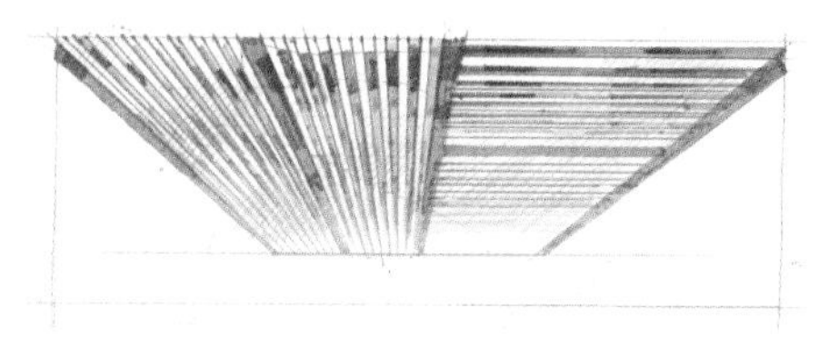
图 9-22

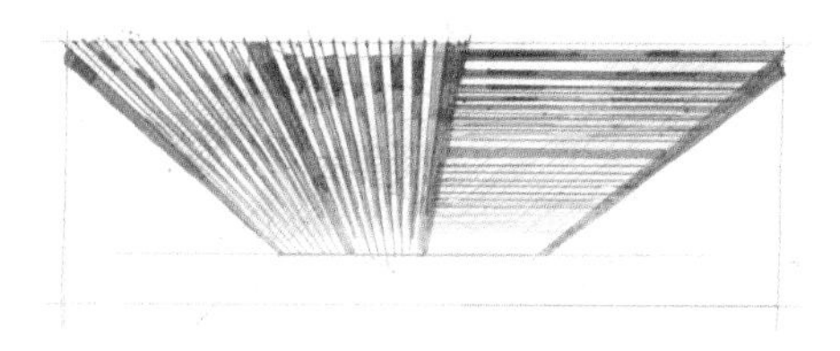
图 9-23

## 9.6 镜面造型

承接前文“8.2 玻璃镜面”中相关的素描程式，此处侧重上色步骤。

玻璃自身带有微弱的蓝绿固有色，故表现暗部透见时应明确其冷绿倾向；反光部分则宜叠黄偏暖，形成对比。镜面映射的部分均应虚化而呈蓝灰，玻璃材质的镜面宜叠冷绿；灰白金属的镜面宜叠蓝、紫，以区别于玻璃。反光均作叠黄偏暖。

### 9.6.1 玻璃茶几

图 9-24 先作反光黄色偏暖。由于浅黄色淡，容易后续覆盖“淹没”，故满铺轻涂，以求便捷。前缘高光完全留白，强化与正面边框的明暗对比，并形成玻璃平面的远近虚实。

图 9-25 湖蓝彩铅远近渐变。反光范围仅远处轻涂，近前淡化；暗部加重，向前延伸，亦呈远近渐变。蓝、黄互叠偏绿，透见暗部冷绿明显；反光范围应彩度微弱。切忌整体蓝绿、鲜艳失真！

图 9-26 添加细部。正面玻璃边缘，蓝、橙重叠，倚尺划线；后部透见木框，两色互混、蓝橙交替呈现，表达隐约、朦胧；木框正面为条带窄长，宜体现分段光影。

图 9-27 改作深色镜面，整体蓝色铺陈，灰马浅淡处叠黄转绿，光带下部略显光源黄色。

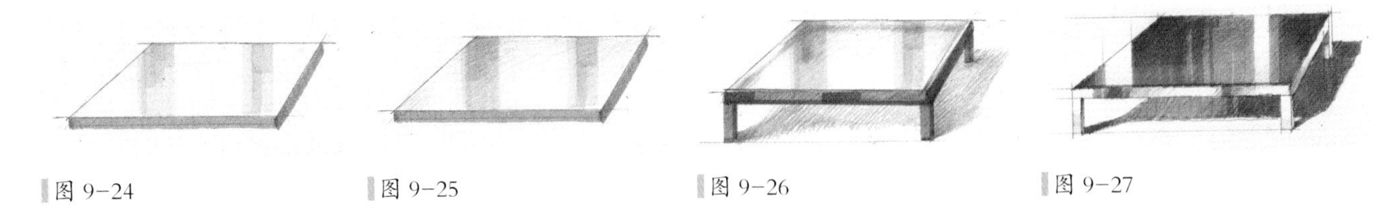

图 9-24 图 9-25 图 9-26 图 9-27

### 9.6.2 玻璃窗扇

图 9-28 对应灰马，作蓝色上下渐变。绘制外窗时，宜取钴蓝以示天色；室内门窗则取湖蓝。注意渐变快速，左、中两幅三分之一亮部完全留白。

图 9-29 自蓝色中部起，轻叠黄色转绿，至高光处淡化留白。绘制外窗时应少叠或不叠黄色。图中窗框添加了分段光影，并倚尺划线，作深蓝色细窄落影。

### 9.6.3 镜面构件

图 9-30 示例为不锈钢、铝材等灰白金属镜面，常采用黄、紫互补色来表达光源、环境色。本图整体铺陈紫色，顺应灰马变化轻重，高光留白。

图 9-31 示例亮部叠黄，暗部叠蓝。叠黄宜紧邻留白高光，条带造型可叠多处。叠蓝多位于暗部边角、条带中段的“反高光”处，以及整体造型的背光侧面。

图 9-32 添加墙面底色衬托镜面高光。注意杆件阴影条带中加入了红色，作为镜面映像、环境色。

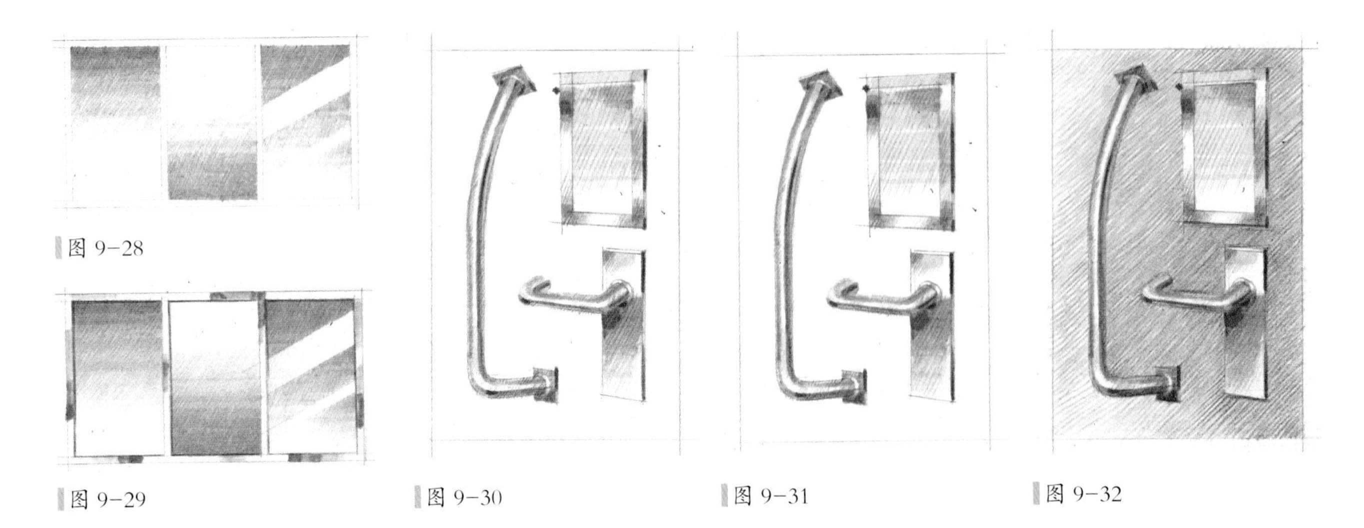

图 9-28

图 9-29 图 9-30 图 9-31 图 9-32

### 9.6.4 镜面圆柱

镜面圆柱的条带交替光影程式，请参阅“2.3.2 圆柱体”和“4.1 体块类型”中关于圆柱体的相关部分。

图 9–33 绘制了一系列镜面圆柱。如图中间大柱所示，由于位处室内，其顶部、底部分别映射出室内顶面、地面的弧形边界，形成室内镜柱的典型特征。绘制中央高光两侧的深色条带时，遇单独条带，应使末端“悬离”并呈圆形收口；遇双道条带，应将两者连接成环，同时“悬离”。紧邻深色的较浅条带，则顺应作相似的环形收口。

图 9–33

图 9–33 中间大柱，以蓝色满铺，高光留白；蓝、橙互叠，轻重交替；分段冷暖对比，整体略呈紫色。较浅条带中，于顶部、底部叠入红色，作为顶面、地面映像的环境色。

图中左侧镜柱截取中段，展现蓝、橙互叠笔触；右下镜柱灰马浅淡，整体上蓝下橙，简洁明快；左下三柱远近排列，灰马素描渐远渐虚，上色相应弱化。

室内镜柱和镜面构件，均可采用蓝、橙互补色，或黄、紫互补色。具体选择应视画面整体色调而定。

### 9.6.5 玻璃内透

在玻璃程式基础上，添加暗部透见造型。内部造型的轮廓线贯穿光带和暗部，光带处内部造型仅作勾线、不上色彩；暗部透见造型的固有色应减弱彩度，并叠加蓝灰，体现蒙覆玻璃的暗部色彩。

图 9–34 落地大玻璃窗上作留白光带，暗部整体上下渐变。唯顶棚灯具即使位于暗部也必须留白。

图 9–35 暗部范围内，深化内部造型的明暗层次。注意控制反差强度，避免内景突现而削弱外部玻璃质感。

图 9–36 作暗部造型的固有色。应尽量统一、弱化，并多叠蓝。光带下部略偏黄。

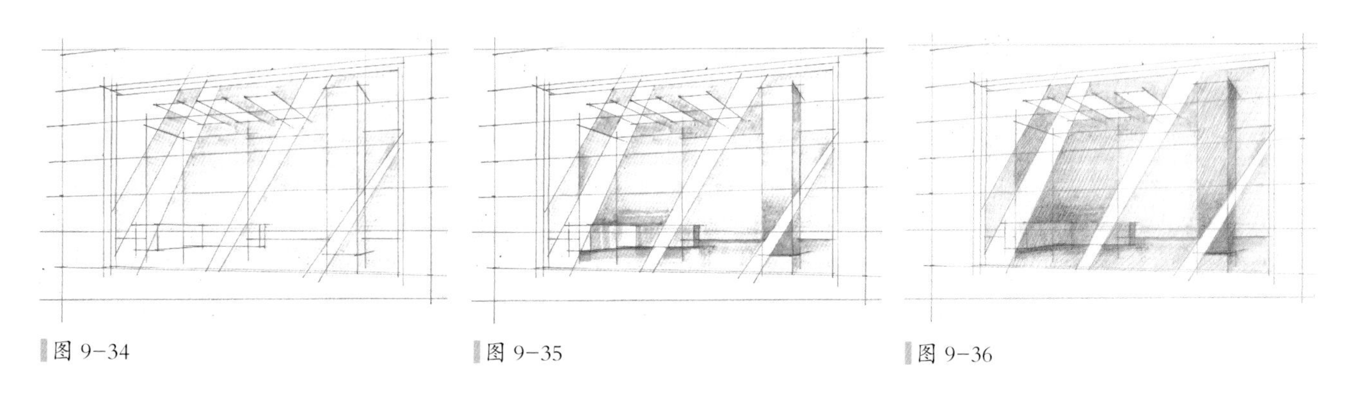

图 9–34　图 9–35　图 9–36

图 9-37 添加外框和墙面材质，利于昭示玻璃的存在。图 9-38 在暗部范围叠加更多蓝色，使透见造型弱化，色彩更趋统一。两图对照，前者侧重于内部透见，后者侧重于玻璃表现。

图 9-37

图 9-38

## 9.7 门扇

门扇的材质首先要区别于墙面。当由多种材料组成时，尚需强化材质间彼此的特征差异。带有起伏线脚的门扇，应使光影变化统一、明确，表达造型立体感，

图 9-39 示例三种常见的门扇造型。左幅大面木饰与窄条玻璃，其明暗渐变呈相向走势，彼此互衬；木饰浅灰纵笔，或离，或叠，以示木纹；玻璃自顶端向下快速骤变，下部大量留白衬托木色。

中幅金属侧框整体上浅下深，内嵌玻璃整体上深下浅，相向互衬；以分段光影表现金属镜面，以斜向光带表现玻璃质感，强化特征差异；侧框分段光影与玻璃光带的位置安排，应尽量促成彼此的明暗对比。

右幅表达起伏线脚，以左上光线统一光影变化；同时整体上也呈现出从左上到右下的明暗渐变。

图 9-40 门板满铺橙色，玻璃中部轻涂黄色，金属侧框左上侧略显光源黄色。

图 9-41 左幅门板加重橙色，竖向笔触示意木纹；中幅侧框暗部紫色；玻璃暗部蓝色；右幅对应灰马加重橙色，暗部再叠红色。

图 9-42 门扇背光侧面叠加蓝色；右幅各线脚的背光侧面叠加蓝色，门板正面右下侧亦稍叠蓝色；深蓝色倚尺划线，作各处收边。

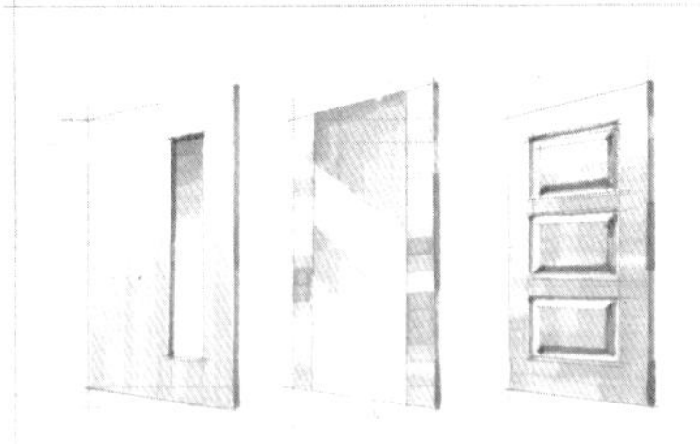

图 9-39

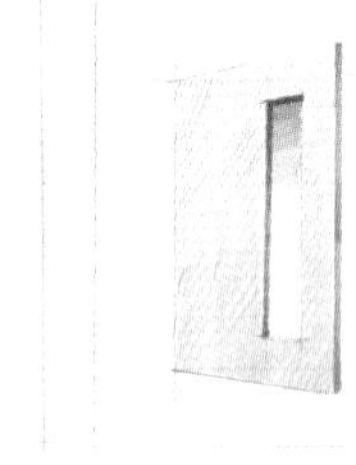

图 9-40

图 9-41

图 9-42

## 9.8　框套

门窗框套是条带造型的特例。凡条带造型均适用分段光影笔法，诸如踢脚、收边之类，可参考前文“8.3 构架、线脚”，不同于一般条带其明暗交替相对自由随意。门窗套线则需考虑更多因素——既要塑造整体的明暗立体感，又要表达材质的光泽，还要区分同向、同材的相临部件。故其光影位置，必须针对个案具体分析，灵活调整。明暗布局往往首选面积最大的造型为主导，而后以反差互衬为原则，步步推进、延伸扩展。教程示例仅供参考，希望同学们尝试更多的布局方式。

图 9–43 所示为毗邻双门框套的明暗布局，设置步骤分析如下：首先设定左侧门扇上深下浅，于是将框套正面的左上角留白、下部渐深，形成框、扇对比；第二步，左门框套的顶部落影压深，框套右侧按理应属暗部，此处却局部提亮上端，以显门扇上深，并反衬顶部落影；第三步，两门之间的框套正面设为上深下浅，形成与左侧暗部的相向渐变；第四步，此框右侧的门扇需对比中间框套，于是呈上浅下深；最后门右的框套再与门扇上下反向互衬。以上是总体的明暗布局，局部分段光影尚需灵活调节。

图 9–44 的上色环节则相对简单明了，基本对应灰马深浅，铺陈轻重不等的固有色。

图 9–45 左上近前亮部叠加光源黄色，背光暗部叠加蓝色，最后深蓝倚尺，划线收边。

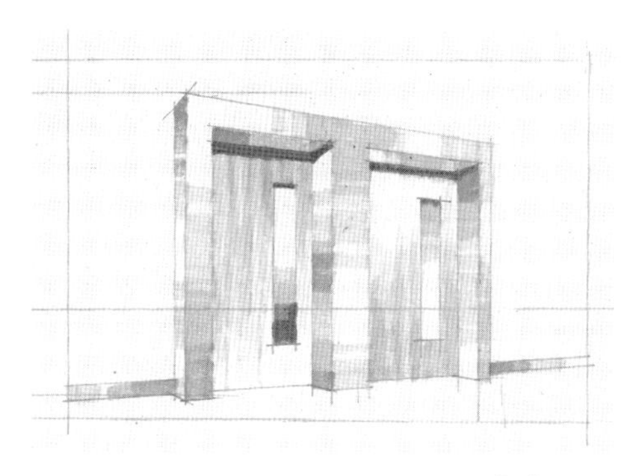

图 9–43

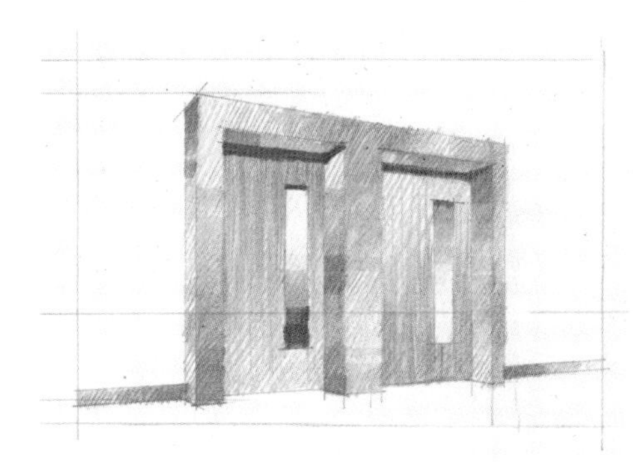

图 9–44

图 9–45

# 10 家具组件

家具造型大多完整显现，需要表达光影立体，具体处理请参见前文“室内光影”的后四小节。

家具的材质、色彩通常与界面存在显著差异，应予明确表现，尤其在界面材色含混、仅作结构转折时，强化家具色彩、刻画质感纹理，能够增强画面的整体表现力。而当界面装饰丰富、细部强烈时，家具表现则应弱化、从属，直至留白。

## 10.1 座椅

首先区分顶面、正面、侧面、落影的明暗差异；接着铺陈固有色，彩铅浓淡配合灰马深浅；最后在明暗交界和阴影部位叠加蓝、紫冷色。尺度较小的扶手、支座应予弱化，或勾线留白，或仅作灰马暗部。

### 10.1.1 布艺沙发

图 10–1 四幅为布艺沙发的灰马素描。其固有色上行较深，采用正面浅灰、侧面中灰；下行较浅，均用浅灰。步骤方面，左列先区分整体深浅，右列深化转折、渐变和落影。

图 10–2 六幅为上色步骤。上、下行分别铺陈红、黄固有色。左列先整体平涂一遍固有色；中列局部加浓色彩，配合灰马深浅；右列于明暗交界、凹缝暗部和落影部位叠加蓝色。其中下行的中幅，黄色浓重处，少量叠加橙色，有利于维持暖黄效果，否则将转绿偏冷。具体选择应视实务观感需要而定。

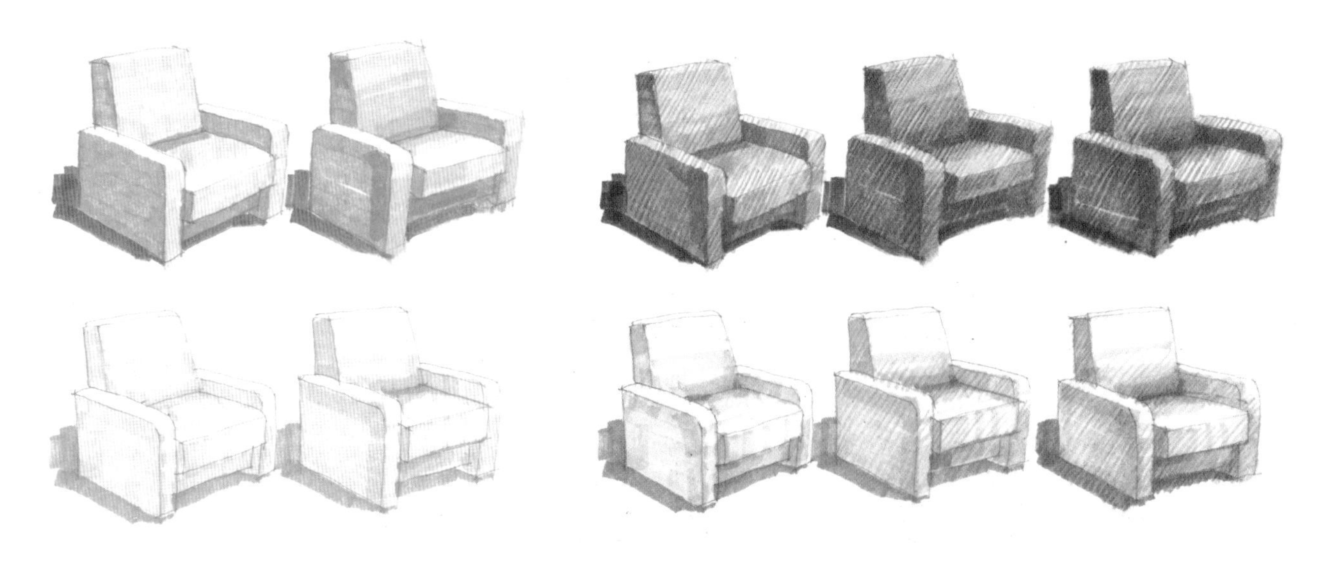

图 10–1　　图 10–2

### 10.1.2 皮质沙发

图 10–3 两幅为深、浅皮质沙发的灰马素描。光泽材质，渐变快速，范围压缩。靠背、坐垫与扶手顶面等处，应扩大留白高光、缩小中间过渡范围、加强凹缝暗部。侧面、落影部位则与前例相似。

图 10–3

图 10–4

图 10–5

图 10–4 两幅上色时，高光部位宜多留白，中间过渡区域，大量灰马笔触的“断层”处，需要依靠彩铅渐变充分柔化。

图 10–5 所示黑皮沙发，马克整体中灰反衬高光强烈；彩铅蓝、红叠紫，勿显纯灰。

### 10.1.3 办公转椅

图 10–6 两幅为办公转椅的灰马素描。注意与沙发造型的三处差异，第一是靠背与坐垫间留有缝隙，应加深灰细线；第二是坐垫略呈凹弧，马克笔触应顺沿弧向；第三是扶手、支座等小尺度构件可以弱化，仅勾墨线，不分明暗。两幅步骤同样为先分整体，后作深化。

图 10–7 三幅上色，先整体平涂，后局部加重，再叠入冷色。

图 10–8 所示高背办公转椅，靠背上两段相连的圆柱面，需要充分表达。

图 10–9 上色与前例类似。

图 10–6

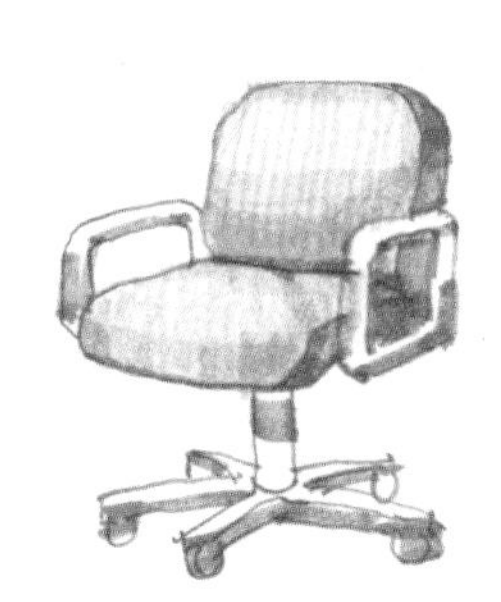

图 10–7

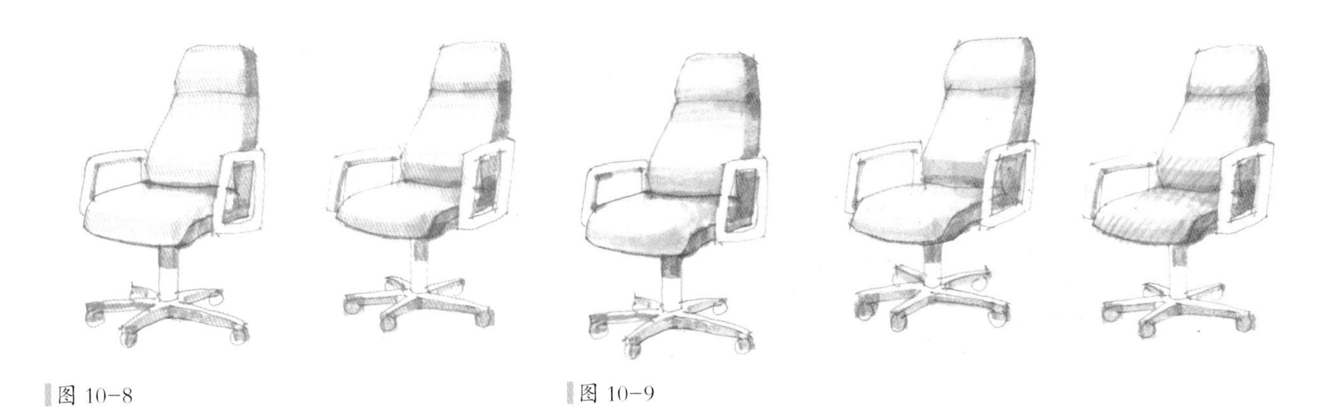

图 10-8

图 10-9

### 10.1.4 其他椅垫

图10-10的躺椅，靠背画法与高背椅相同。搁凳接近坐垫，只是中部增加了一段浅灰，以便衬托两端的圆弧高光。图 10-11 是其上色效果。

图 10-12 示例的椅垫外形宽大，起伏松软，接近皮质沙发画法。图 10-13 自左至右是其上色步骤。

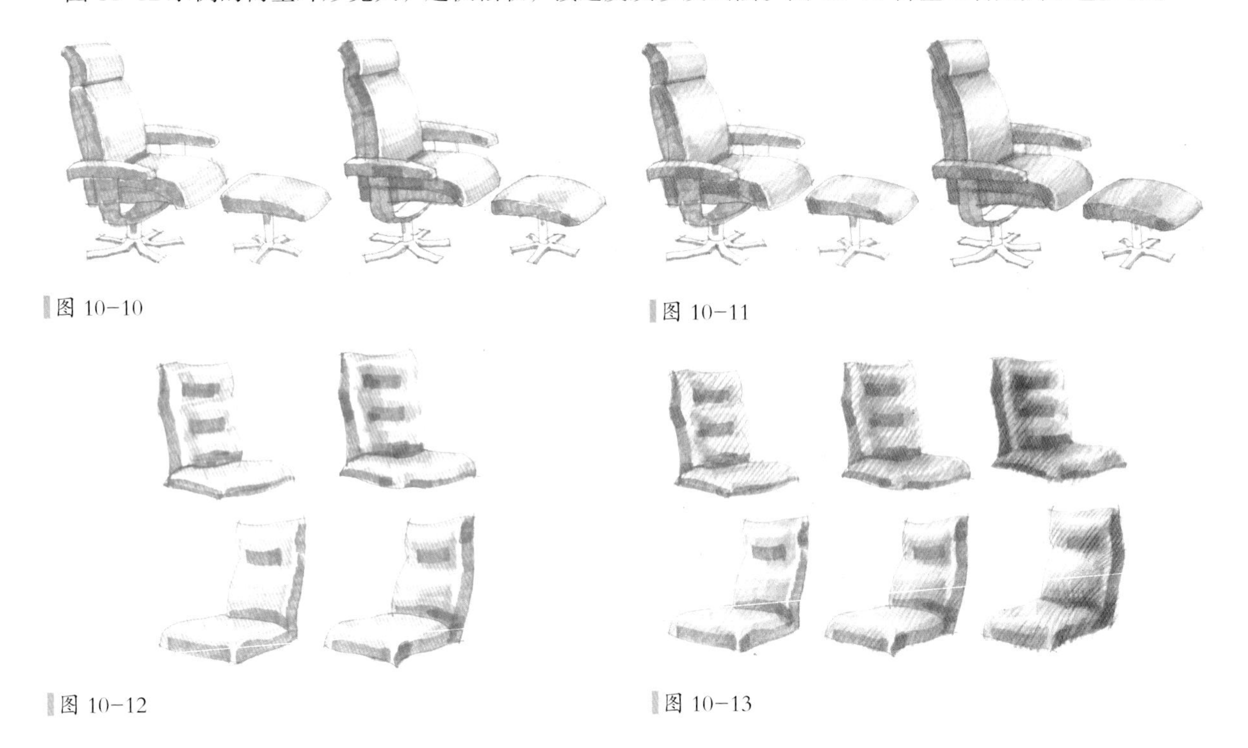

图 10-10

图 10-11

图 10-12

图 10-13

## 10.2　床褥

方正的床垫，如前文图 8-32 所示，属于软边造型的画法。当底部有木板衬托时效果更佳，见图 10-14。

通常床垫之上铺设被褥，此时表现的重点在于床罩褶皱、布艺靠垫和背板的弧面特征。

图 10-15 中，床罩前端边角圆锥的一半留白，正面起伏亦有少量留白。被褥折叠的正面，浅灰、中灰做出弧形边缘暗部和缝隙阴影。床罩侧面先铺浅灰一度，留出被褥与床罩交接竖条，再加浅灰二度。

注意床下落影顺应床罩外缘曲线，以较大落影宽度表示床罩与地面的间隙，左端起始位置务必内收，以使床罩边角呈现悬空。

图 10-16 深化光影。床罩圆锥右侧暗部叠加浅灰二度，床罩正面右端邻接圆锥处浅灰二度衬托圆锥高光。床罩侧面上边沿统长叠加浅灰三度，其位置于原顶、侧交界线略下移，以形成弧形过渡。侧面于圆锥后部、被褥与床罩交接前部，少量叠加中灰。被褥侧面添加中灰花纹条带。靠背弧面亦作相应深化。

图 10-17 将床罩、被褥、靠背分别赋予不同的固有色，对应灰马加重彩铅，暗部、阴影叠加蓝色。

图 10-14

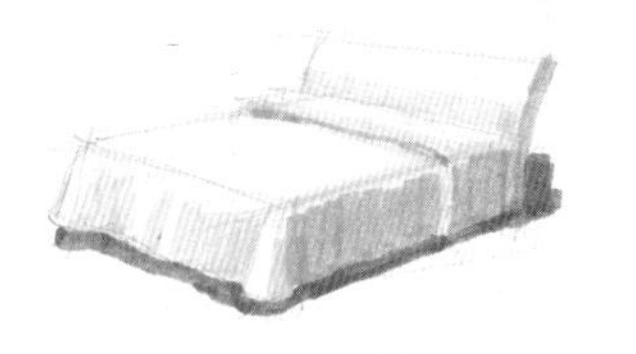

图 10-15

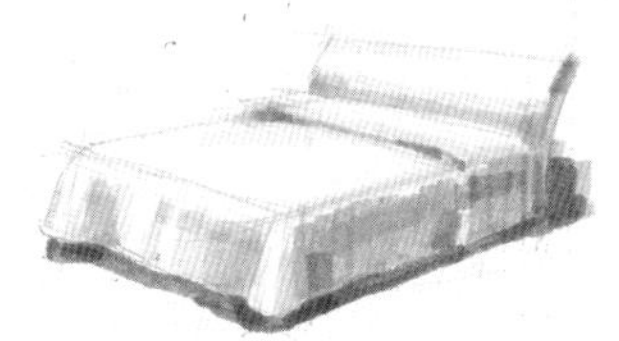

图 10-16

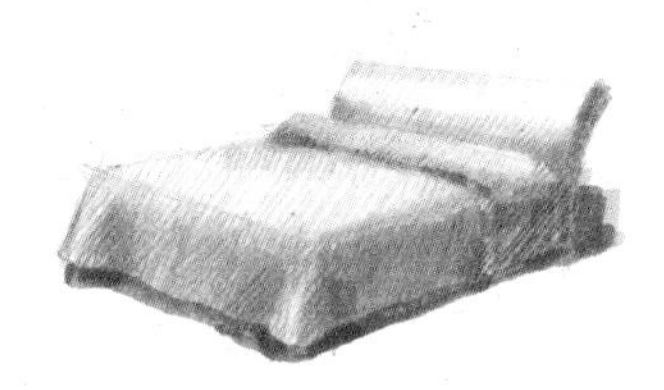

图 10-17

## 10.3　橱柜

所有橱柜都要区分正侧面，低于视线者顶面基本留白，局部内凹处务必加深落影，大尺度平滑表面宜加光带变化，带有玻璃罩面时应表达反光与内透。

### 10.3.1　内凹橱柜

在区分顶、正、侧、影的基础上，增加内凹部分的明暗处理。

图 10-18 左幅先作顶面留白、正面浅灰、侧面中灰、落影深灰。遂将内凹的侧面、加上中灰。

右幅深化各面。顶面加作浅灰光带；正、侧面局部叠加浅灰、中灰二度，区分外框与镶板；内凹侧面叠加“三角形”深灰落影，内凹后面叠加深灰色横向窄条落影。

侧面三角与后面横条落影，是表达一切内凹造型的通用程式。尽管现实场景中罕见如此清晰、强烈的内凹落影，但作为一种“图例”，这种程式能够明确表现造型的结构特征。

图 10-19 四幅示例上色步骤。左幅平涂橙色；第二幅对应灰马加重橙色；第三幅局部叠加红色，表达家具偏暖、亮丽的固有色；第四幅于明暗转角和落影部位叠加蓝色，强化光影对比。

图 10-18

图 10-19

### 10.3.2 平滑橱柜

高于视线的橱柜正面，可以整体留白，可以作浅灰竖向渐变，也可以留出光带。侧面则作中灰暗部。

橱柜表面的光带走向，可类似玻璃镜面，呈背逆于透视方向的 45° 倾斜，也可以顺应实务场景映像。

当造型需要时，马克竖向笔触可以留间、重叠表达木纹，参见“9.2 特殊墙面”。

图 10-20 左幅，镶板部分在两道光带范围内留白，外框则均涂浅灰。右幅外框在光带范围之外叠加浅灰二度；侧面外框中灰二度，作局部相应深化。

图 10-21 左幅满铺黄色，对应灰马区分轻重；右幅局部叠加橙色，使观感沉稳；暗部落影叠加蓝色。

图 10-20

图 10-21

### 10.3.3 玻璃橱柜

橱柜玻璃罩面应区分反光与内透——反光范围留白，橱内物品仅示廓线；内透范围整体浅灰，物品与背景再度制作深浅。外露部分的柜板，其固有色与玻璃呈现明确差异，内透部分的柜板则统一于玻璃色彩。

图 10-22 上幅玻璃罩面上作两道光带，橱框与光带留白，光带范围之外的玻璃满铺浅灰。无玻璃罩面的部分，物品留白，其余柜面的处理类似内凹橱柜，唯落影减弱，以避免超过玻璃部分的表现强度。

下幅于光带范围之外，先作浅灰二度区分物品与背景，再叠加中灰制作物品与柜板的落影。

图 10-23 四幅示例上色步骤。左上玻璃平涂蓝色，柜板平涂橙色；右上两者分别加重固有色，橱框在光带处局部加重，反衬光带；左下于无玻璃罩面部分，落影、柜板局部叠蓝；右下玻璃亮部叠黄转绿，内部柜板局部稍加固有色。注意内透木色切勿浓量，以维持玻璃蓝色的统一观感。

图 10-22

图 10-23

## 10.4 窗帘

布艺窗帘的特征在于褶皱起伏形成的明暗交替竖向条带。条带既要整体竖直，又要横向摆动；既要大致均等，又要宽窄变化；暗部浅淡，叠加散布；上色宜略随意，以求自然变化。

图 10-24 顺应窗帘的横展特征，将分解步骤从左到右连续叠加，四段绘制于同一画面。

图 10-24

左段墨线，自上而下移腕拖笔，放松轻擦绘线；起止基本对应，中间略作摆动；疏密交替，大致重复均等；上沿横线齐平，下沿作正反弧线交接，弧线尽量扁平。浅灰竖条间隔排列，不必对齐墨线；呼应墨线略作摆动。

第二段灰马暗部，散叠浅灰二度，上、下部位略多，中间略少；上、下沿叠加中灰窄线落影，上沿仅叠于暗部竖条、顶齐墨线，下沿可连续叠加、紧贴墨线之下，宜断续留空，勿使全线贯通。

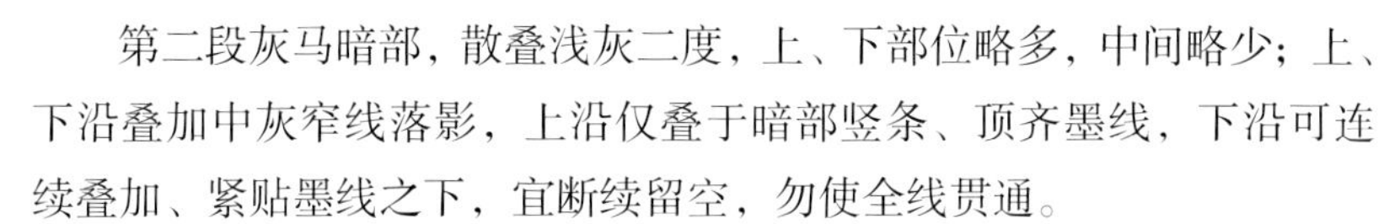

第三段彩铅长排线轻笔满铺，排线略松散，使浓淡随机变化。

右段于暗部竖条叠加重笔短线，排线随意而与灰马范围略呈错位。中灰落影叠加蓝、紫色。

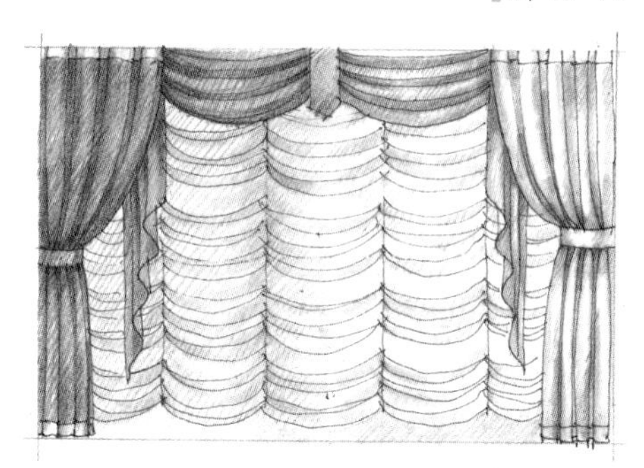

图 10-25

图 10-25 所示窗帘侧重整体造型。外层厚重，起伏规则，光影明确；内层轻薄，褶皱细腻，反差虚弱。图中右侧轻铺固有色，旨在展现灰马素描；左侧外层加重彩铅，内层薄纱仍保持清淡。

# 11 室内配景

绿化配景作为一个连续的整体，各种内容在室内、室外实际均有呈现。但就表现技法而言，在不同的场景视野中，需要区别对待。一般盆栽、花卉只在室内视野中才占有较大幅面，需要专门表现。而室内庭院的乔、灌、水、石，以及窗户透见的天空、远景等，均与室外视野相仿，可以参照“建筑篇”中“6 环境配景”的内容。

陈列物品则是专属室内的配景内容，原则上应概约勾线、省略色彩、虚化表现。

## 11.1 盆栽

盆栽占幅不大，或居于中、远景时，宜表现其整体光影、色彩，仅以彩铅笔触略示细部；当其尺寸较大，或呈近景时，宜勾线描绘其枝叶形态和细部特征。

### 11.1.1 整体盆栽

图 11–1 首行铅笔作水滴状外边界，径向或横向辅助线（指示马克笔触走向，可略）。

第二行先作马克浅灰一度，再于下 2/3 范围叠加两度。径向或横向笔触，上窄下宽、上疏下密，形成上浅下深的整体观感。

第三行叠加马克中灰阴影。紧靠浅灰笔触下部并略短于浅灰，上疏下密。三幅从左到右，笔触或径向长条，或径向短条，或横向短条，表达不同植物品种。花盆暗部仅一笔浅灰。

第四行彩铅自顶部到 2/3 范围先铺黄色；随后整体满叠绿色，上轻下重；再于下 1/3 范围叠加蓝色，光源色—固有色—环境色具足。三幅从左到右，笔触或长排线，或“之”形连笔，或分行短排线。花盆暗部也可稍加蓝色。

末行墨线勾略外廓。笔触上部碎散，下部连续，暗部少量重叠。常用深色彩铅代替墨线，以免形微线密、观感不佳。

### 11.1.2 整体花束

图 11–2 首行铅笔作扇形、卵形外边界。一道横线，区分上部花朵、下部茎叶。上扩下收。

第二行马克浅灰方笔触散点，球体高光部位点少，背光处略多；局部加叠两度，近横线处略多。

第三行叠加马克中灰，横线以上两三处散点，表达间隙阴影；横线以下增多，笔触略向左右下斜扩大，表达绿叶；近横线下部中灰笔触互叠，表达花朵落影；中灰竖向窄笔作茎干；花盆暗部浅灰。

第四行花簇铺色，彩铅长排线自左上至右下由浅渐深，略以同笔色勾线表达簇间边缘、缝隙。三幅从左到右，笔色各异表达不同品种。茎叶绿色短排线，因灰马较深需多用力。花盆暗部可蓝色偏紫，以协调红花。

末行墨线碎散勾略上部外廓，边缘、缝隙散加碎线。以深色彩铅代替墨线为宜。

### 11.1.3 勾线盆栽

此处介绍的盆栽造型方法，均以归纳整株和叶片的形态特征为基础，先作铅笔稿线，再勾墨线形廓。

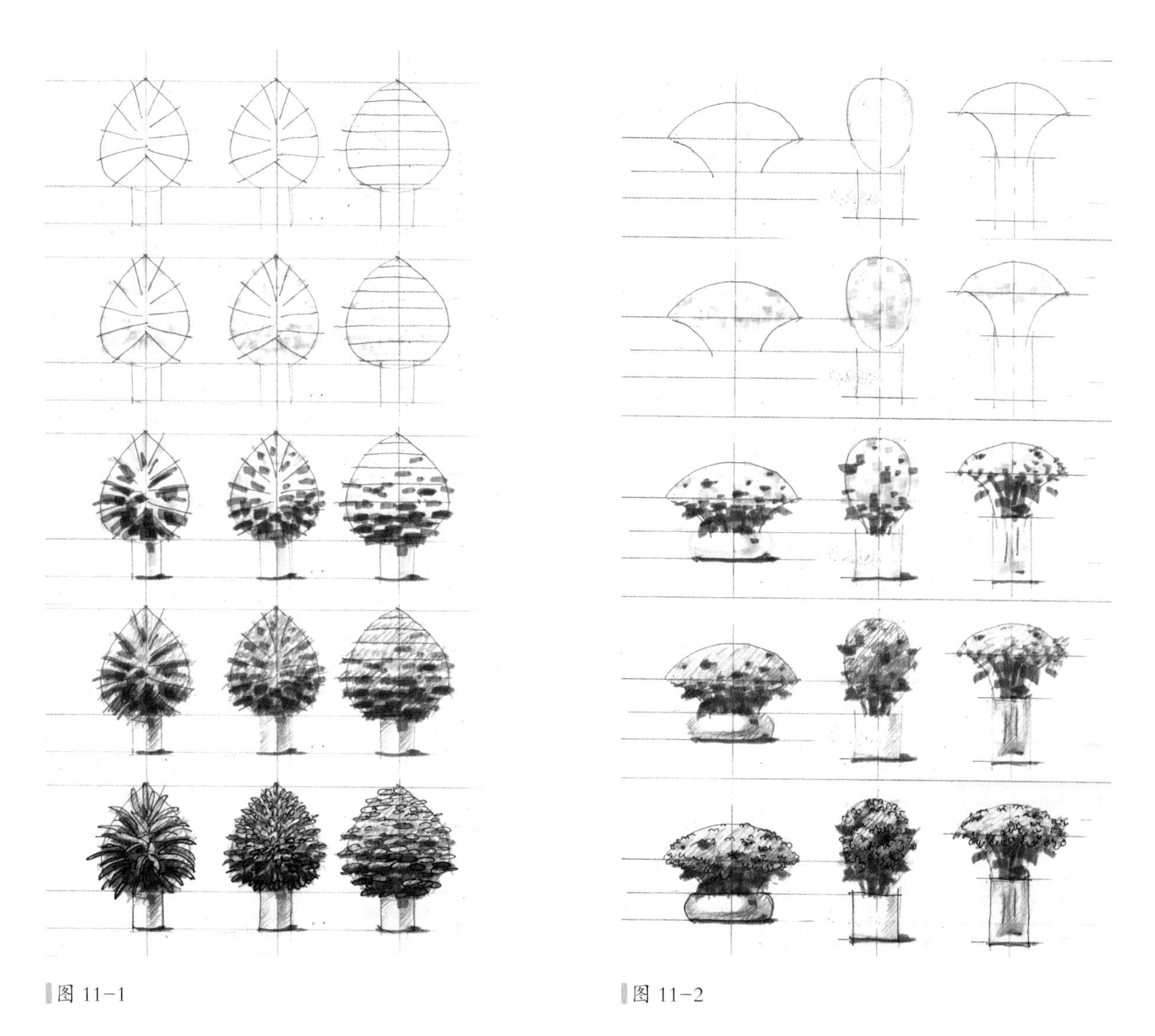

图 11-1

图 11-2

图 11-3 所示为两种条形盆栽，纵两列为不同品种，横三行为绘制步骤。

首行铅笔稿线，先作中心对称的横扁圆形边界。自中心线向两侧、由下至上，作近十条弯弧线，止于边界，作为叶片走向；弧线起点散布于中心线下半段；起点较高的上部弧线弧度略小而平，起点较低的下部弧线弧度略大而弯；各线分布应整体均衡，但间隔不等；中央宜作两条大弧度短线，悬止于中部，不顶足外边，以示向前悬伸的叶片。

第二行铅笔稿作出叶片宽度，端窄中宽呈香蕉状；加宽后各叶片起始处相互重叠，后续应区分前后。

第三行，根据叶片特征直接绘制墨线；先画前部完整叶片，再画后部被遮叶片；前悬叶片必须完整。

左列上部叶片宜茎干位下、齿叶位上；下部相反茎干位上、齿叶位下；前悬、顶置叶片则茎干于中，两侧齿叶，左右两侧可分大小；被遮部分勾齿可简化为排线。

右列于叶片中部添加叶脉线，两侧可分大小；被遮部分可不勾脉；注意前悬叶片顶、底面翻转的部位，叶脉和靠外一侧的廓线是断开的。

画完叶片，再加底部茎干和花盆外廓线。最后擦除铅笔稿线。

图11-4所示为三种卵形盆栽,纵三列为不同品种,横四行为绘制步骤。

首行铅笔稿线，先作中心对称的整株外边界；圆形、水滴形、六边形均可。

边界内再作一二十个横扁圆形，作为叶片外廓，大小应根据叶片数量适度调整；少数孤立完整，多数相互重叠，叠置面积宜少于扁圆之半；个体左右错落，整体有所侧倾，勿使左右对称，规则、虚假。

左、中两列叶片扁圆横平；右列各叶片更扁而呈条状，由中心线指向外侧，顶部上斜、中下部下斜，呈放射状。

第二行于扁圆内加作叶脉稿线。此时需选取少量叶片作为被遮形体，不加叶脉。左、中两列爪形叶片，放射状叶脉的布局一般应前疏、侧密、后留空缺，顶部个别叶片则宜反向布置叶脉；右列叶脉顺条形叶片走向，同样选少量被遮叶片不加叶脉。

第三行，根据叶片特征直接绘制墨线；叶片宜呈尖端，叶条略呈弯弧；被遮叶片不必精准。

第四行，擦除铅笔稿线；于叶片间隙添加茎干，上部茎干双线，底部可随意紧密排线；添加花盆廓线。

图 11-5 为上述两例的浅淡上色。先于各株下部、被遮挡的叶片位置铺垫浅灰马克，再以彩铅黄、蓝互叠表达受背光色彩。此时画面观感仍以墨线为主。

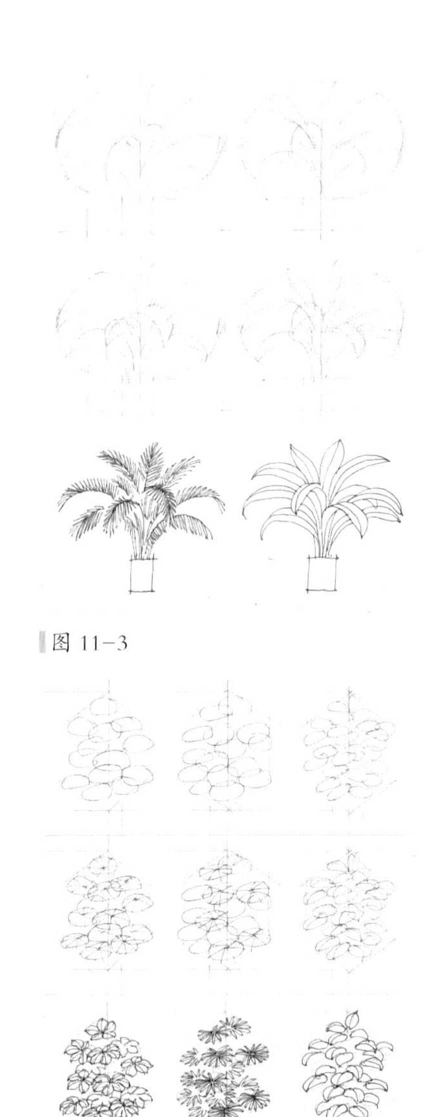

图 11-3

图 11-4

图 11-6 为加重马克、彩铅表现力度。对于爪状、齿状叶片，由于造型细小，彩铅应顺沿叶片和缝隙的走向逐笔绘线。叶片、茎干的缝隙中应多加蓝色，使深影显得通透。

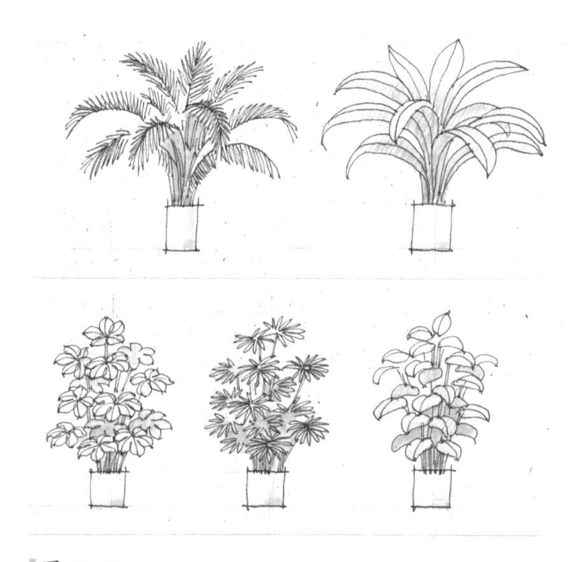

图 11-5

图 11-6

## 11.2 陈列物品

陈列物品细节繁多，色彩纷呈，若如实表现势必喧宾夺主。为保障橱柜、货架的装修主体地位，其内部陈列必须概括造型、削弱反差、虚化色彩。

### 11.2.1 架上陈列

餐饮厨具、办公用品、服装鞋帽等等，此类架上陈列物品基本勾线留白，至多略加浅淡阴影。当货架陈列众多而留白单调时，可选一、二浅淡上色，以平衡构图。

勾线造型应概括特征，舍弃细节，以能识别物品类型为准。示例以行归类，左首图形为简化特征。三幅勾线造型分别是各类餐具、文具礼品、服装鞋帽。

图 11-7 物品背景隔行平涂浅灰、中灰。再于各行右半段，彩铅隔行叠加橙色、红色。物品形体上，于球、柱明暗交界线处，略加蓝色阴影。

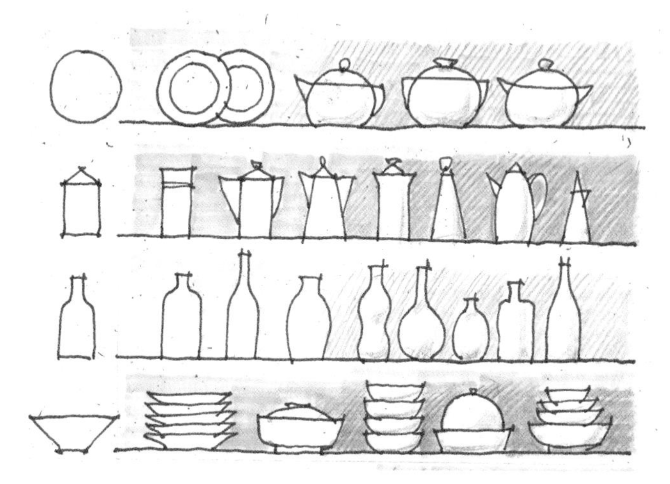

图 11-7

图 11-8 物品背景画法相同。彩铅蓝色加绘形体阴影，相架玻璃；黄、橙加绘花簇暗部。

图 11-9 大量服装基本留白，偶尔于阴影部位稍加艳色，活跃画面。切忌如实上色。

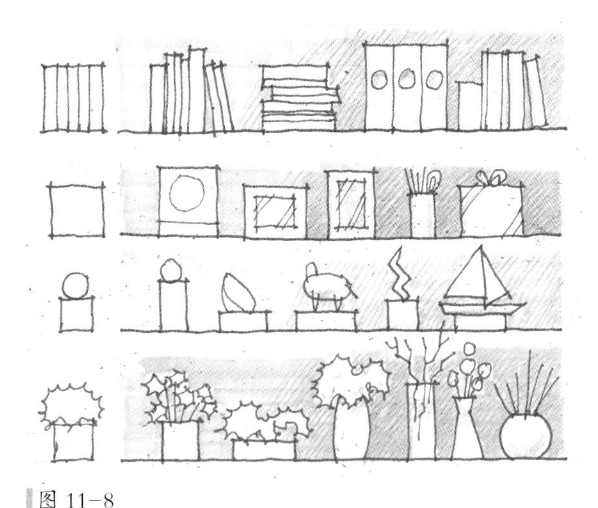

图 11-8

图 11-9

### 11.2.2 字画陈列

字画通常作为界面构图的组成部分，当界面整体浓重时，可适度表现其明暗反差，但上色务必弱化。字画内容需若隐若现，勿使陈列细节抢夺界面主体。

图 11-10 上行三幅分别为字、画、照片的底稿环节。参照范例，铅笔起稿，浅灰临摹。内容不必精准，意在体现作品类别。画面上作若干光带斜线，不论实际有无玻璃蒙覆，均以光带方式区分虚实。

中行三幅留出光带，其余部分浅灰二、三度深化。书法加重墨色；绘画增加细节；照片丰富层次。光带分隔连续内容，使之若隐若现。其中照片的深化部位，并未严守光、影交替，而视构图虚实所需，但变化仍以斜线为界。

下行三幅光带之外轻铺彩铅，宜按界面整体需要设色，低彩雅淡，不求真实。如图书法单色；绘画橙中叠青；照片青中叠橙。其中书画钤印略示暗红。

图 11-10

# 12 室内实务

学习了光影、界面、家具、配景诸程式，即能拼凑一幅室内画面。但要达成良好的表现效果，尚需经过适当的画面取舍处理。

室内场景与建筑相比，往往同时呈现更多的材质与色彩。若不分主次，全面深入，势必细节堆砌，众彩纷呈。观感上争夺视线，淹没主题；操作时耗费笔墨，违背快速宗旨。

画面处理就是区分主次，侧重取舍，寻求统一。室内实务所述均为画面处理问题。

场景分析列举了寻求画面统一的四种典型模式；照片改画借助现实案例，训练对创意主题的选择；创作指导点评学生实务，总结得失。

## 12.1 室内场景分析

快速手绘表现草创方案，要突出主旋律，给人以明确印象。场景分析的目标就是根据造型特征，确立表现主题。或借此区分主次，予以虚实处理；或设置统一基调，协同画面观感。

### 12.1.1 材质主次模式

以材质区分主次，以主从关系统一画面。木饰、砖石、镜面作为主体，色彩饱满，质感细腻；空间界面位居从属，略作素描关系，弱化统一。

#### 冷暖对比例

凡木饰、皮革、布艺等暖色材质作为装饰主体时，宜冷暖对比区分主次。此法操作方便，识别清晰。

图 12-1 示例将门套、吊柜、木饰背景墙设为主体，素描层次丰富、反差鲜明，充分表达质感光影；墙、顶、地，家具布艺等作为从属，弱化处理；墙面转折各处的明暗区分，其反差应弱于主体。

图 12-2 蓝橙两色分别赋予木饰与墙面，主次明确。地砖、窗帘、灯光以浅淡橙黄呼应主色调。

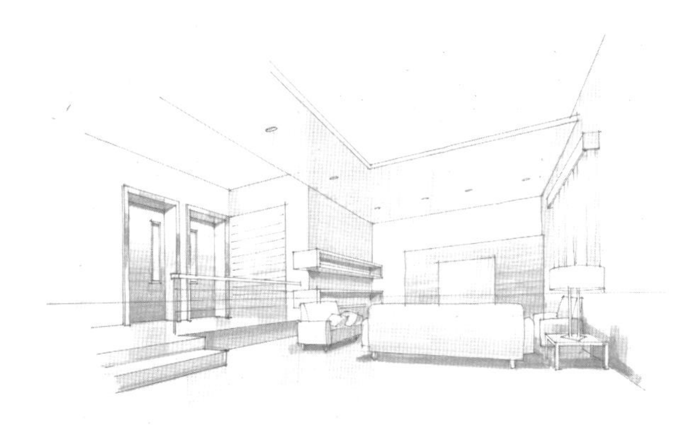

图 12-1

图 12-2

### 重点刻画例

木饰、砖石等重点装饰作为表现主题，宜充分刻画细节起伏、纹理色差。其余材质适度弱化。

图 12–3 示例灰马素描深入描绘木纹与砌石的光影特征。注意强化表现应局限于造型的近前、边角，并向周围区域快速渐变弱化。若整体"纤毫毕现"，将使造型平面化，失去空间纵深和画面的灵动感。

图 12–4 局部重点在画面中彩度最高、层次最多、渐变也最剧烈，其余部分则相对平缓。图中门扇、沙发、窗帘、隔板等处均作弱化处理，切忌满幅细节堆砌、争彩斗艳。

图 12–3

图 12–4

## 12.1.2 构图主次模式

大范围场景以空间区分主次。主体空间的造型反差大、彩度高，并选择重点区域深入刻画；周围背景反差小、彩度低，仅表达结构转折，忽略材质、色彩。

### 远近虚实例

房间进深大，尤当空间分隔组合时，多依远近区分虚实。近景暖色趋前，远景冷灰后退。

图 12–5 近景落影浓重，光泽生动；远景浅灰朦胧，不作深色暗部。整体前紧后松。

图 12–6 近景细部刻画时增强暖色，与蓝灰落影互补衬托；远景结构统一于冷灰调子。

### 场景聚焦例

场景左右伸展时，应选取中部造型充分描绘，形成构图焦点。周围场景则弱化为从属背景。

图 12–7 将中部立柱及其邻近桌椅作为场景焦点，加强反差。两侧背景浅灰朦胧。

图 12–8 柱面、椅背刻画纹理细节，标牌、植株用色鲜艳，吸引视线聚焦。同样的石材、桌椅和绿化，在两侧时色泽黯淡，弱化表现。

图 12-5

图 12-6

图 12-7

图 12-8

### 12.1.3　杂陈统一模式

室内众多造型均需表达材质特征，或相反均无明确特征时，难以进行主次区分、虚实处理。此时需要根据案例的具体情景，设置某种连续基调，将杂陈的造型统一起来，以协调画面的构图观感。

**地深统一例**

以表达空间布局和整体造型为目标时，可加深地面作为连续基调，统一画面。

图 12-9 地面作为连续的暗部，将分散的家具落影连成整体。此时，上部阴影的深度不应超过地面。

图 12-10 地面铺色的彩度高于整体空间，具有适度的表现力。前景局部造型虽则更艳，但地面仍以其连续的大尺度维持着主导地位。

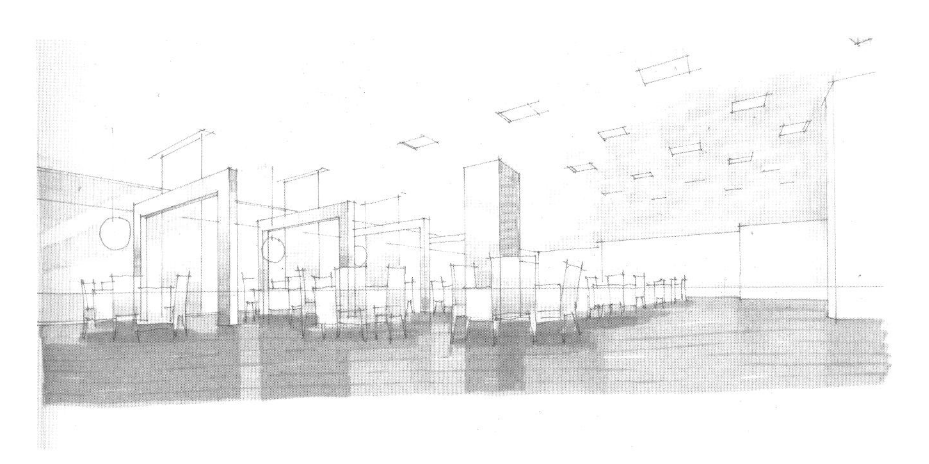

图 12-9

图 12-10

### 光晕统一例

室内散布灯光时，可以突出光晕表现，充分延伸扩展，形成连续基调。凡临近灯具的造型均染上光源色彩，背离灯光的造型则呈现光源的补色，饰材固有色均相应弱化。此即以环境色统一固有色的处理手法。

图 12-11 为表现灯光而局部压深吊顶等逆光界面，此时应注意向周围快速渐变淡化，切忌满铺深色。顶部较暗时，地面局部相应加重，以使构图稳定。

图 12-12 充分套用由留白渐黄至橙的灯光表现程式，逆光部位叠蓝转紫，红毯、绿叶尽量浅淡。

图 12-11　　图 12-12

## 留白统一例

重点装饰并置纷呈时，背景留白的隔离作用能够缓解多种材质之间的相互冲突，使观感协调。

图 12-13 所示场景，镜面、圆柱、石墙、弧柜等各处材质都需要深入刻画，灰马素描充分表达出这些饰材的光影特征。

图 12-14 重点装饰色彩各异，充满张力。墙、顶、地面大片留白，缓冲视觉。仅在墙、地边角局部略施固有色，以使配色方案表达完整。

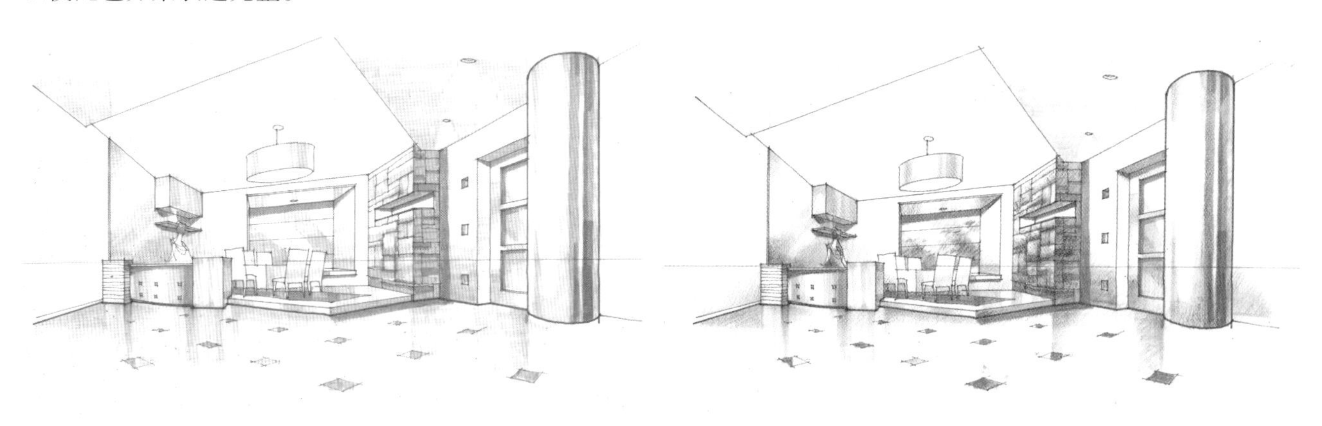

图 12-13　　图 12-14

## 色调统一例

室内材质接近、色彩协同，甚或方案尚未推敲细节差异时，赋予统一色调既能简化操作，又利于营造空间氛围，体现设计风格的意境取向。这种色调也因此称为“主观色调”。

而当各处界面均需清晰表达材质，又缺乏大量留白余地时，统一色调更成为协调画面的最佳途径。

图 12-15 所示场景并无特殊装饰与材质对比，表现主题在于空间布局和常规饰材的适宜搭配。图 12-16 中统一的黄、橙主观色调恰可形成温暖、沉稳的整体氛围。

图 12-17 中的大量石材，或描绘质感纹理，或营造光晕效果，或表达镶拼光泽，以及镜面条带等，包含了大量表现程式。其素描效果局部层次丰富，整体却含混不清。

图 12-18 以暗红与暖橙统摄全局，仅留中部透光石柱少量冷绿，以条理清晰的主从色调来统一画面。

图 12-15

图 12-17

图 12-16

图 12-18

### 12.1.4 简约点缀模式

同样以空间布局为主题，但不需要或难以表现“主观色调”时，可采用整体勾线留白，局部点缀固有色，略示典型材质的简约模式。选择着色区域时，注意考虑碎散色块的构图平衡，尽量顺应条带状构件的延伸形态扩展分布，达成连续的色彩观感。

图 12-19 所示着色区域的选择，首先是门窗框套、连续桌面等常规的纵横条带，然后是装饰树枝、吊顶光檐等条带状特殊造型，最后增添弧墙、沙发两处较大色块，弥补条带的纤弱和单调。

图 12-20 中的色彩基本属于材料固有色，只是门窗框套、座椅之类低彩度造型的蓝灰色套用了缺省程式。弧墙、沙发的着色范围和深入程度，应根据画面构图酌情增减。

图 12-19

图 12-20

### 12.1.5 组合场景练习

组合场景练习，作为单项组件向室内全景的过渡环节，便于学生在巩固组件程式的基础上，逐渐增加表现范围，稳步扩展对画面处理的把控能力。

图 12-21、图 12-22，针对沙发、茶几，灯光晕染，兼作窗帘、门套等。

图 12-23、图 12-24，针对玻璃橱柜，兼作桌面光带、门套分段光影等。

图 12-25、图 12-26，针对床罩、窗帘布艺，兼作墙、地渐变，盆栽配景等。

图 12-27、图 12-28，侧重镜面材质与灯光组合，兼作外窗透见。

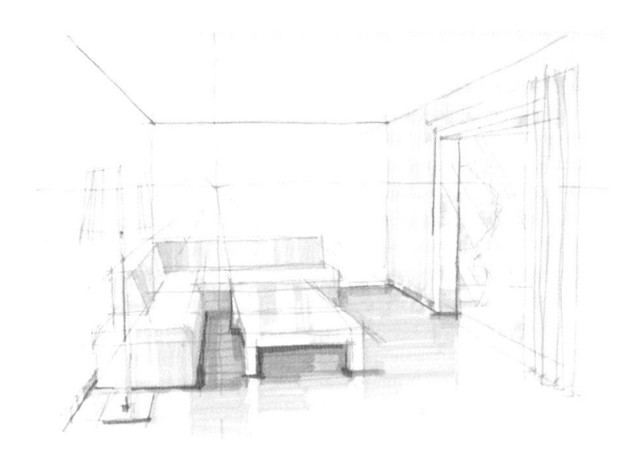

图 12-21

图 12-22

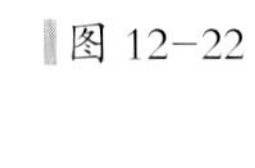

图 12-23

图 12-24

图 12-25

图 12-26

图 12-27

图 12-28

图 12-29、图 12-30，针对墙、地镜面条带，和射灯光斑组合，兼作顶棚局部压深。

图 12-31，办公场景组合，强化木饰、弱化界面，侧重远近虚实处理。

图 12-32，餐厅场景组合，侧重吧台区域特殊材质，虚化卡座区域重复部件。

图 12-33、图 12-34，针对店面场景组合，综合了门窗、透见、砖石纹理、配景陈设等较多组件，侧重画面远近虚实和构图处理。

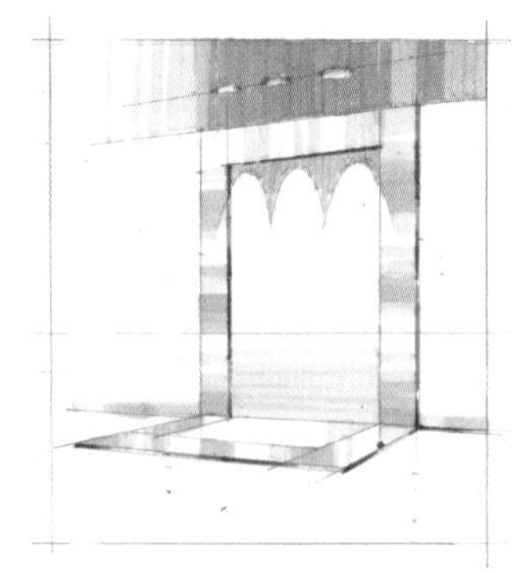

图 12-29

图 12-30

图 12-31

图 12-32

图 12-33

图 12-34

## 12.2 室内照片改画

照片改画的作用，一是利用现实场景的丰富题材，训练各种程式技法；二是学习从大量实景细节中提取核心设计元素，锁定主题、果断取舍、侧重表现。

学习取舍，应当进入设计师的角色。现实的造型特征可以体现在形、光、色、质、空诸多方面，而在方案草创阶段，表现画面仅需要、也仅能够侧重于一两个方面。当需要描绘更多方面内容时，可以针对同一个场景制作多幅不同侧重的表现画面。

切忌将照片改画误作为照片临摹，这样做既不能训练程式运用，也学不到取舍之法。

### 12.2.1 改画基本手法

室内的照片改画与建筑差别很大。建筑在照片中居于中景，细节缩减、观感整体，所见造型、材质基本上都需要如实描绘，只是浓淡、虚实有所侧重。而室内照片皆是近景，一切细节，不论是否关乎设计主旨，全都纤毫毕现。若不作大幅度删减，便无法进行快速表现。因此照片改画中的首项任务，就是选择侧重表现的内容范围，锁定主题。

**选择表现主题**

如前文“12.1 室内场景分析”所述，材质和构图是确定场景模式的首要依据。大范围运用的典型材质，视觉强烈的纹理质感，风格鲜明的造型样式，都适宜作为表现主题。针对这些侧重的内容，观摩照片，分析特征，套用程式，着力描绘；而对其余内容，包括背景界面、常规构件、陈设配景等，均宜弱化处理。

图 12-35 主题锁定床头墙面造型和镜面材质，木饰、布艺弱化，大量勾线留白，维护表现重点。

图 12-36 将相对舒缓一侧的墙面安排为表现的重点，透视线框制作中通常如此。改画亦作相同考虑。

图 12-37 独特的空间设计应当作为表现主题。改画强化了照片远景中模糊不清的空间结构元素。

图 12-38 中造型特征的诸多方面都可以选作表现主题。此例侧重软装布置，突显情趣氛围。

图 12-35

图 12-36

图 12-37

图 12-38

**设计配色还原**

室内照片中的一切景物都带有浓重的光源、环境色彩，光泽表面更有映射镜像，加之曝光的偏差，材质固有色极不稳定，在有色灯光下几近难辨。要清晰表达出设计的配色意图，应当正确反映材质的真实色彩，因此照片改画的第二项任务，就是参考实际经验，还原各种材质的固有色。绘制时先铺陈固有色作为基调，再根据场景氛围的需要酌情叠加光源色、环境色。

图 12-39 照片中界面逆光深暗，材色难辨，造型含混。改画整体还原材色，仅光斑局部略作加深。

图 12-40 整体色调观感和谐，却不利于塑造空间立体感。表现时引入冷暖对比，使界面转折清晰。

图 12-41 照片中墙面均晕染暖色，与木饰混淆。改画剔除暖色后，顶棚、地板材质分明。观感独特的配色方案，有时也能作为设计主题而加以侧重表现。

图 12-42 明确表达设计用色，其余部分尽量使用纯灰，不至干扰配色主题。

图 12-39

图 12-40

图 12-41

图 12-42

**浓重骤变浅淡**

大量使用深暗材质，或浓艳色彩的室内场景，即使在细腻的实景照片中也很难完全识别造型轮廓。在笔法粗犷的表现画面中，若色块整片深浓，就更无法表达出形体结构。此时必须实施快速骤变——改画的第三项任务。凡遇照片中的浓重部件，可局部真实地绘出少量深浓色彩，随后向周围迅速过渡到适应于整体画面的明度、彩度水平。

图 12-43 大面积深色部件通常近前压深，向远侧骤然变浅。地面落影务必加重，以平衡上下轻重。

图 12-44 局部如实描绘，其余大幅减弱，避免纯艳色彩充斥画面。

图 12-43

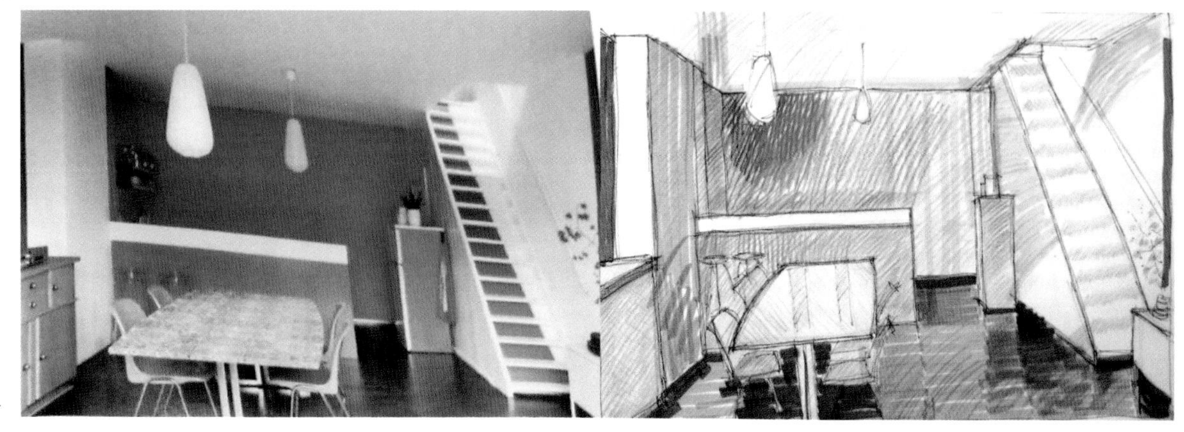

图 12-44

### 12.2.2 改画作业讲评

**侧重基本程式**

图 12-45 强化明暗，重塑形体；用色明确，区分材质。就识别性而言，比照片更加清晰。

图 12-46 留白、渐变、对比，三项具足；组件程式基本到位；构图平衡稳定。

图 12-45

图 12-46

图 12-47 蓝橙对比衬托了灯光效果。建议再以蓝橙区分远近，结合明暗虚实，表现出空间特征。

图 12-48 夸张表现了照片中隐约的冷暖对比，观感响亮。沙发、窗帘亮部宜擦白，避免艳橙失实。

图 12-49 上幅初稿，下幅四处改进。其一，蓝墙下部压深背衬沙发；其二，沙发受、背光反差扩大，叠蓝祛橙（艳

图 12-47

图 12-49

图 12-48

橙失实）；其三，茶几叠红增艳，使成画面焦点；其四，前景地面落影联片，稳定构图。

图 12-50 侧重表现顶、地弧形造型的纵向对应。第一幅辅导示范以竖向光带贯通地面。第二幅学生作业中地面光带犹嫌不足，且顶部深重、不利构图稳定。

图 12-50

**侧重材质细部**

图 12-51 照片提供了练习材质的理想题材。右侧窗帘下部压深，意在背衬沙发，及平衡左右构图。

图 12-52 此例适合专攻玻璃镜面。玻璃桌面宜增侧面窄边，墙镜应作自右上至左下的整体渐变。

图 12-53 初稿畏难，设计重点处开了“天窗”。中幅辅导绘出了墙面图案，并稍作床罩细部平衡构图。

图 12-54 左幅初稿中石墙刻画不力；长窗留白难辨；前景沙发突显，分散了对空间造型的注意力。中幅改进稿，深化石墙，提艳大梁，弱化沙发，加强空间表现；添加光带表达长窗构件。

**侧重色调还原**

图 12-55 右幅照片灯光晕染难辨材色。左幅初稿还原了固有色。第二幅改进，增加立灯光晕、地板光带；更改沙发反差，削弱远侧、加强近侧，并作地毯渐变，形成远近虚实。

图 12-56 左幅初稿中的白墙已褪去照片光晕，但紫色饰面仍属染色，中幅改呈蓝色，并恢复地面与地毯的色彩关系。

图 12-51

图 12-52

图 12-53

图 12-54

图 12-55

图 12-56

图 12-57 改画完全颠覆了照片效果，清晰表现主景墙面的构图、用材和藤椅、茶几的色彩、质感。

图 12-58 天光下的室内多显阴冷，改画灯光效果使画面倍感亮丽。但墙、帘暗部仍需叠蓝，还原真实。

图 12-57

图 12-58

**侧重虚实聚焦**

图 12-59 此例前景暖色趋近，远景冷色后退，效果显著。但主景墙只见灯光不示材色，违背了设计。

图 12-60 强化桌椅、顶棚的同时，应加重左墙色彩，并使远景偏冷，扩大前后空间交叠边缘的反差。

图 12-61 聚焦左侧，虚化右部，空间感强。黑镜右下可局部骤变压深。顶棚、右窗应多留白。

图 12-62 快速渐变形成画面中心，但红砖墙的边缘尚待柔化。沙发墨线生硬。左下近景应勾粗线。

图 12-59

图 12-60

图 12-61

图 12-62

### 侧重快速渐变

快速渐变本是手绘基本笔法，尤其大面积色块深暗、浓重时，渐变需升级为骤变。图 12-63 两图骤变得当，变频笔触适宜。唯左幅石材色差不足，右幅衣橱过深失实，成为遗憾。

图 12-64 上中下三幅是两位同学手笔。上幅整墙如照片深暗，致使远景前突，上重下轻；但地板木色衬托家具留白却是明智之举。中幅整墙浅色违背实情，加之壁炉洞口太深，反差怵目；下幅改进后墙局部压深、洞口提亮，但其力度尚嫌不足。上下对照，望能彼此借鉴、优化完善。

图 12-65 照片中深色墙面的光泽亮斑，恰能为实施骤变提供参考。改画将变浅位置设在中部，便于右侧略深衬托列柱；床上红色饰物活跃氛围，形成中心，是画面点睛之笔。下幅改进稍作了几处虚化处理。

图 12-63

图 12-65

图 12-64

### 侧重笔法风格

图 12–66 留白、压深反差响亮；色彩浓郁、色调统一；纱帘、橱面质感明确；画面装饰感强。

图 12–67 暗部马克笔触干练，深材骤变运用自如；主动调整照片的明暗关系，清晰显现出局部造型；强化沙发勾线，拉开了远近层次。建议绘出右墙波纹，柔化黑色屏幕，并适度加重桌下暗影。

图 12–68 简约处理手法能够弥补描绘技能的不足。左幅中留白部位的恰当选取发挥了关键作用。右幅则因留白过多而降低了表现力，建议压深右下角近景矮墙，以衬托沙发，平衡左右构图。

图 12–66

图 12–69 统一和谐的主观色调，搭配柔晕朦胧的渐变笔法，营造出清新、淡雅的家居氛围。但作为方案表现，尚需兼顾造型轮廓的清晰识别。建议增加深红、深蓝彩铅的形廓勾线，尤其两侧前景部分。

图 12–70 上幅侧重沙发，下幅侧重墙面，还原并加重地板颜色以稳定构图。灰马仅作少量暗部，充分展示了彩铅叠色的丰富效果，画风细腻而恬美。

图 12–67

图 12-68

图 12-69

图 12-70

## 12.3 室内创作指导

表现课程的最后阶段，在课堂教学中安排配合设计课程，依据方案图纸，指导表现制作。由于学生在创作中融入的感情因素和付出的时间精力都比平时更多，往往能够做出超常的发挥。

实务创作涵盖了技法操作的完整过程，能够全面检验学习效果。经过整个学期的反复训练，基本笔法已趋熟练，始有余力顾及画面整体效果。相应的辅导得以从整体层面上分析程式、笔法和构图之间的相互关系，探讨取舍、得失。

讲评选图无意于表彰优秀，而以归纳操作失误，揭示问题共性为目标。分为四个方面，既列举问题作业，也展示成功案例，便于对照分析。

**反差小、力度弱**

图 12–71 素描关系不完整，或不示光影立体，或平均灰蒙一片。彩铅脱离灰马，色彩稚拙。素、色分解是步骤上的分离，观感效果应呈两者交融，勿使灰马、彩铅各自独立。

图 12–72 整体明暗略胜上例，但表现力度尚嫌不足。左幅宜提升前景彩度，右幅应加深墙脚、地影，前景背视沙发可留白衬托周围界面，并拉开景深层次。

图 12–73 光泽表面映射程式运用细腻，只因明暗反差甚微，削弱了最终效果。即使材色极浅，形体处于背光暗部时仍应果断压深，只要适时快速渐变，就能表达其浅淡原貌。

图 12–71

图 12-72

图 12-73

图 12-74

图 12-74 作业意在表现透空搁架的逆光效果。欲示光感、必先压深，此例应加重搁架逆光线条，扩大左墙渐变幅度，整体压深右墙片段。虽经指导示范，同学却始终畏于增强反差。

图 12-75 灰马虚弱、彩铅乏力的极致案例。下幅追加勾线后也仅能勉强识辨部分造型。即便采用钢笔淡彩风格，也应局部点缀艳色，给画面补充生机。

图 12-76 地影深暗，条带浓重，高光突现，粗狂有力。画风一贯软弱无力的同学，值得对照反思。

图 12-77 横向连续基调，构图明快。墙、顶大面留白，交接处略加蓝灰，笔法干练；暗部充分渐变，使冷暖互叠、落影通透。建议窗口稍添光带、柔化外景；窗帘下部渐重，平衡左右构图。

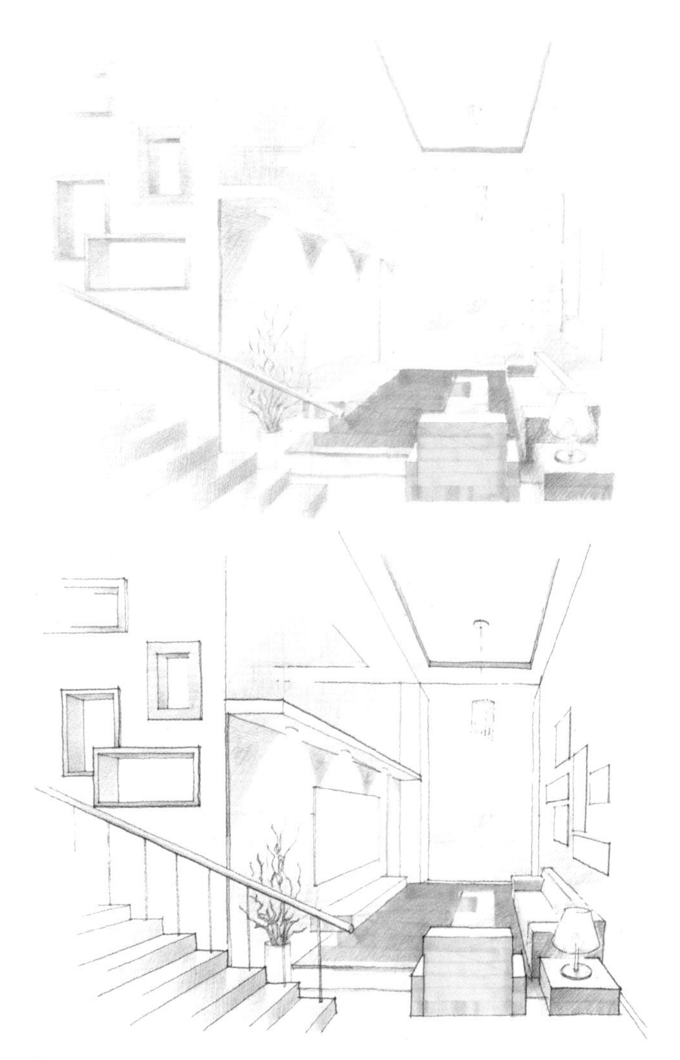

图 12-75

图 12-76

图 12-77

图 12-78

图 12-78 同样是反差响亮、节奏鲜明的画面。基于布局特点体现于空间纵深，宜强化中央桌椅、左侧隔断、右墙挂画，同时减弱右下角陈设的深重落影，使画面聚焦在中景部位。

**缺乏重点、聚焦**

图 12-79 大量留白平衡了鲜艳色彩；材质表达充分，兼有虚实变化。可惜场景过分“干净”，生活情趣不足。建议结合沙发、条几，增添配景、陈设，形成画面重点聚焦。

图 12-80 空间背景稍染冷灰，衬托软包、布艺，主次分明。但各处橙色部件平均用力，显得平面化，整体缺少亮点。可增加茶几质感，细化瓶花造型，强调画面中心；加重右墙软包反差，突出光晕。

图 12-79

图 12-80

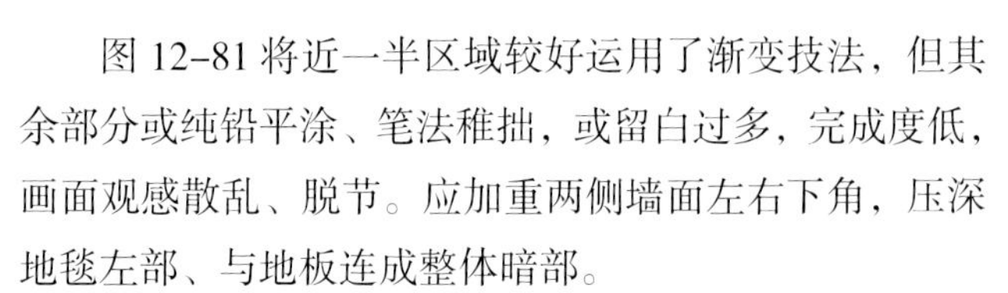

图 12-81 将近一半区域较好运用了渐变技法，但其余部分或纯铅平涂、笔法稚拙，或留白过多，完成度低，画面观感散乱、脱节。应加重两侧墙面左右下角，压深地毯左部、与地板连成整体暗部。

图 12-82 左右前后均作了充分描绘，有利于全面表达设计，也容易分散注意、使观感平淡。建议减弱外窗光带、柔化远景；左侧沙发、右侧墙板向远褪色；中置矮柜木纹增强、侧面加浓，绘出柜体的地面倒影，柜上屏幕局部压深，由此形成前景的中部聚焦。

图 12-83 针对场景及进深，右侧门扇木纹、墙面色差处理充分，左侧光带区分玻璃、立柱，并略示透见。墙面横展呈连续基调，中景突出，主次分明。宜稍作墙、

图 12-81

柱落影，形成地面前景，增进远近对比。

图 12-84 左幅明度、彩度各处均匀，没有重点。右幅改进了反差分布，近前弧墙光感强烈，左右地影背衬格栅；远处吊灯光色晕染。灯光、天光的冷暖反差，扩大了前后空间的进深对比。

图 12-82

图 12-83

图 12-84

**笔触拙、技法陋**

图 12-85 地面连续基调衬托散布家具、连成整体。形体光影、色彩渐变、留白构图，也都发挥不错。此例问题集中在制作方面。地面马克排线随意，交界守边不齐，变频多呈栅状；沙发侧面上中灰笔触突兀，不接浅灰过渡，破坏了观感连续。轻视早期的基础训练，终将损害实务运用时的画面效果。

图 12-85

图 12-86

图 12-86 墙面竖向排线尚属工整，地面，尤其落影笔触则生硬怵目。再次提醒同学改用横向排线绘制地面！右侧前景的菱格图案，既已费时勾线，就应深入明暗、色彩描绘。若再细化特殊灯饰，即可扭转画面简陋的观感。另外，右上吊顶条带纵向伸展过多，有悖整体横向构图，应向画幅边缘渐变淡化。

图 12-87 大场景的远近虚实处理良好，但近景刻画技法粗陋。层架光影、石材纹理等程式生疏；灰马笔触含混、黏滞，暗部缺乏应有的力度；蓝橙冷暖缺少交融，艳色浅浮。

图 12-88 光晕生动，木饰硬朗，色彩亮丽，反差有力。但用笔粗糙，败坏了全局。首先是勾线浓重，竟在形体亮部外廓添加马克粗线；第二是条带深暗，不分远近、不作分段光影，致使远窗前突、吊顶呆板；三是马克排线不整，床褥条纹明显。这些粗陋线条完全压制了原本精美的细节描绘，非常可惜。

图 12-87

图 12-88

图 12-89 极为工整的马克排线造就了精准、洗练的画面风格。主从对比使色彩明朗而雅致。唯略失于空旷，宜增添配景、人物，活跃氛围。

图 12-90 夸张的木纹、深暗的陈设，使远近虚实对比更加鲜明，堪称成熟的实务作品。

图 12-91 侧重彩铅，设色艳丽而笔法细腻，画风温馨恬美。显露出多年动漫制作的底蕴。

图 12-89

图 12-90

图 12-91

图 12-92

**不分远近、虚实**

图 12-92 毗邻的两个空间中，造型结构均由勾线完整表达，以彩度高低区分前后。鉴于此例类似广角、前景体量夸张，应显现更多细节特征，方不致空旷、虚假。建议吊顶格栅的前部绘出材色，并作分段光影；沙发前缘侧面刻画布艺纹理，坐面添加靠垫、设置艳色；地板近前增加缝线；茶几点缀花卉、摆设，形成构图中心。

图 12-93 同学作上、下两幅比较，探讨表现空间纵深的方法。上幅以压深桌椅落影、加强左前柜架、近橙远蓝等手法扩大空间远近，但餐桌后架与门厅背景之间明暗接近，不易区分。下幅门厅更浅更虚，餐桌区域灯光晕染成为中心，扩大视距，增绘右侧近景，形成远、中、近三个层次。建议加重近景勾线。

图 12-94 上幅远景明暗反差过强，远景趋前。下幅调整了深浅分布，进深观感显著扩大。加入红色地毯后，空间氛围亦随之明朗。

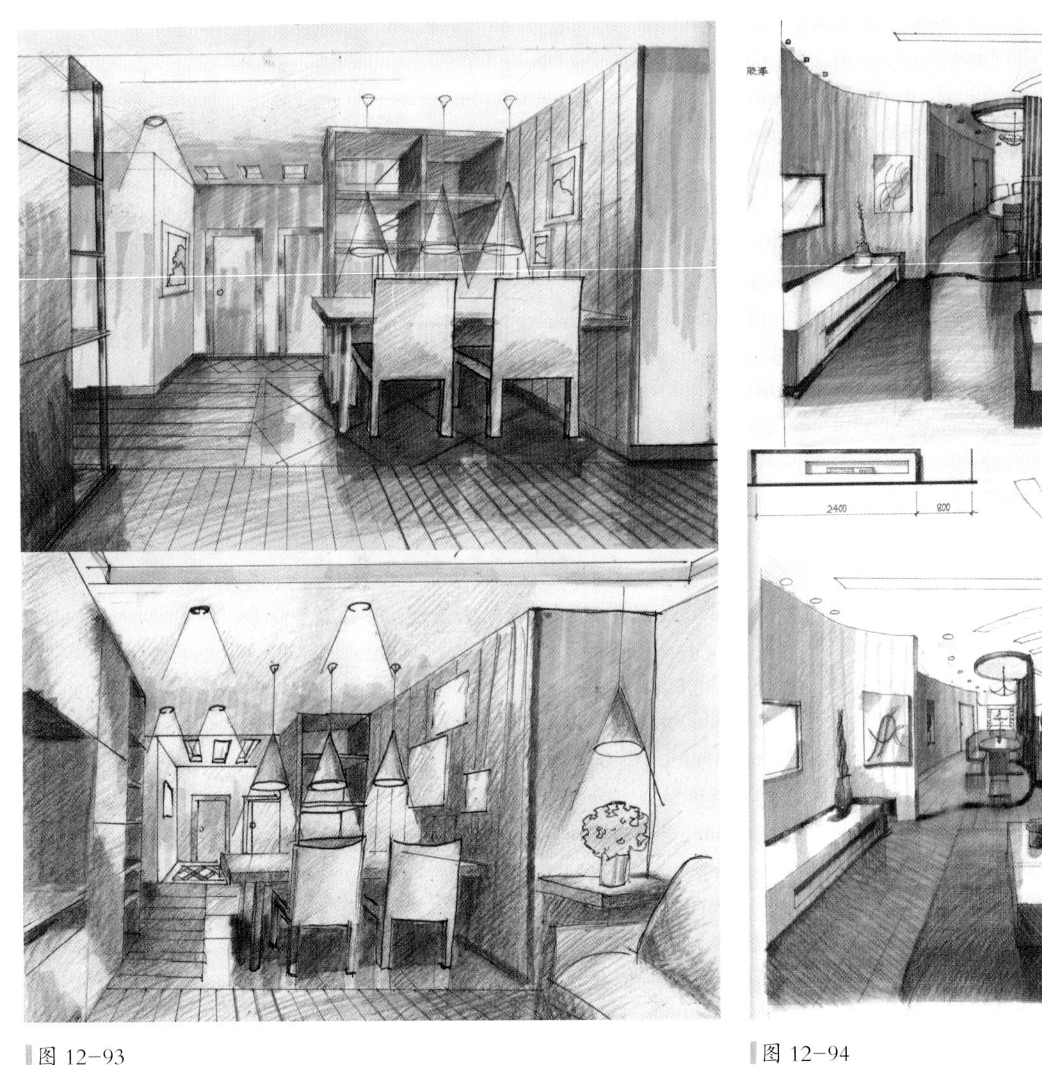

图 12-93

图 12-94

图 12-95 下幅改进，将外窗置白、强化外光，并稍作阳台透见家具，突出了落地大窗的空间特征。对照上幅初稿，进深显得更大。

图 12-96 上幅课程设计作业，色调和谐、笔法精细、程式充分，但同学自觉对大量留白心存芥蒂。下幅为笔者用 Photoshop 处理的修改建议，拟加重有色材质、衬托白色形体，同时深化近景，形成虚实对比。

图 12-95

图 12-96

图 12-97 选录了两幅透视线框的修改指导。

线框制作列于教学之初，铅马程式技法与之相对独立。同学在后续的繁忙学习中，往往疏忽了对透视的持续训练，待到实务阶段，造型轮廓的诸多问题就成了制约整体效果的短板。

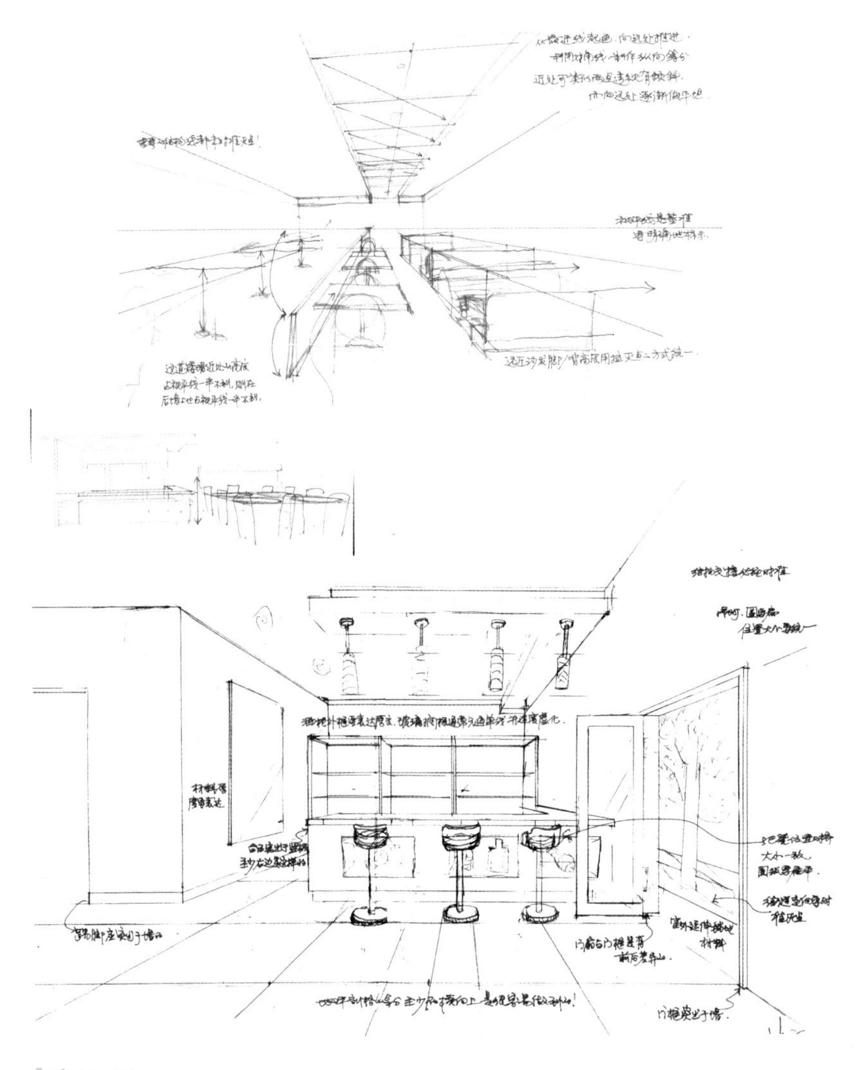

图 12-97

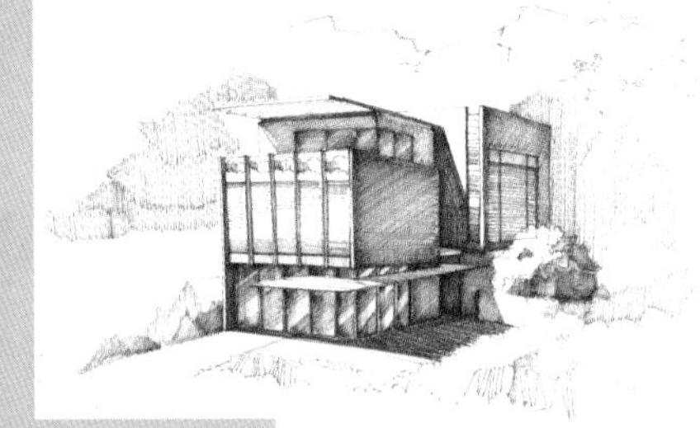

# 练习篇

建筑表现是一门实践性课程，大量操作练习是学习的唯一途径。

# 13　自主练习方法

课堂教学中，由教师择取重点，规定进度，可以基本控制训练效果。自主学习时，庞杂内容同时呈现，无从入手；仅凭自律约束，节奏时快时慢，长程训练难以持续。因此制定一份自学进度表，区分项目轻重缓急，保障练习强度、进程，是绝对必要的。一般而言，要达到与在校生同等的学习效果，自学将付出更长的学习周期，读者在时间安排上要有心理准备。

## 13.1　练习项目侧重

教程对具体项目描述的篇幅多寡，仅取决于内容本身，既不代表其重要程度，也不反映其训练难度。而在学生方面，针对每个项目的投入，不但要考虑重要性和难易度，还应结合自身的基础能力和实务运用的侧重需求。尤其是时间、精力的条件限制，事事臻于完善是不现实的。

初次学习手绘、基础一般的读者，建议用一半时间学习笔触、光影、叠色等基础项目；另一半时间选择通用的典型程式，反复练习、熟练掌握。

美术基础薄弱者，建议用 2/3 的时间练习基础项目，巩固笔法；1/3 时间集中学习少量简单程式，以能完整绘制出一两种场景画面为目标。实现了“零的突破”才有信心，之后慢慢弥补。

对于已有基础，意在提高者，基础练习可快速掠过，仅用于检视、完善笔法；应以大量时间尝试各种程式，并在练习中不断总结、借鉴，融入自己的风格。

## 13.2　持续基础练习

徒手墨线，透视线框，灰马排线，铅马叠加等基础技法的练习，对于一般基础的同学，应当贯穿学期持续不断，乃至课程结束之后时常复习巩固，最终衔接到实务操作。

在后续内容递增的同时，还要叠加先前的基础训练，作业量是相当大的。好在此类练习篇幅紧凑、单项耗时不长，希望同学们抓紧利用零散闲暇，进行“化整为零”练习，达到“积少成多”的效果。

**墨线练习**

徒手线条始于手绘之初，决定着一切造型的准确、精细程度。透视线框制作是从观念、程序方面宏观把握造型的方法，而落实到具体操作就要靠线条绘制的技能。线条熟练、流畅，得心应手，才能将心里所想的“正确”外化为图面上所见的“准确”。

徒手线条不单是表现的基础，更是表达的基础。在建筑设计相关专业，徒手墨线练习总是作为设计初步课程的首要内容，安排在学生入学甫初。待到学习手绘技法时，已有大量训练积累。

未曾经历初步课程墨线练习的读者，可以选择配套练习册中的墨线排线练习，或补充临摹（描摹）各种经典建筑墨线作品。特别推荐钟训正所著《建筑画环境表现与技法》，此优秀教材笔者已沿用二十余年。

图 13-1 所示为学生设计初步课程中每周一幅的徒手线条作业。用笔有粗有细，或平直或略作曲折。

图 13-2，图 13-3 均为经典线描作品临摹。前者工整排线，多向叠加；后者结合纹理，灵活多变。

图 13-1

图 13-2

图 13-3

一般认为，墨线练习只有开始，没有结束。只要不断操练，就会不断增进。但对于业内资深人士来说，后期的持续练习往往旨在追求笔墨情趣、提升作品意韵。就本教程目标而言，唯图娴熟，无意华美。正因此，教程不作专项安排，既然每项练习的起稿阶段都经历了墨线练习，假以时日，终能成就。

**素描练习**

灰马素描练习，前期表达形体光影时，目标直接明了；后期营造画面调子时，需要主动灵活。选取黑白场景照片，扩充练习，积累经验，有利于加强对画面整体效果的把握能力。

图 13-4 所示为“马赛克”方式的灰马肖像临摹。在黑白照片上划分方格，对应绘制灰马色块。此项作业可同时练习局部叠加笔触和整体素描调子，由于题材趣味性强，学生乐于投入，效果颇佳。

图 13-5，图 13-6 两幅为室内场景照片的灰马素描改画。

图 13-7，图 13-8 分别是经典墨线作品、彩色作品的灰马素描改画。

图 13-9 则是针对经典作品中的家具局部，进行的灰马素描专项练习。

图 13-4

图 13-5

图 13-6

图 13-7

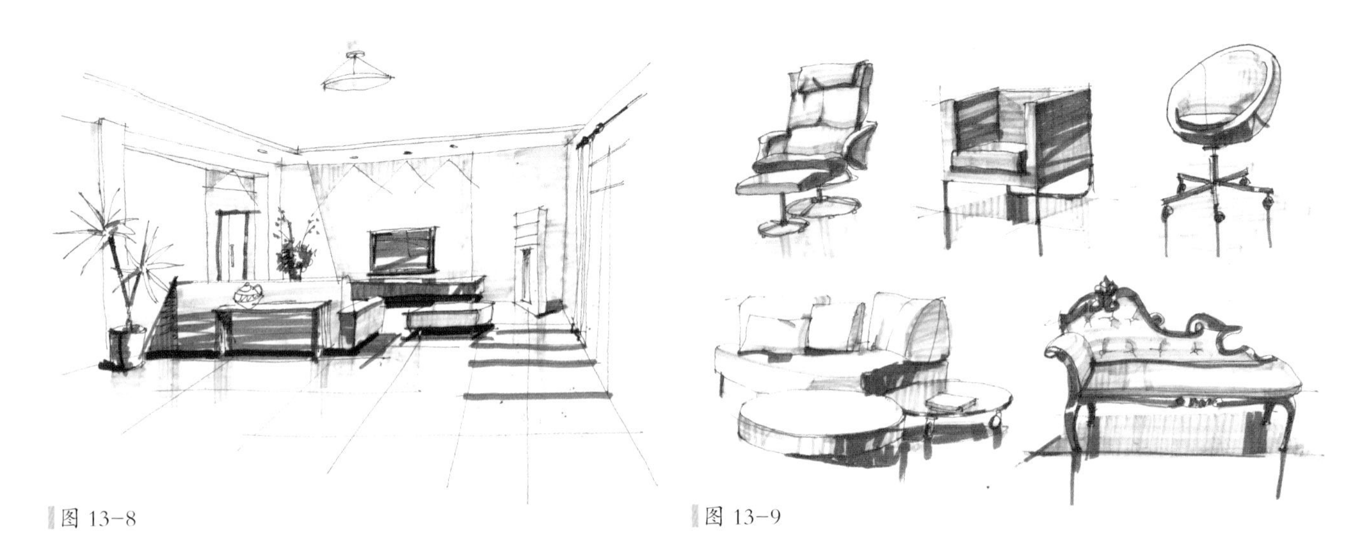

图 13-8

图 13-9

## 13.3 拓展练习例选

### 实景写生

实景中的光影、色彩关系，不论反差强度，还是细微层次，其变化幅度都是照片摄影所无法囊括的。如果条件允许，应尽量以实景写生替换照片改画环节。只是迫于时间进度、场地安排等诸多困难，课堂教学中写生的比例已然逐年减少。自主学习的读者反倒可以灵活安排，拓展写生环节。

写生能以真切感受加深对造型特征的理解，印证对应程式，并体会笔法的由来，巩固记忆；实景中的无限细节可以丰富描绘手法，突破定规的局限；对于场景取舍、色调统一、强弱虚实等构图处理的尝试，实景能比照片提供更多鲜活的线索和依据。

鉴于户外写生不如桌面操作之方便、稳定，故工具选用应有别于照片改画。譬如工整的灰马排线，原本适合于素描调子预设明确的场合，且需要较为“安逸”的作业平台，于写生的即兴、随意和反复修改反而不妥。下面选录的学生作业中，多复合了墨线、水彩、水粉等多种工具，以习惯、方便作为首要考虑。

图 13-10，以彩铅描绘卵石局部场景，侧重特殊材质的色差细节。

图 13-11、图 13-12 两幅均针对镜面程式。前者纯以彩铅，后者沿用美术写生的水彩技法。

图 13-13、图 13-14 两幅为园景局部示范，均以墨线充分刻画明暗层次，彩铅铺色相对简便。图 13-15 是同一场景的学生作业，先以水彩压深暗部，再叠加彩铅。

图 13-16，运用水彩表达形体光影与色彩冷暖的关系。蓝、橙交融叠透，效果充分。

图 13-10

图 13-11

图 13-12

图 13-13

图 13-14

图 13-15

图 13–16

图 13–17

图 13–18

图 13–19

图 13–17、图 13–18、图 13–19 三幅描绘同一场景。第一幅素描针对整体光影；第二幅水彩侧重材质冷暖；第三幅多工具综合使用，充分运用了斜向光带和分段光影手法，表现效果细腻、生动。

**铅笔排线**

图 13–20、图 13–21 两幅以素描铅笔制作排线明暗。铅笔无疑是最方便把控、修改的工具。但由于铅笔石墨容易沾污、反光，也不显纯黑，因此需要先经复印，再后续叠加色彩。

图 13-20

图 13-21

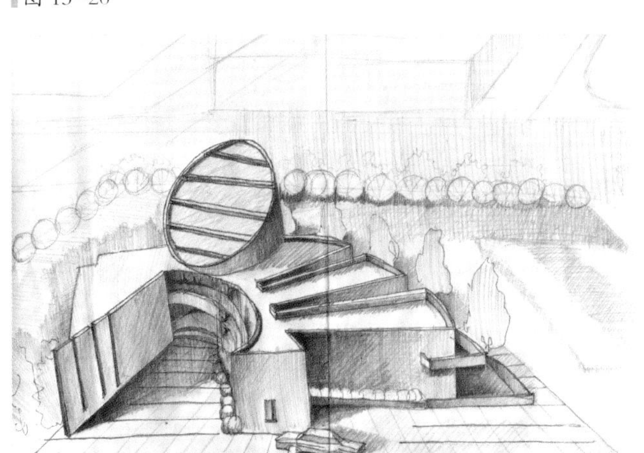

图 13-22

图 13-23

图 13-22、图 13-23 是以此绘制课程设计方案表现的案例。前一幅铅笔排线，后一幅水彩上色。

**艳色彩铅**

初用彩铅，多难浓艳。为此可临摹花卉、水果之类题材的艳色图片，如图 13-24，图 13-25 所示。矫枉过正之后，能祛除上色清淡的顽疾。

图 13-24

图 13-25

## 13.4 改画创作例选

几乎所有的建筑创作都能在现实中找到造型相近的“模板”，至少是整体轮廓上的相似类型。利用“模板”的实景照片作为基础框架，适度调整、增减细节，能够方便、快捷地完成透视线框制作；在后续的色彩、材质表现阶段，也应尽量借鉴“模板”中与创作意向相符的部分。如此绘制作业，事半功倍。

图 13–26 于“模板”打印件上制作造型线框；图 13–27 在卡纸上拓印线稿，根据创作形体特征自定明暗光影，色彩则借鉴原建筑饰面的蓝橙基调，提高彩度、夸张对比。

此作业安排两次分别制作线框、色彩，该同学因首堂请假，故绘制匆忙，未及完成环境配景。

图 13–28 与上例相同题材，铅笔绘制，加之打印略深，致使线稿难以辨认；图 13–29 色稿较为完整。

利用“模板”改画创作时，务必浅淡打印，彩笔绘制线稿，并倚尺划线，力求透视准确。

图 13–26

图 13–27

图 13–28

图 13–29

# 14 配套专项练习册

本篇针对基础部分的核心项目，编制了配套的专项练习册，方便读者随学随练。这些项目笔法典型，用途广泛，希望复制多份，反复训练，牢固掌握。

若需复印图册，或拓印教程其他图片的线框、对照训练时，请注意：透视线框练习可任意用纸，灰马、彩铅练习则必须使用白卡纸。

## 14.1 墨线排线练习

图 14–1 横向排线，图 14–2 纵向排线，图 14–3 双向排线成网格，图 14–4 纵横间隔排线。前三幅中打印样线间隔 10mm，第四幅间隔 40mm。先描摹样线，再内插多根墨线。先练习细线，后练习粗线。

细线宜取 0.2 笔宽。练习时先描样线，随后于两线正中内插一线，如此重复三遍内插，使最终排线间距平均为 1.25mm，两样线之间需绘制七根墨线。粗线宜取直径 0.8mm 笔宽，重复两遍内插，第一次内插于样线正中，第二次等分内插三线，最终样线之间绘制五根墨线，排线间距平均为 1.66mm。

第四幅在样线诸格内交替绘制纵横排线，呈编织状。粗细排线的间距应与前述作业近似。由于样线间隔较大，增加了控制平行等间的难度。

手随线移是徒手绘线的执笔技巧。常规书写时尺度微小，腕部固定、屈伸手指即可把控字迹；绘线动辄几十，乃至逾百毫米，远超手指屈伸范围，必须平移腕部，而手指执笔保持稳定。图 14–5 上方左侧为腕部固定的书写手势和运笔范围；如图上方右侧伸展小指、以其末端支承手部，伴随绘线动作、指端在纸面滑动，同时腕部略提、勿使重压纸面形成移动的阻力，这样就实现了手部平移、运笔的顺畅自如。

匀速缓行、容忍波折、即时纠偏是徒手绘线的运笔技巧。

表达轮廓、构造的线条，位置准确重于挺拔精美。图 14–5 下方第一行的线条，以快速疾挥带出平滑“射线”，

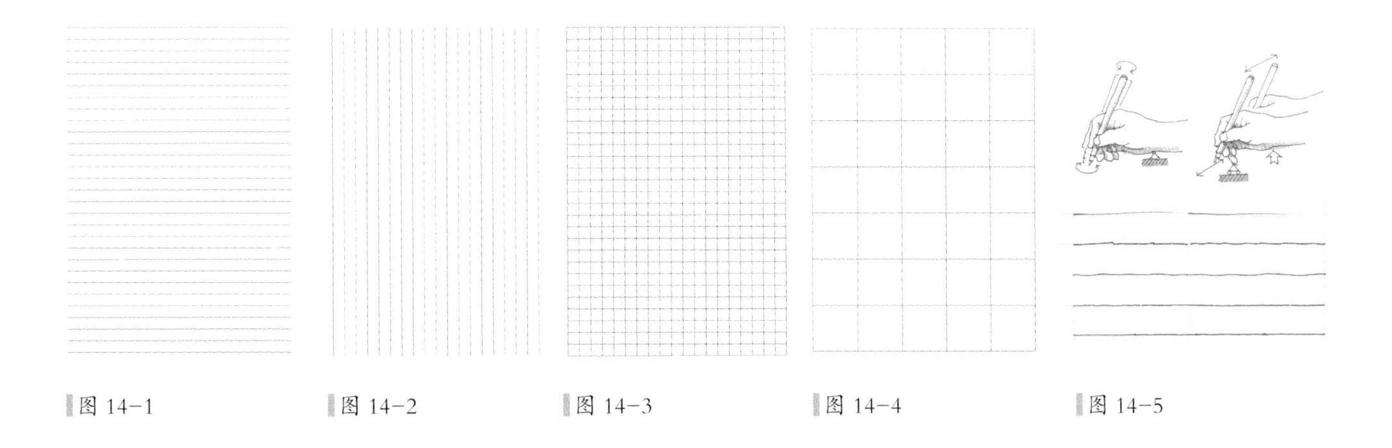

图 14–1 图 14–2 图 14–3 图 14–4 图 14–5

虽则挺拔，却难以契合样线，绘线长度也十分有限。第二行左侧为初学者力求平直，紧张僵硬、强行勉力绘制的“铁线”，其中坚持不住而出现的些许失误，就会十分显眼，甚至引起歧义。对照第二行右侧，匀速缓行、移手提腕，线条虽略带波折，而整体能契合样线，并且不论运线多长、都能始终保持稳定的观感。这样做会形成许多轻微的弯曲，巧妙地掩蔽了偶然的失误。因此略有波折的徒手线条往往成为一种主动追求的笔触风格，参见第三行的波折线条。

绘线时要假想有一条样线，依此“慢慢”描摹，一旦偏离样线，及时纠正回归。

分段绘制长线，对于初学者，超过一百毫米的线条，即使平移手腕也难把控自如，此时应当分段绘制长线。当感觉手部别扭、情绪紧张时，应当果断提笔暂停，待调整姿势后重新接续绘线。前后衔接部位宜留出一个极小的间隙，切勿紧靠、以免重叠，如图 14-5 第四行所示。分段衔接时若前后重叠，会形成凸起的接头，当绘制粗线时，重叠斑点尤其浓重怵目，参见末行图示。

## 14.2 透视线框练习

均应倚尺绘线，交点准确。要注意纠正由于尺的厚度造成的绘线偏移。

为保障线条之间的平行、垂直关系，必须使用两把三角尺，或滚轴直尺。

先用铅笔绘制全部线条，再以墨线勾描形廓。特别复杂的形体，可在铅笔绘成某处局部时，即勾墨线。

由于制作误差、导致透视不能自洽时，应首先保证平行、垂直，再作灵活调整，使变形分散隐匿。

### 14.2.1 建筑透视

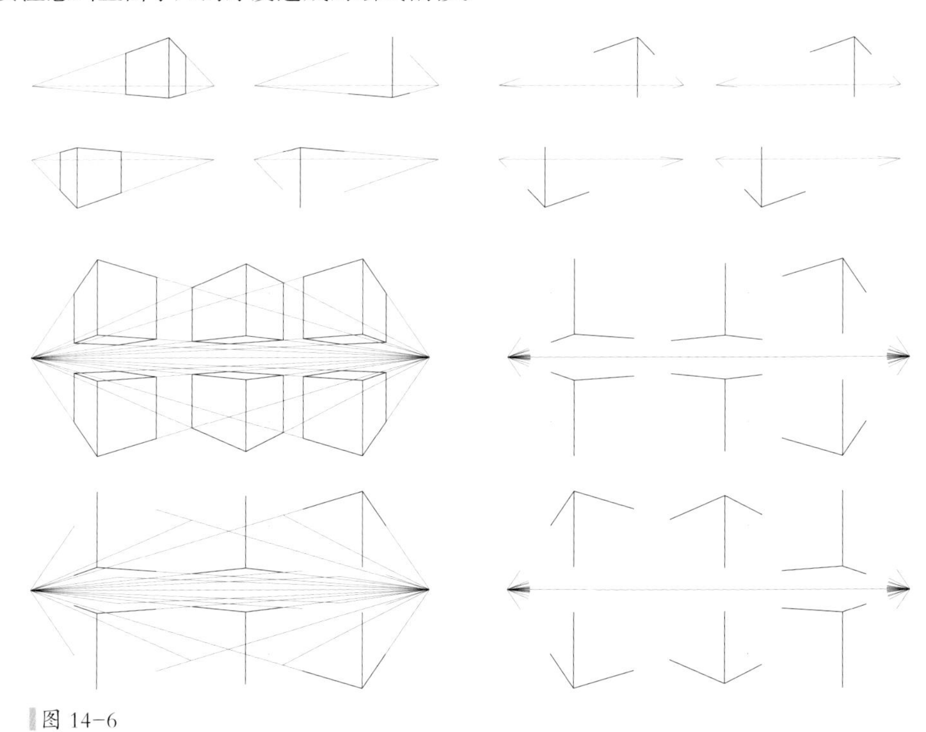

图 14-6

图 14-6 建立基本概念。上部注意各竖线垂直于视平线。下部消失点处多线聚集，注意共点；接近视平线处，顶面、底面

扁平，熟悉其观感特征；线条远侧小角度相交，容易放大误差，尤需仔细。

图 14-7 针对上仰下俯时顶面、底面的变化。对照形体上下顶、底，观察远近视平线时的变化规律。

图 14-8 对角线法的多种运用。等分务必准确；进深由一点推演，注意上下对齐点，以及小角度交叉点。

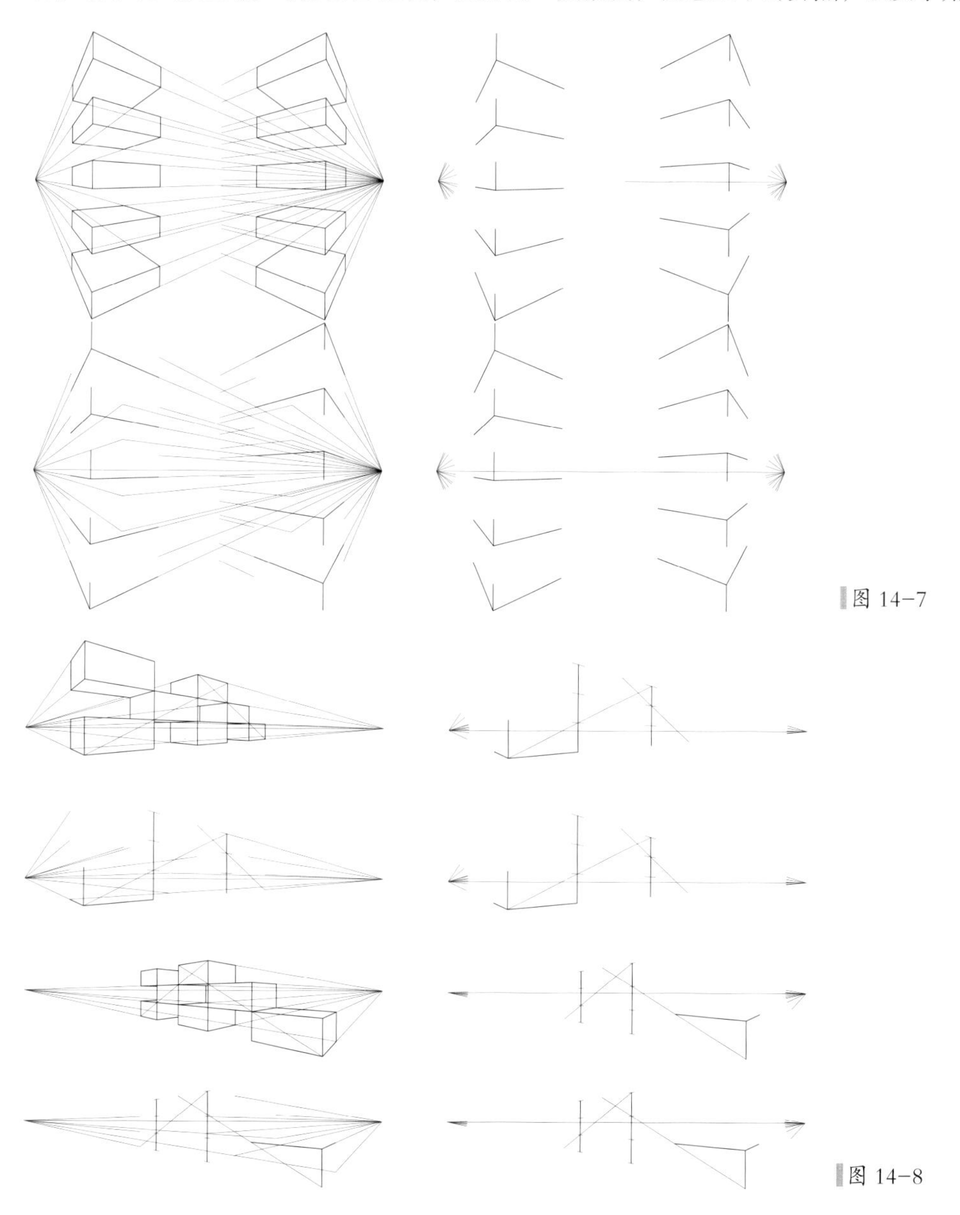

图 14-7

图 14-8

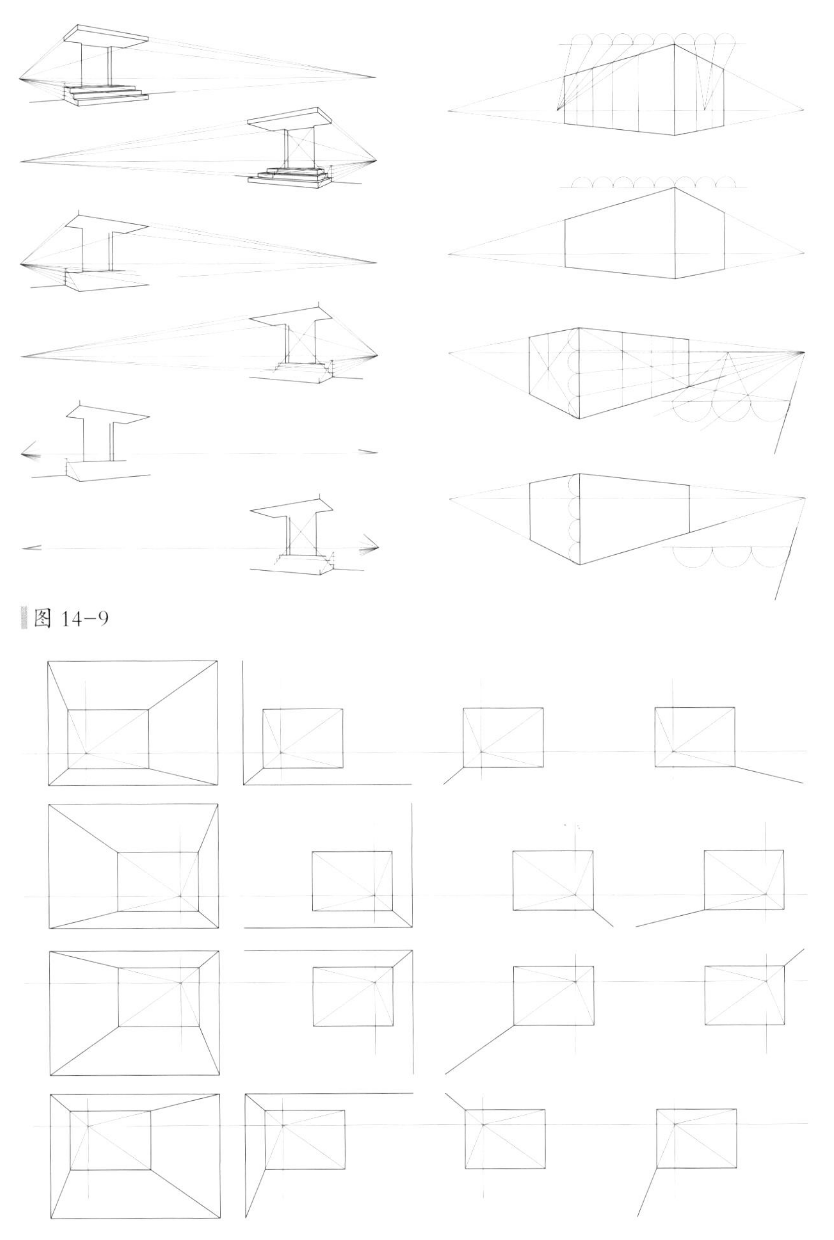

图 14-9

图 14-10

图 14-9 左侧一列是针对顶棚、台阶的专项练习。要确立接近视平、形体扁平的观念，否则极易翘曲；棚檐、踏步等窄条上要体现出近大远小；踏步定位的推演步骤较多，务必耐心；先作左侧齐平台阶，后作右侧出挑台阶，定位重叠部分尤需循序勿乱。

右侧一列练习多种透视等分方法，要求同上题相似。

### 14.2.2 室内透视

图 14-10 熟悉基本框架。观察视点位置与画面观感特征的对应关系。

图 14-11 体会界面与视点的远近决定其观感特征。上部注意横板远近视平线时顶面、底面的大小变化；下部注意纵板远、近视点时的舒展、压缩。

图 14-12 针对进深划分的四种方法。要求划分均等；交点准确；确保平行、垂直。

图 14-13 练习界面凹凸加减。凹凸叠置时，先看清再动手；一轮制作限于一处造型；一处完成，再作别处，防止重叠混淆；立体造型均呈闭合，以此校验；造型宽度、厚度在进深方向的窄条均应体现近大远小，切勿出现大小倒置的情形。

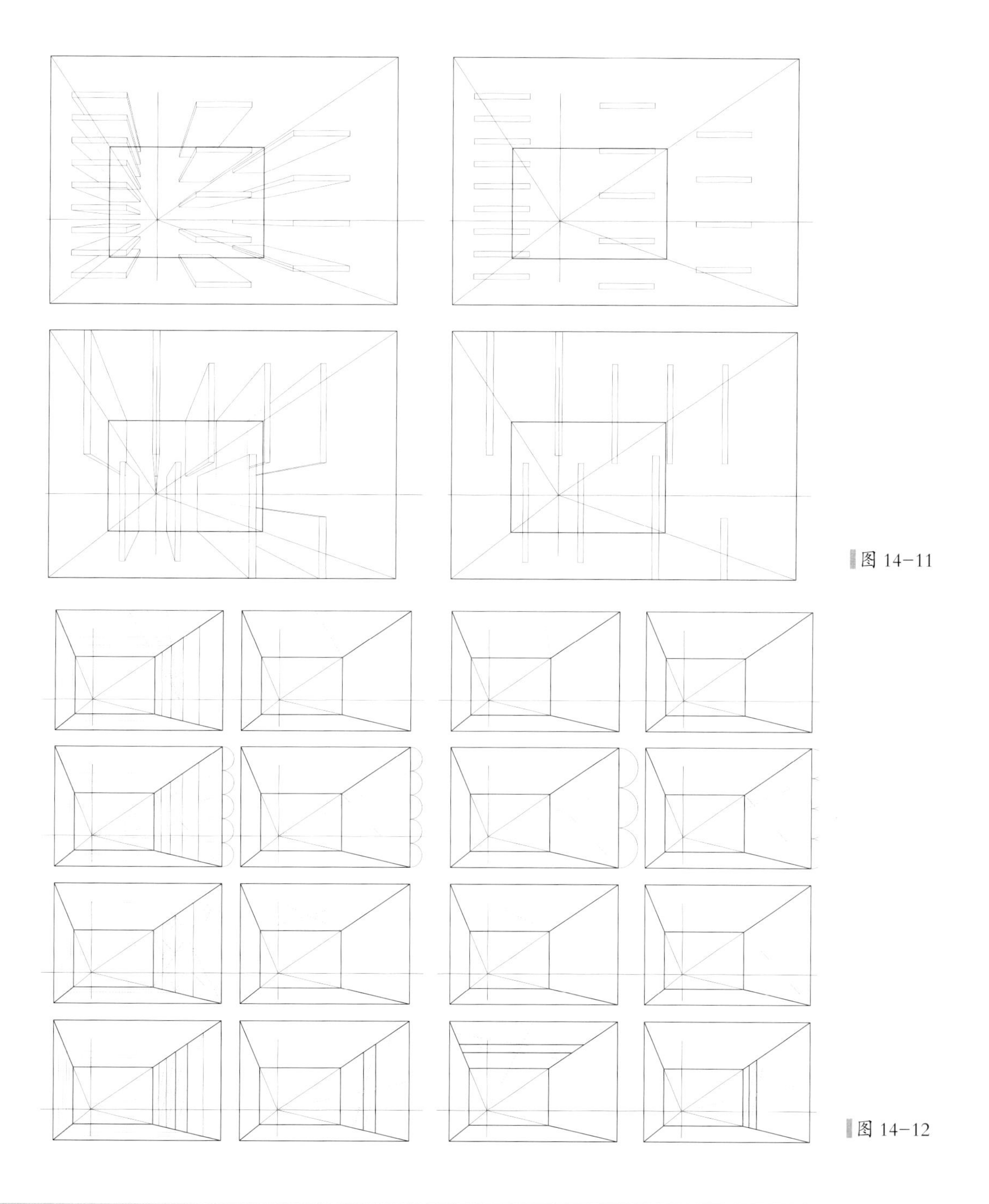

图 14-11

图 14-12

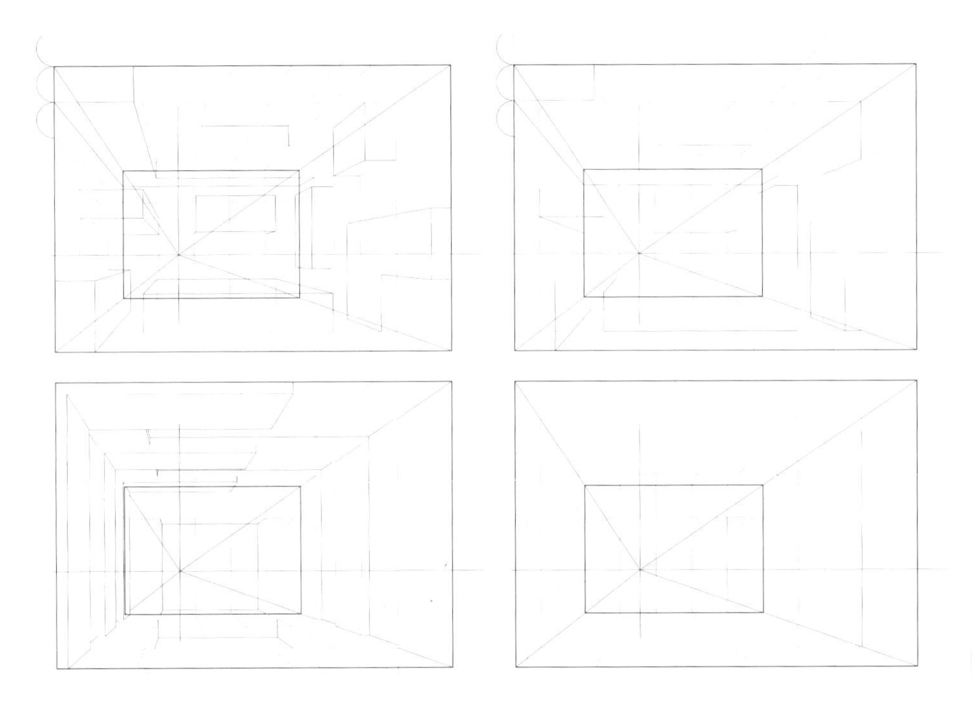

图 14-13

## 14.3 排线笔触练习

### 14.3.1 灰马变频排线

灰马平涂，同色叠加起稿致简，分格渐变则类似同色叠加，这些练习均无须专项安排。此处仅提供变频渐变的作业样稿。

图 14-14 首行左侧示范浅灰马克由留白变频渐变。请在右侧对照练习，注意变频速度。

第二行左侧示范自一半满铺处叠加二度浅灰变频。请在右侧一度变频的基底上叠加浅灰二度变频。

第三行左侧示范在浅灰二度平涂基底上叠加中灰变频至满铺。请在右侧浅灰二度基底上对照练习。

第四行左侧示范自一半满铺处叠加二度中灰变频。请在右侧中灰一度基底上叠加中灰二度变频。

第五行示范自留白开始，经浅灰一度、浅灰二度、中灰一度、至中灰二度的连续变频渐变。

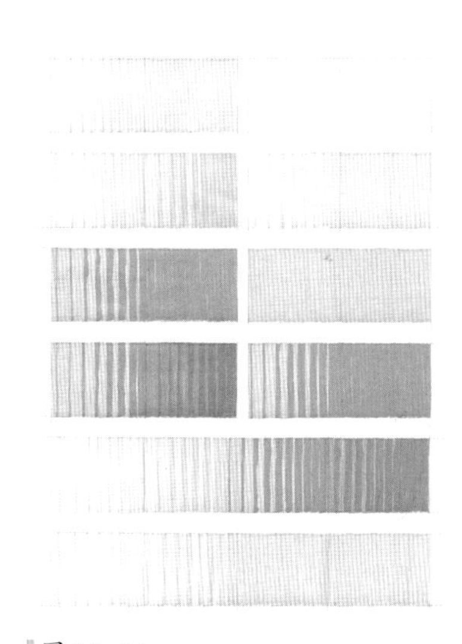

图 14-14

请在末行浅灰一、二度的基底上叠加中灰一、二度变频渐变。注意对照示例的起始位置、变频速度。

浅、中、深灰的连续变频，实务需求不多。鉴于横展过长、排版不便，若需要时烦请自行起稿。

### 14.3.2 铅马叠色练习

灰马之上叠加彩铅是本教程上色的特征方式。灰马底色会降低后续上色的彩度，灰马越深，彩铅越难浓艳，必须通过大量实践，才能把握好彩铅排线的应有力度，最终达到预期的彩度水平。

图 14-15 将“铅马十六叠”的灰马底色做成样稿。每行左、中、右三幅分别为浅灰、中灰、深灰马克底色。请参照图 2-21 安排上色区域：上、中两段分别填涂彩铅一度、二度；左上无灰马底色处可观察彩铅本色；下行右段不填彩铅以观察灰马本色；左下区域为灰马二度，观察灰马加深后彩度的减弱。

读者可在各行尝试不同的颜色。七种艳色的运用频度因人而异，应首选自己常用的颜色进行练习。通常蓝、橙两色是不可或缺的。

也可运用不同的力度，观察叠加后彩度水平的改变，反复对照、调整，积累感性认识。

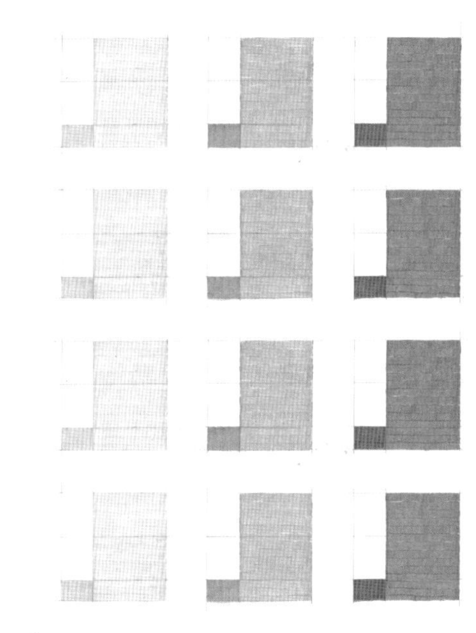

图 14-15

## 14.4 灰马几何光影

### 立方体

图 14-16 练习立方体光影。首行左幅示范较浅形体的概约笔法。顶面留白，受光面浅灰变频，背光面浅灰平涂，落影深灰。请于右幅样稿内参照练习。

第二行左幅示范较浅形体的叠加深化。背光面浅灰二度变频，加沿顶一笔；落影近端叠加深灰二度，远端接中灰柔化；添加中灰背景，衬托受光面。请于右幅概约笔法的基底上叠加深化。

第三行左幅示范较深形体的概约笔法。顶面少量浅灰变频；受光面浅灰平涂，背光面中灰平涂，落影深灰。请于右幅样稿内参照练习。

末行左幅示范较深形体的叠加深化。受光面浅灰二度变频；背光面

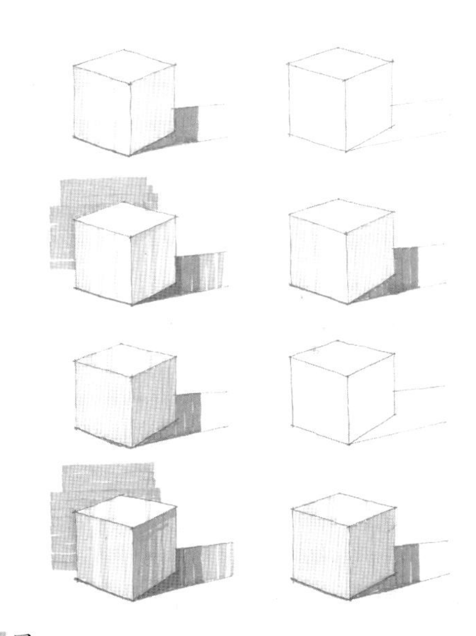

图 14-16

中灰二度变频，加沿顶两笔；落影近端叠加深灰二度，远端接中灰柔化；添加中灰背景，衬托受光面。请于右幅概约笔法的基底上叠加深化。

圆柱体

图 14–17 圆柱体光影之页面作横版练习。各形体底部边沿均加勾深灰窄线。

首行第一幅示范概约笔法的第一步骤。左 2/3 留白，右 1/3 浅灰。请于第二幅样稿内参照练习。

首行第三幅示范概约笔法的第二步骤。左边缘加浅灰窄条；右侧浅灰二度，略离边缘。请于第四幅基底上叠加浅灰二度。

第二行首幅示范深化笔法的第一步骤。左 1/3 处少量留白，其余浅灰平涂。请于二幅样稿内参照练习。第三幅示范深化笔法的第二步骤。左右边缘浅灰二度同上例；右 1/3 处叠加浅灰二、三度，形成明暗交界线；顶面少量浅灰变频。请于第四幅基底上叠加深化。

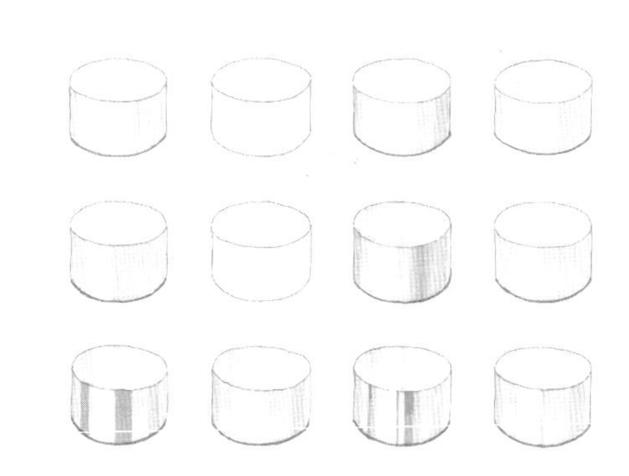
图 14–17

第三行首幅示范光泽、镜面圆柱的概约笔法。首幅在留白高光的左右分别作窄、宽两道中灰，注意中灰与留白之间应露出窄条浅灰；其余处理沿用上例笔法。请于第二幅基底上叠加中灰。

第三幅示范光泽、镜面圆柱的深化笔法。高光左侧先叠浅灰，再加中灰窄条；高光右侧作窄、宽两道中灰，其右再接浅灰柔化；中灰条带的上部宜稍叠二度，形成竖向变化。请于第四幅基底上叠加深化。

## 14.5 灰马形体光影

摘录常用典型形体，请复制多份练习。熟练后再扩展其余项目。

### 14.5.1 建筑光影

图 14–18 练习长方体光影和远近虚实。首行左幅中灰平涂背光，深灰平涂阴影。请于右幅样稿内练习。

第二行左幅受光面浅灰变频，表达远近虚实。请于右幅样稿内添加浅灰变频。

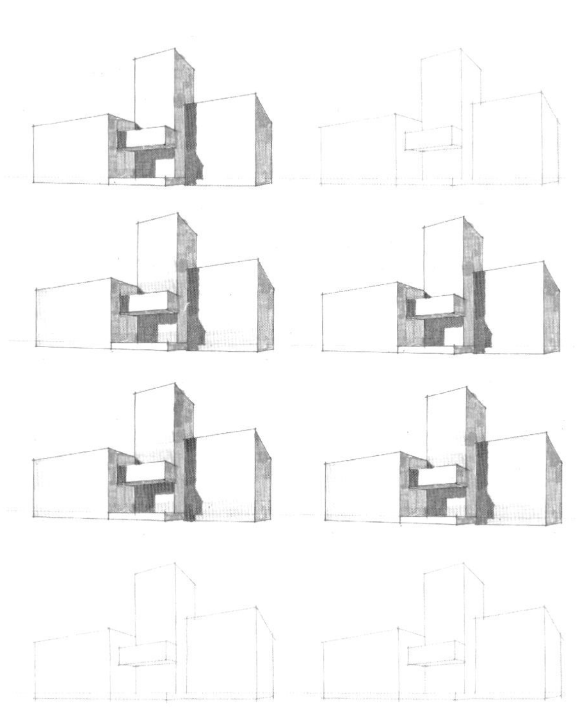
图 14–18

第三行背光面边缘处叠加中灰二度，阴影局部叠加深灰二度。请于右幅基底上叠加中灰、深灰二度。

末行提供两幅空白样稿，请对照示范，按先后步骤连续绘制。

图 14-19 练习凹凸光影和前后虚实。首行左幅按受、背光角度绘制各处浅、中、深灰。中间弧面作浅灰变频，玻璃部分一度，墙面部分二度；左右平直界面均作一度平涂。请于右幅样稿内对照练习。

第二行左幅示范叠加深化。左右远退的受光墙面添加浅灰，下部略叠二度；右侧上层的背光墙面叠加中灰二度；左右下层的玻璃叠加中灰；中间弧面玻璃叠加浅灰、中灰竖向条带。请于右幅基底上叠加深化。

末行提供两幅空白样稿，请对照示范，按先后步骤连续绘制。

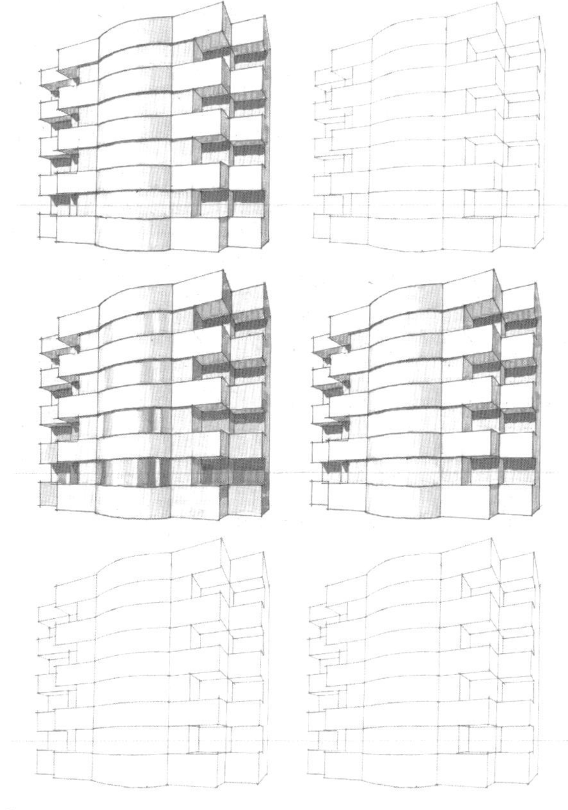

图 14-19

图 14-20 练习横向镜面光影程式。首行左幅为侧深、正浅程式的第一步骤。侧面中灰平涂；正面浅灰变频，起始顶角略作留白；底部中灰、浅灰竖笔参差表达映射。请于右幅样稿内对照练习。

第二行左幅为深化步骤。侧面自顶向下略叠中灰变频；底部映射散叠加深。请于右幅基底上叠加深化。

第三行左幅示例同上，请于右幅空白样稿中，按先后步骤连续绘制。

第四行左幅为侧浅、正深程式的第一步骤。侧面自顶向下浅灰变频；正面自顶角作局部中灰变频；底部竖笔参差表达映射。请于右幅样稿内对照练习。

第五左幅为深化步骤。正面以浅灰衔接中灰，延伸柔化，并向远处变频至留白；底部映射散叠加深。请于右幅基底上叠加深化。此例之中灰局部变频，及浅灰柔化笔法，难度较大，需作反复尝试。

末行左幅示例同上，请于右幅空白样稿中，按先后步骤连续绘制。

图 14-21 练习纵向镜面光影程式。首行左幅为侧深、正浅程式的第一步骤。侧面中灰平涂；正面浅灰自顶向下变频至留白，留白占 2/3；底部映射先以中灰平涂铺底。请于中、右幅两幅样稿内对照练习。

第二行左幅为深化步骤。侧面自顶向下略叠中灰变频；底部散叠中灰加深映射。请于中幅基底上叠加深化，

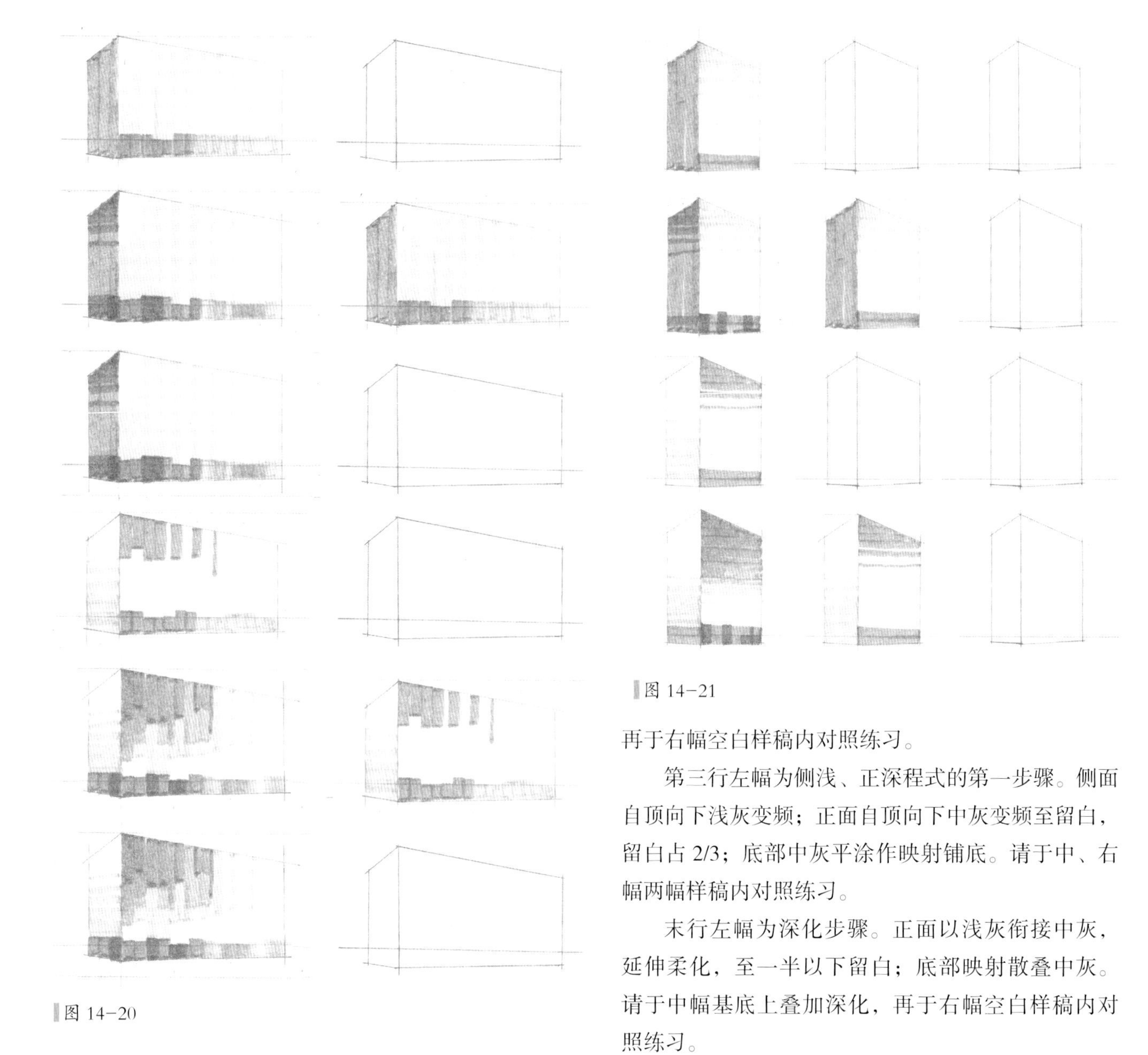

图 14-20

图 14-21

再于右幅空白样稿内对照练习。

第三行左幅为侧浅、正深程式的第一步骤。侧面自顶向下浅灰变频；正面自顶向下中灰变频至留白，留白占 2/3；底部中灰平涂作映射铺底。请于中、右幅两幅样稿内对照练习。

末行左幅为深化步骤。正面以浅灰衔接中灰，延伸柔化，至一半以下留白；底部映射散叠中灰。请于中幅基底上叠加深化，再于右幅空白样稿内对照练习。

图 14-22 练习窗墙对比基本程式。首行左幅为条带窗墙程式的第一步骤。受光墙面留白，背光墙面中灰平涂；

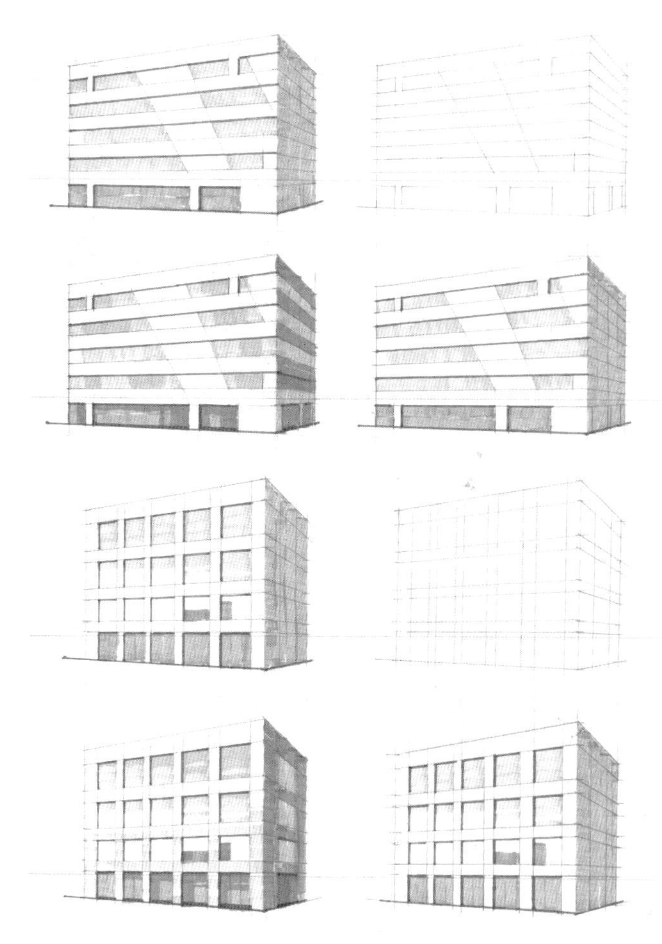

图 14–22

受光面玻璃上层浅灰平涂、留出光带，底层中灰平涂；深灰细线倚尺、刻划洞口窄影。请于右幅样稿内对照练习。

第二行左幅示范深化步骤。背光墙面叠加中灰二度，使墙深窗浅；背光下层玻璃叠加中灰三度，使窗深墙浅；受光面玻璃上层局部叠加浅灰二度，底层局部叠加中灰二度。请于右幅基底上叠加深化。

第三行左幅为韵律窗墙程式的第一步骤。受光墙面留白，背光墙面中灰平涂；受光面玻璃，顶层浅灰平涂，三层浅灰变频至留白，上色范围近多远少；底层玻璃中灰平涂，二层局部中灰参差散笔，表达映射。请于右幅样稿内对照练习。

末行左幅示范深化步骤。受光墙面自左上向右下、由留白变频至浅灰；背光墙面叠加中灰二度，使上层墙深窗浅；底层玻璃映射，局部叠加中灰二度，背光处叠加三度。请于右幅基底上叠加深化。

### 14.5.2 室内光影

图 14–23—图 14–25 练习墙、地面基本程式，因图形较大，按步骤分列三图。

图 14–23 上幅示范第一步骤。三墙面自左向右，均作由留白变频至浅灰的竖笔渐变，右墙末端笔触虚化淡出；地面浅灰横笔基本平涂，对应门窗位置局部留白，中央下部略呈变频留白；立柱正面浅灰横笔作分段光影，侧面仅底部浅灰。请于下幅样稿内对照练习。

图 14–24 上幅示范第二步骤。三墙面自一半位置起，叠加浅灰二度变频，用笔上窄下宽，右墙尤需宽窄变化明显，形成装饰性笔触；地面沿踢脚边缘、由远至近、扁窄范围内叠加浅灰二度变频，立柱下方叠加浅灰变频；立柱正、侧面浅灰二度加强光影。请于下幅第一步骤基底上叠加深化。

图 14–25 左幅示范第三步骤。中灰分段光影绘制踢脚、门套；深灰倚尺，沿踢脚底边、门套侧边刻划细线；地面沿边缘一周，再叠浅灰，增强远近对比。请于右幅第二步骤基底上叠加深化。

图 14–26—图 14–28 练习构架光影和远近虚实，因图形较大，按步骤分列三图。

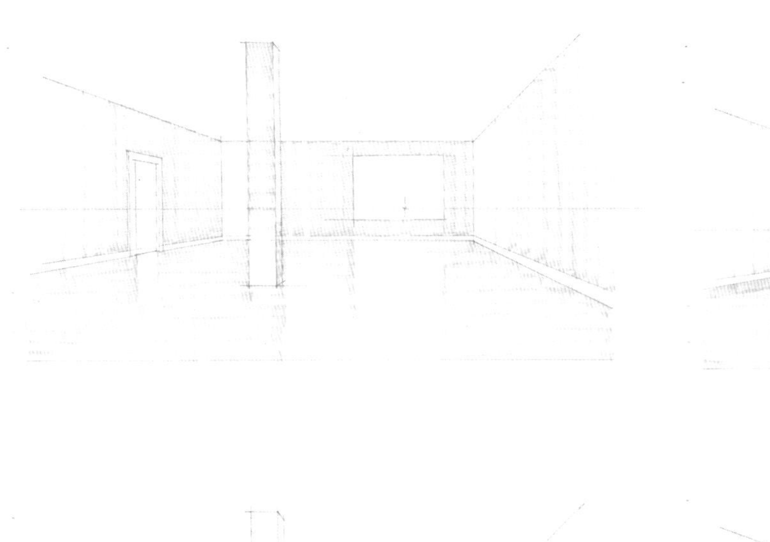

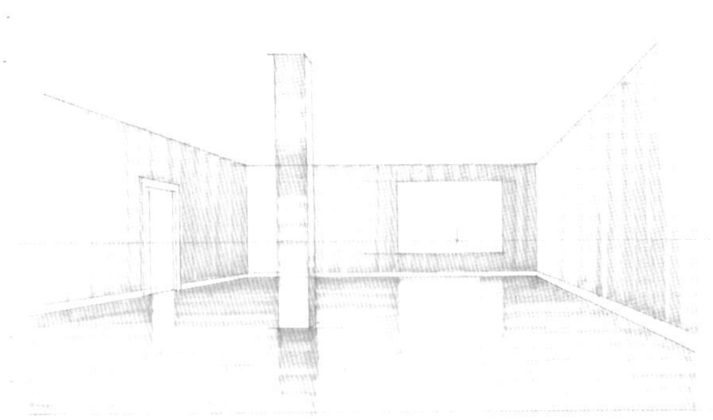

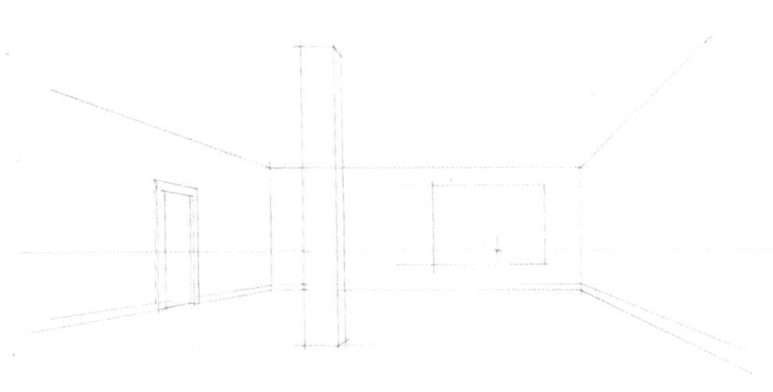

图 14-23

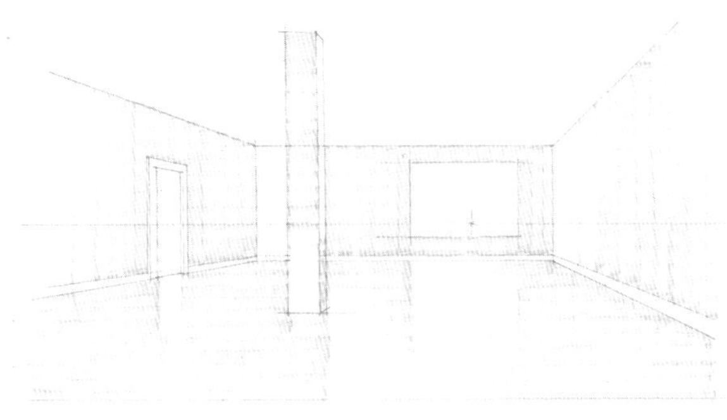

图 14-24

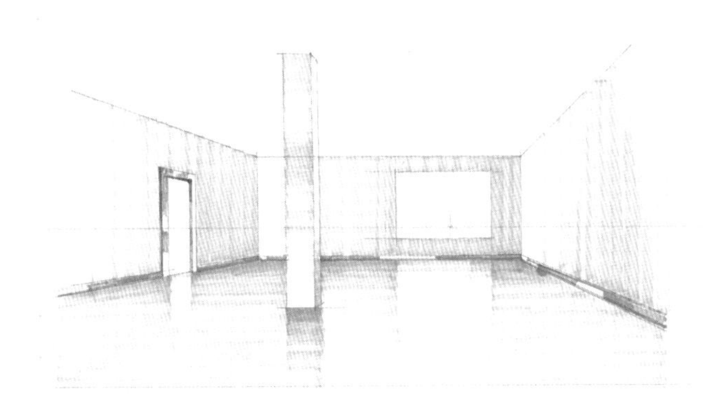

图 14-25

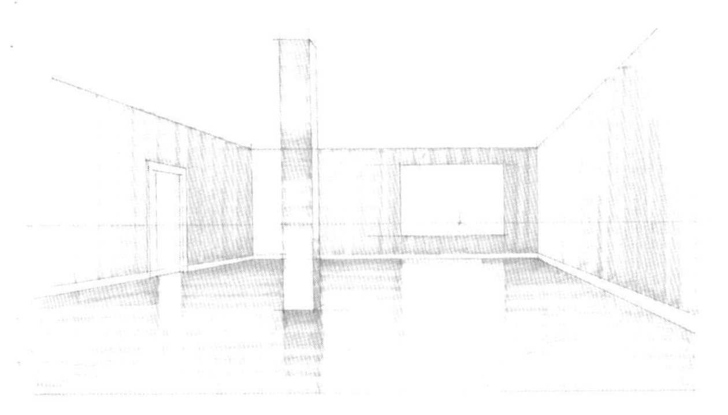

图 14-26 上幅示范第一步骤。造型正面，远处平涂浅灰，近处留白；造型侧面，远处平涂中灰，近处作分段光影，局部留白、局部中灰二度；中央顶棚浅灰变频渐变。请于中、下两幅样稿内作对照练习。

图 14-27 上幅示范第二步骤，深化近跨分段光影。造型正面叠加浅灰二、三度；侧面叠加中灰二、三度。请于中幅基底上叠加深化，注意对照分段光影的位置。再于下幅空白样稿内，连续练习一、二步骤。

图 14-28 上幅示范添加了地面表现。请于中幅第一步骤基底上叠加深化，并添加地面。再于下幅空白样稿内，

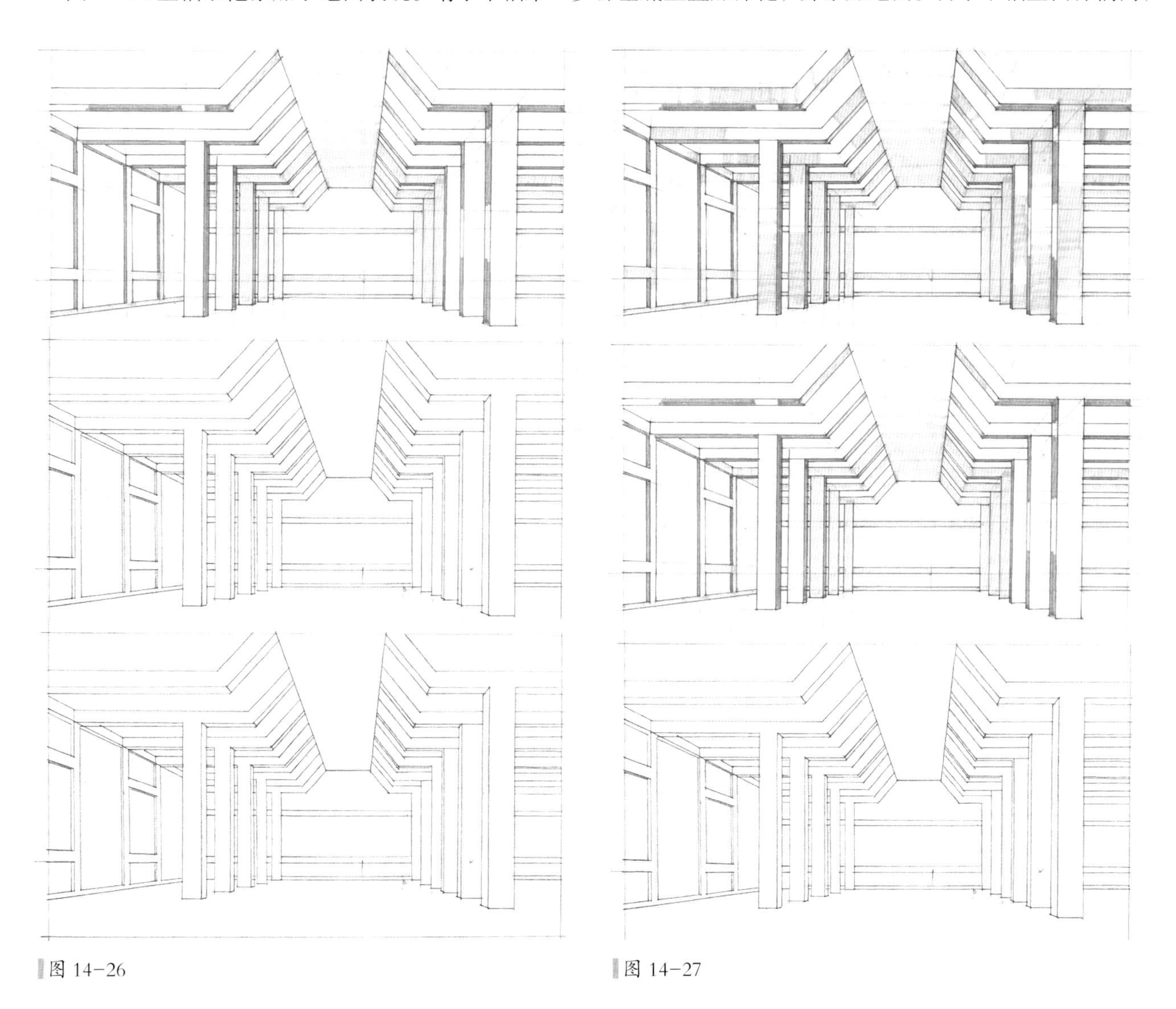

图 14-26　　图 14-27

依次进行全程练习。

图 14-29 练习橱柜光影基本程式。首行左幅为概约笔法。背光面中灰平涂；受光面浅灰竖笔表达木纹，排线留有间隙、笔触上窄下宽、分布远疏近密，底边叠加浅灰二度；凹洞内部，底板留白，顶板、侧板、背板先平涂中灰，再叠加二度中灰作背板阴影，三度中灰作侧板阴影。请于右幅样稿内对照练习。

第二行左幅为深化笔法。背光面顶角处局部叠加中灰二度，顶边再加一道中灰；底边叠加中灰分段光影；凹洞内部侧板叠加中灰变频，自左上至右下、逐格由重到轻；侧板阴影局部再叠中灰，自左上至右下、逐格由重到轻。请于右幅概约笔法基底上叠加深化。

末行提供两幅空白样稿，请按步骤、对照练习。

图 14-30 练习沙发光影基本程式。左侧首行第一幅是较浅沙发的概约笔法。侧面和正面下部背光处，浅灰平涂；靠背、坐面浅灰变频，注意近半留白；靠背、扶手顶面留白；地面深灰落影。请于中、右两幅空白样稿内对照练习。

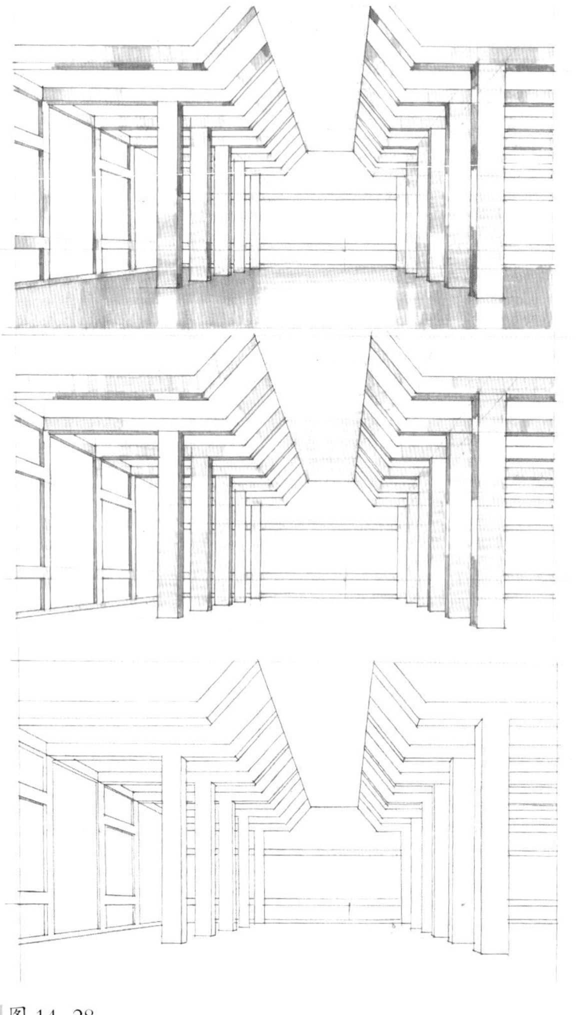

图 14-28

图 14-29

图 14-30

左侧第二行左幅是深化笔法。背光各处叠加浅灰二度；靠背、坐面相连部位，分别叠加浅灰二度变频，并于凹缝处叠加一道中灰窄线。请于中幅概约笔法基底上叠加深化。再于右幅空白样稿内连续两步骤练习。

右侧第一行左幅较深沙发的概约笔法。侧面及正面下部背光处，中灰平涂；靠背、坐面，扶手、坐垫的正面，均平涂浅灰；此例先于靠背、坐面凹缝处叠加一道中灰窄线；靠背、扶手的顶面留白，坐面前缘局部留白；地面深灰落影。请于中、右两幅空白样稿内对照练习。

右侧第二行左幅是深化笔法。背光各处叠加中灰二度；靠背、坐面相连部位，分别叠加浅灰二度变频，并与凹缝中灰衔接、柔化。请于中幅概约笔法基底上叠加深化。再于右幅空白样稿内连续两步骤练习。

图 14-31 练习门扇光影程式。首行示例带窗木门。第一幅门扇、窗洞侧边中灰平涂；门扇正面浅灰竖笔表达木纹，排线留有间隙、笔触上窄下宽、分布远疏近密；窗玻璃自顶向下浅灰变频，大半留白；门扇底边加深灰窄线。请于第二幅样稿内对照练习。

第三幅带窗木门深化。门扇、窗洞侧边，顶、底两端局部叠加中灰二度；门扇正面略叠浅灰二度，分布偏右、下，宽窄变化显著；玻璃顶部略叠浅灰变频二度。请于第四幅基底上叠加深化。

第二行示例金属竖框玻璃门。第一幅侧边中灰；金属竖框正面作浅灰分段光影；玻璃上段浅灰平涂，下段变频至留白。请于第二幅样稿内练习，注意对照分段光影的起止位置。

第三幅金属玻璃门深化。侧边叠加中灰二度分段光影；金属竖框局部叠加浅灰二度，扩大对比、增强光泽；玻璃自左向右叠加浅灰变频。请于第四幅基底上叠加深化。

第三行起伏造型镶板门。第一幅侧边平涂中灰，各起伏造型的背光条带平涂中灰；各起伏造型的高光条带留白；起伏造型的正面，顶格一半留白、一半浅灰，下两格平涂浅灰；门板正面，自左上向右下，留白变频至浅灰，

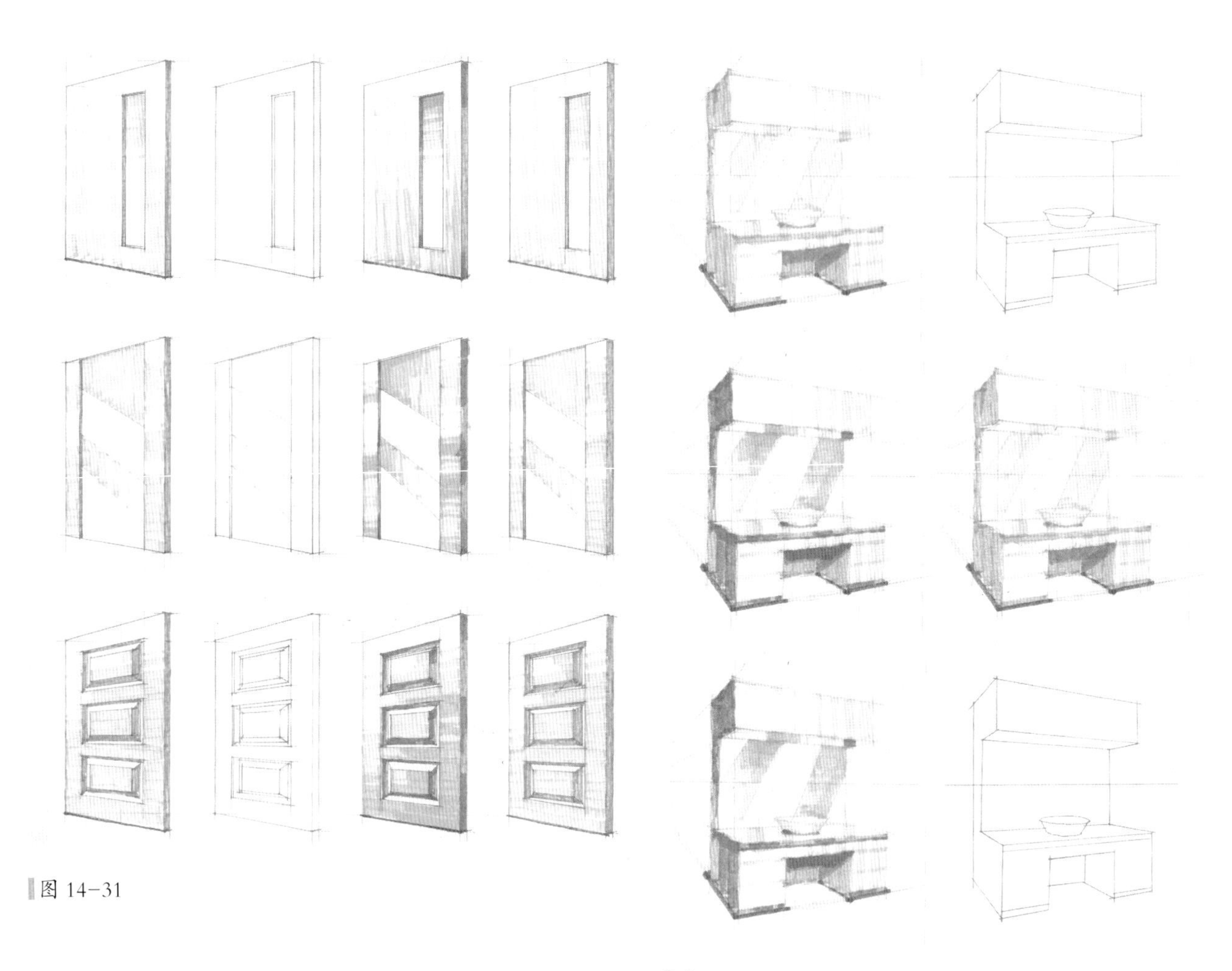

图 14-31

图 14-32

遂平涂浅灰。门扇底边加深灰窄线。请于第二幅样稿内对照练习。

第三幅造型镶板门深化。侧边叠加中灰二度分段光影；造型背光条带，于顶角局部叠加中灰二度；下格造型正面，右、下侧叠加浅灰二度；门板正面，向右下叠加浅灰二度变频。请于第四幅基底上叠加深化。

图 14-32 练习纵横镜面光影程式。首行左幅为第一步骤。柜体侧面中灰平涂，正面浅灰变频，顶、底边叠加一道浅灰；凹洞平涂中灰，阴影二度叠加；竖向镜面作浅灰斜向光带、向下虚化，此例笔触顺沿光带斜向，也可作横向排线、向下变频；顶面、桌面的水平镜面，作浅灰竖向光带；台盆两侧斜笔浅灰，顺沿轮廓方向。请于右幅样稿内对照练习。

第二行左幅为深化步骤。侧面局部中灰二度；凹洞阴影局部中灰三度，或叠深灰；顶、底边叠加分段光影；竖向镜面自上而下叠加浅灰变频；顶面局部叠加浅灰、中灰，强化光感。请于右幅基底上叠加深化。

第三行左幅示例同上。请于右幅空白样稿内，依次进行全程练习。

## 14.6 再度利用

所有完成的练习作业，均能再度利用，进行后续练习。墨线排线作业叠加彩铅，类似铅马叠色，可观察到钢笔淡彩的画面效果；透视线框作业可铺陈灰马，练习光影；灰马变频排线作业可以叠加彩铅，试验灰马深浅对上色浓淡的影响；灰马几何光影作业，最适宜用作墙面上色的基底；灰马形体光影各作业，则可直接延续上色环节，完成整套程式练习。

# 鸣谢

教程的照片改画部分、创作指导部分和练习部分，收录了同济大学继续教育学院相关专业、历届学生的大量作业。这些学生大多在职学习，工作、家庭压力繁重，完成课堂作业已属不易，要拿出优秀作品，额外追加大量投入，更是难能可贵。历届同学的持续努力使我们的教学活动得以不断充实、完善，他们的艰辛付出为编制、改进教案积蓄了丰厚的素材。

现将本书中所收入作业的学生姓名，按图片出现顺序登列如下：

图 7-56　侯文旭
图 7-57　张炎坤
图 7-58　宋　杨
图 7-59　王明飞
图 7-60　王　燕
图 7-61　沈雪枫
图 7-62　荣佳丽
图 7-63　税　强
图 7-64　柴思航
图 7-65　汤计虹
图 7-66　汤计虹
图 7-67　张　旭
图 7-68　王小青
图 7-69　吴　赣
图 7-70　宋　杨
图 7-71　颜智琦
图 7-72　张旻钰
图 7-73　余佩云
图 7-74　赵轶群
图 7-75　赵轶群
图 7-76　钟佳豫
图 7-77　钟佳豫
图 7-78　钟佳豫
图 7-79　钟佳豫
图 7-80　陈春燕
图 7-83　陈春燕
图 7-84　李晓燕
图 7-88　王　泔
图 7-89　王　泔
图 7-90　王　泔
图 7-91　张旻钰
图 7-92　张旻钰
图 7-93　张旻钰
图 7-94　张旻钰
图 7-95　宋华阳
图 7-96　张旻钰
图 7-97　张旻钰

图 12-44　孙冰洁
图 12-45　周逸潇
图 12-46　赵　忆
图 12-47　古嫚丽
图 12-48　姜　盼
图 12-49　周亚兵
图 12-50　宋文卉
图 12-51　李　珊
图 12-52　夏达文
图 12-53　王剑锋
图 12-54　钟　佳
图 12-55　余　茜
图 12-56　赵　旭
图 12-57　张小建
图 12-58　杜　白
图 12-59　陈逸漾
图 12-60　刘允允
图 12-61　周娜娜
图 12-62　金　敏
图 12-63　徐华波
图 12-64　张木伦，周英杰
图 12-65　杨慧琳
图 12-66　郑明燕
图 12-67　钟　佳
图 12-68　张静儿
图 12-69　刘　阳
图 12-70　王心慧
图 12-71　周　静
图 12-72　周云根
图 12-73　赵　忆
图 12-74　张博禹
图 12-75　刘　阳
图 12-76　俞　杰
图 12-77　徐华波
图 12-78　华波涛
图 12-79　黄玉华
图 12-80　陶丽君
图 12-81　许锦锦
图 12-82　李　珊
图 12-83　阮丽萍
图 12-84　肖　星
图 12-85　任　聪
图 12-86　李玉锋
图 12-87　徐景杰
图 12-88　张丹丹
图 12-89　陈　莺
图 12-90　彭郁林
图 12-91　金　敏
图 12-92　杜　白
图 12-93　杜　白
图 12-94　刘允允
图 12-95　李　珊
图 12-96　金　敏

图 13-1　陆春燕，陈　爽
图 13-2　谢力墨
图 13-3　胡　雷
图 13-4　林　鑫
图 13-5　顾佳艺
图 13-6　顾梅红
图 13-7　吕静儿
图 13-8　郭　健
图 13-9　郭　健

图 13-10　吕静儿
图 13-11　江海新
图 13-12　杨　柳
图 13-15　陈建伟
图 13-16　刘小嵩
图 13-17　孙　怡
图 13-18　张玉枝
图 13-19　王　彬
图 13-20　顾佳艺
图 13-21　陈　杰
图 13-22　黄玉玲
图 13-23　黄玉玲
图 13-24　丛培文
图 13-25　杨　柳
图 13-26　贺勇欣
图 13-27　贺勇欣
图 13-28　翁亦周
图 13-29　翁亦周

在此谨向上述各位校友致以最衷心的感谢！